普通高等教育“十一五”国家级规划教材
高等院校系列教材·计算机系列

计算机数学基础

第3版

祁文青　邓丹君　编著

机 械 工 业 出 版 社

本书介绍线性代数和离散数学在计算机应用中所涉及的基本内容，全书共分6章，主要内容包括行列式、矩阵、线性方程组、集合论初步、图论和数理逻辑初步。

书中概念论述清楚，讲解通俗易懂，着重于概念的应用。各章均配有习题并在附录中给出了习题参考答案，有助于读者加深对概念的理解。

本书既可作为应用型本科和高职高专院校计算机专业课程的教材，也可供有关工程技术人员参考。

本书配套授课电子课件，需要的教师可登录 www. cmpedu. com 免费注册、审核通过后下载，或联系编辑索取（QQ：1239258369，电话：010-88379739）。

图书在版编目(CIP)数据

计算机数学基础/祁文青,邓丹君编著.—3版.—北京:机械工业出版社,2016.8(2022.1重印)
高等院校系列教材·计算机系列
ISBN 978-7-111-54605-4

Ⅰ.①计… Ⅱ.①祁… ②邓… Ⅲ.①电子计算机-数学基础-高等学校-教材 Ⅳ.①TP301.6

中国版本图书馆CIP数据核字(2016)第195483号

机械工业出版社(北京市百万庄大街22号 邮政编码 100037)
策划编辑：鹿 征　　责任编辑：鹿 征
责任校对：张艳霞　　责任印制：张 博

涿州市般润文化传播有限公司印刷

2022年1月第3版·第9次印刷
184mm×260mm·10.25印张·240千字
标准书号：ISBN 978-7-111-54605-4
定价：49.00元

电话服务
客服电话：010-88361066
010-88379833
010-68326294

网络服务
机 工 官 网：www. cmpbook. com
机 工 官 博：weibo. com/cmp1952
金 书 网：www. golden-book. com
机工教育服务网：www. cmpedu. com

第3版前言

对于高校人才培养而言，必要的数学知识是培养学生计算思维以及学习后续课程必不可少的基础。因此，作者针对应用型本科和高职高专计算机理论教育，以必要、够用为原则，精选教学内容，将传统“线性代数”和“离散数学”课程进行整合，强调基本概念的论述和应用，对部分定理和结论的推演和证明进行简化，每章后附有代表性习题，题量丰富，难度由浅入深，使之好学易教。

全书共分6章，包括：行列式（行列式的定义、性质及其行列式值的计算）；矩阵（矩阵的基本概念、运算及其应用）；线性方程组（线性方程组解的一般理论）；集合论初步（集合的基本概念和运算、关系及其性质）；图论（图的基本概念、树及其性质）；数理逻辑初步（命题逻辑、谓词逻辑）。

根据学科发展和读者意见，本书在原有版本的基础上进行了修订，并增加了习题量。本书主要面向应用型本科和高职高专院校计算机专业学生，由于其通俗易懂，也可用作非专业学生的自修课本。

由于编者水平有限，书中难免存在不当和疏漏之处，恳请读者原谅，并提出宝贵意见。

编　者

第 2 版前言

计算机科学的理论学科形态是基于数学的，所以，数学是计算机科学的基础。计算机科学与技术学科中不仅许多理论是用数学描述的，而且许多技术也是用数学描述的。以线性代数和离散数学为代表的应用数学是描述学科理论、方法和技术的主要工具。

线性代数作为工程数学的重要分支，在计算机领域有相当广泛的应用。例如，矩阵在计算机图形学中曲线曲面的构造和图像的平移、镜像、转置、缩放等几何变换中有广泛的应用。又如，将各种实际问题的多个变量之间的关系线性化，再利用计算机对线性化了的问题进行求解，线性方程组理论正是解决这类问题的有力工具。计算机图形学、计算机辅助设计、密码学、虚拟现实等技术无不以线性代数为其理论和算法基础。

计算机处理的对象与传统的研究对象有明显的区别：分析传统的研究对象得到的解决问题的方案是连续的；而计算机处理的对象是离散的，因而人们称研究这些对象的数学分支为“离散数学”。离散数学包含集合论、逻辑学、代数学、图论和组合学等。任何一个可在计算机上运行的程序，其对应的计算方法首先必须是构造性的，数据表示必须离散化，计算操作必须使用逻辑或代数的方法进行，这些都应体现在算法和程序之中。此外，到目前为止，算法的正确性、程序的语义及其正确性的理论基础仍然是数理逻辑。

本书前 3 章是线性代数的基本内容，通过这 3 章的学习，可以使读者掌握行列式、矩阵、线性方程组等方面的基本概念、理论和运算技能，为学习计算机相关课程奠定必要的数学基础。后 3 章主要讲解有关集合论、图论、数理逻辑的内容，通过这部分内容的学习，可以使读者掌握处理离散结构的描述工具和方法，为计算机专业理论课的学习作好准备。

本书由祁文青、纪鹏、邓丹君、谢晋共同编写完成。

由于作者水平有限，书中难免存在不当和疏漏之处，恳请读者批评指正。

本书免费提供电子教案，读者可到 www. cmpedu. com 下载。

编　者

目　　录

第1章 行　列　式

随着科学技术的发展，人们不仅要研究单个变量之间的关系，还要进一步研究多个变量之间的关系，各种实际问题在大多数情况下可以线性化，而由于计算机的发展，线性化了的问题又可以计算出来，线性代数正是解决这些问题的有力工具．行列式是线性代数的一个重要组成部分，是研究矩阵、线性方程组的重要工具．本章介绍了 n 阶行列式的定义、性质及计算方法，最后给出了它的一个简单应用——克莱姆法则．

1.1　n 阶行列式

线性方程组理论是本书讨论和研究的重要内容．线性方程组是未知量次数为 1 的一类特殊方程组，其一般形式为

$$\begin{cases} a_{11}x_1 + a_{12}x_2 + \cdots + a_{1n}x_n = b_1 \\ a_{21}x_2 + a_{22}x_2 + \cdots + a_{2n}x_n = b_2 \\ \quad\vdots \\ a_{m1}x_1 + a_{m2}x_2 + \cdots + a_{mn}x_n = b_m \end{cases} \tag{1-1}$$

式中，a_{ij}表示第 i 个方程第 j 个未知量的系数，x_j表示第 j 个未知量，b_i表示第 i 个方程的常数项，$i=1, 2, \cdots, m$，$j=1, 2, \cdots, n$．

n 阶行列式的概念来源于求解方程个数 m 等于未知量个数 n 的线性方程组．

1.1.1　二、三阶行列式

为得到 n 阶行列式的概念，首先考虑方程个数 m 和未知量个数 n 都等于 2 的线性方程组

$$\begin{cases} a_{11}x_1 + a_{12}x_2 = b_1 \\ a_{21}x_1 + a_{22}x_2 = b_2 \end{cases} \tag{1-2}$$

利用消元法得到

$$\begin{cases} (a_{11}a_{22} - a_{12}a_{21})x_1 = b_1a_{22} - b_2a_{12} \\ (a_{11}a_{22} - a_{12}a_{21})x_2 = b_2a_{11} - b_1a_{21} \end{cases} \tag{1-3}$$

分析方程组（1-3）容易发现：x_1 的解与系数之间以及系数与常数之间的某种运算关系有关；类似地，x_2 的解与系数之间以及系数与常数之间的某种运算关系有关．为得到这种运算关系，我们撇开等式右边部分不看，单看方程左边 x_1，x_2 的系数部分，可以发现，系数部分 $a_{11}a_{22}-a_{12}a_{21}$正好由方程组（1-2）未知量系数 a_{11}，a_{12}，a_{21}，a_{22}组成．为便于记忆，引进记号

$$D = \begin{vmatrix} a_{11} & a_{12} \\ a_{21} & a_{22} \end{vmatrix} = a_{11}a_{22} - a_{12}a_{21}\text{，并称之为二阶行列式．}$$

行列式这一名称非常直观. 在定义二阶行列式后，方程组（1-3）每个方程右边部分构成两个二阶行列式

$$D_1=\begin{vmatrix} b_1 & a_{12} \\ b_2 & a_{22} \end{vmatrix}=b_1a_{22}-b_2a_{12} \qquad D_2=\begin{vmatrix} a_{11} & b_1 \\ a_{21} & b_2 \end{vmatrix}=b_2a_{11}-b_1a_{21}$$

当 $D\neq0$ 时，线性方程组（1-2）的解可以表示为 $x_1=\dfrac{D_1}{D}$，$x_2=\dfrac{D_2}{D}$.

【例 1-1】 求二元线性方程组$\begin{cases} x_1+x_2=1 \\ x_1+2x_2=3 \end{cases}$的解.

解

$$D=\begin{vmatrix} 1 & 1 \\ 1 & 2 \end{vmatrix}=1\times2-1\times1=1 \qquad D_1=\begin{vmatrix} 1 & 1 \\ 3 & 2 \end{vmatrix}=1\times2-1\times3=-1$$

$$D_2=\begin{vmatrix} 1 & 1 \\ 1 & 3 \end{vmatrix}=1\times3-1\times1=2$$

$D\neq0$，方程组有唯一解. 方程组的唯一解为：$x_1=\dfrac{D_1}{D}=-1$，$x_2=\dfrac{D_2}{D}=2$.

类似地，方程个数 m 和未知量个数 n 都等于 3 的线性方程组

$$\begin{cases} a_{11}x_1+a_{12}x_2+a_{13}x_3=b_1 \\ a_{21}x_1+a_{22}x_2+a_{23}x_3=b_2 \\ a_{31}x_1+a_{32}x_2+a_{33}x_3=b_3 \end{cases} \tag{1-4}$$

利用消元法得到

$$\begin{cases} (a_{11}a_{22}a_{33}+a_{12}a_{23}a_{31}+a_{13}a_{21}a_{32}-a_{13}a_{22}a_{31}-a_{11}a_{23}a_{32}-a_{12}a_{21}a_{33})x_1 \\ =b_1a_{22}a_{33}+b_2a_{13}a_{32}+b_3a_{12}a_{23}-b_1a_{23}a_{32}-b_2a_{12}a_{33}-b_3a_{13}a_{22} \\ (a_{11}a_{22}a_{33}+a_{12}a_{23}a_{31}+a_{13}a_{21}a_{32}-a_{13}a_{22}a_{31}-a_{11}a_{23}a_{32}-a_{12}a_{21}a_{33})x_2 \\ =b_1a_{23}a_{31}+b_2a_{11}a_{33}+b_3a_{13}a_{21}-b_1a_{21}a_{33}-b_2a_{13}a_{31}-b_3a_{11}a_{23} \\ (a_{11}a_{22}a_{33}+a_{12}a_{23}a_{31}+a_{13}a_{21}a_{32}-a_{13}a_{22}a_{31}-a_{11}a_{23}a_{32}-a_{12}a_{21}a_{33})x_3 \\ =b_1a_{21}a_{32}+b_2a_{12}a_{31}+b_3a_{11}a_{22}-b_1a_{22}a_{31}-b_2a_{11}a_{32}-b_3a_{12}a_{21} \end{cases} \tag{1-5}$$

分析方程组（1-5），我们发现：x_j（$j=1$，2，3）的解与系数之间以及系数与常数之间的某种运算关系有关. 为得到这种运算关系，我们撇开等式右边部分不看，单看方程左边 x_1，x_2，x_3 的系数部分，那么系数部分 $a_{11}a_{22}a_{33}+a_{12}a_{23}a_{31}+a_{13}a_{21}a_{32}-a_{13}a_{22}a_{31}-a_{11}a_{23}a_{32}-a_{12}a_{21}a_{33}$ 正好是由线性方程组（1-4）未知量系数 a_{11}，a_{12}，a_{13}，a_{21}，a_{22}，a_{23}，a_{31}，a_{32}，a_{33} 组成. 为便于记忆，与二阶行列式类似引进记号

$$D=\begin{vmatrix} a_{11} & a_{12} & a_{13} \\ a_{21} & a_{22} & a_{23} \\ a_{31} & a_{32} & a_{33} \end{vmatrix}=a_{11}a_{22}a_{33}+a_{12}a_{23}a_{31}+a_{13}a_{21}a_{32}-a_{13}a_{22}a_{31}-a_{11}a_{23}a_{32}-a_{12}a_{21}a_{33},$$

并称之为三阶行列式.

在定义三阶行列式之后，方程组（1-5）右边分别为 3 个三阶行列式：

$$D_1 = \begin{vmatrix} b_1 & a_{12} & a_{13} \\ b_2 & a_{22} & a_{23} \\ b_3 & a_{32} & a_{33} \end{vmatrix} = b_1 a_{22} a_{33} + a_{12} a_{23} b_3 + a_{13} b_2 a_{32} - a_{13} a_{22} b_3 - b_1 a_{23} a_{32} - a_{12} b_2 a_{33}$$

$$D_2 = \begin{vmatrix} a_{11} & b_1 & a_{13} \\ a_{21} & b_2 & a_{23} \\ a_{31} & b_3 & a_{33} \end{vmatrix} = a_{11} b_2 a_{33} + b_1 a_{23} a_{31} + a_{13} a_{21} b_3 - a_{13} b_2 a_{31} - a_{11} a_{23} b_3 - b_1 a_{21} a_{33}$$

$$D_3 = \begin{vmatrix} a_{11} & a_{12} & b_1 \\ a_{21} & a_{22} & b_2 \\ a_{31} & a_{32} & b_3 \end{vmatrix} = a_{11} a_{22} b_3 + a_{12} b_2 a_{31} + b_1 a_{21} a_{32} - b_1 a_{22} a_{31} - a_{11} b_2 a_{32} - a_{12} a_{21} b_3$$

当 $D \neq 0$ 时，方程组有唯一解，可以表示为 $x_1 = \dfrac{D_1}{D}$，$x_2 = \dfrac{D_2}{D}$，$x_3 = \dfrac{D_3}{D}$.

【例 1-2】 解线性方程组

$$\begin{cases} 3x_1 - x_2 + x_3 = 26 \\ 2x_1 - 4x_2 - x_3 = 9 \\ x_1 + 2x_2 + x_3 = 16 \end{cases}$$

解

$$D = \begin{vmatrix} 3 & -1 & 1 \\ 2 & -4 & -1 \\ 1 & 2 & 1 \end{vmatrix} = 5,\ D_1 = \begin{vmatrix} 26 & -1 & 1 \\ 9 & -4 & -1 \\ 16 & 2 & 1 \end{vmatrix} = 55,\ D_2 = \begin{vmatrix} 3 & 26 & 1 \\ 2 & 9 & -1 \\ 1 & 16 & 1 \end{vmatrix} = 20,\ D_3 = \begin{vmatrix} 3 & -1 & 26 \\ 2 & -4 & 9 \\ 1 & 2 & 16 \end{vmatrix} = -15$$

方程组有唯一解

$$x_1 = \frac{D_1}{D} = \frac{55}{5} = 11,\ x_2 = \frac{D_2}{D} = \frac{20}{5} = 4,\ x_3 = \frac{D_3}{D} = \frac{-15}{5} = -3$$

1.1.2 排列及逆序数

为了把二阶、三阶行列式的概念推广到 n 阶行列式，需要引入 n 级排列和 n 级排列的逆序数的概念. 下面首先介绍 n 级排列的概念.

定义 1-1 由 n 个自然数 $1,2,\cdots,n$ 组成的一个有序数组 $i_1 i_2 \cdots i_n$ 叫作一个 **n 级排列**. n 级排列的总数是 $n!$.

例如，1345276 是一个 7 级排列，597863214 是一个 9 级排列，4312 是一个 4 级排列.

下面给出 n 级排列的逆序数的概念.

定义 1-2 在一个 n 级排列 $i_1 i_2 \cdots i_n$ 中，如果较大的数 i_s 排在较小的数 i_t 的前面，即对 $s < t$，有 $i_s > i_t$，称这一对数 $i_s\ i_t$ 构成一个**逆序**. 一个 n 级排列中逆序的总数，叫作这个 n 级排列的**逆序数**，记为 $\tau(i_1 i_2 \cdots i_n)$.

容易得到，$\tau(i_1 i_2 \cdots i_n) = t_1 + t_2 + \cdots + t_n$. 其中，$t_1$ 表示在排列中排在 i_1 前面的比 i_1 大的数的个数，t_2 表示排在 i_2 前面的比 i_2 大的数的个数，……，t_n 表示排在 i_n 前面的比 i_n 大的数的个数.

例如，$\tau(4312) = 0 + 1 + 2 + 2 = 5$；

$\tau(597863214) = 0 + 0 + 1 + 1 + 3 + 5 + 6 + 7 + 5 = 28$；

$$\tau(7654321)=0+1+2+3+4+5+6=21.$$

定义 1-3 如果一个 n 级排列中，所有的数都按照由小到大的顺序排列，那么这个排列叫作 ***n* 级标准排列**. 如果一个 n 级排列的逆序数为偶数，那么这个排列叫作偶排列. 如果一个 n 级排列的逆序数为奇数，那么这个排列叫作奇排列.

例如，1345276、597863214 是偶排列，4312 是奇排列.

定义 1-4 在一个排列 $i_1\cdots i_s\cdots i_t\cdots i_n$ 中，如果两个数 i_s 与 i_t 互换位置，其余数位置不变，这样的变换叫作一个对换，记为 (i_s, i_t).

例如，$1345276 \xrightarrow{(1,6)} 6345271$.

定理 1-1 对换改变排列的奇偶性.

1.1.3 *n* 阶行列式

回忆前面给出的二、三阶行列式的定义

$$\begin{vmatrix} a_{11} & a_{12} \\ a_{21} & a_{22} \end{vmatrix} = a_{11}a_{22} - a_{12}a_{21}$$

$$\begin{vmatrix} a_{11} & a_{12} & a_{13} \\ a_{21} & a_{22} & a_{23} \\ a_{31} & a_{32} & a_{33} \end{vmatrix} = a_{11}a_{22}a_{33} + a_{12}a_{23}a_{31} + a_{13}a_{21}a_{32} - a_{13}a_{22}a_{31} - a_{11}a_{23}a_{32} - a_{12}a_{21}a_{33}$$

首先，我们看每一项构成的特点. 可以看出，二阶行列式每一项由 2 个元素的乘积组成，2 个元素行的脚标构成一个二级标准排列，2 个元素列的脚标是所有的二级排列 12，21. 三阶行列式每一项由 3 个元素的乘积组成，3 个元素行的脚标构成一个三级标准排列，3 个元素列的脚标构成所有的三级排列 123，231，312，321，132，213. 这启发我们定义 n 阶行列式的每一项. n 阶行列式的每一项由 n 个元素的乘积组成，n 个元素行的脚标构成一个 n 级标准排列，n 个元素列的脚标构成所有的 n 级排列，即 $a_{1j_1}a_{2j_2}\cdots a_{nj_n}$.

其次，我们看每一项符号的决定. 可以看出，当列的脚标是 123，231，312 时，即列的脚标构成偶排列时，这一项取正号；当列的脚标是 321，132，213 时，即列的脚标构成奇排列时，这一项取负号. 因此，n 阶行列式任意一项 $a_{1j_1}a_{2j_2}\cdots a_{nj_n}$ 的符号为 $(-1)^{\tau(j_1j_2\cdots j_n)}$.

最后，我们看项数. 可以看出，二阶行列式的项数为所有二级排列的总数 $2!=2$，三阶行列式的项数为所有三级排列的总数 $3!=6$. 因此定义 n 阶行列式的项数为 $n!$.

总结以上分析，可以给出 n 阶行列式的定义.

定义 1-5 n 阶行列式

$$\begin{vmatrix} a_{11} & a_{12} & \cdots & a_{1n} \\ a_{21} & a_{22} & \cdots & a_{2n} \\ \vdots & \vdots & & \vdots \\ a_{n1} & a_{n2} & \cdots & a_{nn} \end{vmatrix} = \sum_{(j_1j_2\cdots j_n)}^{n!} (-1)^{\tau(j_1j_2\cdots j_n)} a_{1j_1}a_{2j_2}\cdots a_{nj_n} \tag{1-6}$$

式中，$\sum\limits_{(j_1j_2\cdots j_n)}^{n!}$ 表示对所有的 n 级排列求和，a_{ij} 表示 n 阶行列式中位于第 i 行、第 j 列的元素.

注意到 n 阶行列式每一项中 n 个元素的顺序可以任意交换，n 阶行列式的展开式也可以

写成 $\sum_{(i_1i_2\cdots i_n)}^{n!}(-1)^{\tau(i_1i_2\cdots i_n)}a_{i_11}a_{i_22}\cdots a_{i_nn}$ 和 $\sum^{n!}(-1)^{\tau(i_1i_2\cdots i_n)+\tau(j_1j_2\cdots j_n)}a_{i_1j_1}a_{i_2j_2}\cdots a_{i_nj_n}$.

【例 1-3】 计算下列对角行列式的值.

$$\begin{vmatrix} a_{11} & 0 & \cdots & 0 \\ 0 & a_{22} & \cdots & 0 \\ \vdots & \vdots & & \vdots \\ 0 & 0 & \cdots & a_{nn} \end{vmatrix}$$

解 根据定义 1-5,

$$D=\sum_{(j_1j_2\cdots j_n)}^{n!}(-1)^{\tau(j_1j_2\cdots j_n)}a_{1j_1}a_{2j_2}\cdots a_{nj_n}$$

上面的所有项中，由于 0 乘以任意数的值都为 0，只有当 $j_1=1$，$j_2=2$，…，$j_n=n$ 时，这一项才不一定等于 0. 因此

$$D=(-1)^{\tau(12\cdots n)}a_{11}a_{22}\cdots a_{nn}=a_{11}a_{22}\cdots a_{nn}$$

与例 1-3 类似，得到上三角行列式、下三角行列式的值分别为

$$\begin{vmatrix} a_{11} & a_{12} & \cdots & a_{1n} \\ 0 & a_{22} & \cdots & a_{2n} \\ \vdots & \vdots & & \vdots \\ 0 & 0 & \cdots & a_{nn} \end{vmatrix}=a_{11}a_{22}\cdots a_{nn} \qquad \begin{vmatrix} a_{11} & 0 & \cdots & 0 \\ a_{21} & a_{22} & \cdots & 0 \\ \vdots & \vdots & & \vdots \\ a_{n1} & a_{n2} & \cdots & a_{nn} \end{vmatrix}=a_{11}a_{22}\cdots a_{nn}$$

即对角行列式、上三角行列式及下三角行列式都等于主对角线（即 a_{11}，a_{22}，…，a_{nn}所在的对角线）上元素的乘积.

【例 1-4】 计算下列反对角行列式的值.

$$\begin{vmatrix} 0 & \cdots & 0 & a_{1n} \\ 0 & \cdots & a_{2n-1} & 0 \\ \vdots & & \vdots & \vdots \\ a_{n1} & \cdots & 0 & 0 \end{vmatrix}$$

解 根据定义 1-5,

$$D=\sum_{(j_1j_2\cdots j_n)}^{n!}(-1)^{\tau(j_1j_2\cdots j_n)}a_{1j_1}a_{2j_2}\cdots a_{nj_n}$$

上面的所有项中，由于 0 乘以任意数的值都为 0，只有当 $j_1=n$，$j_2=n-1$，…，$j_n=1$ 时，这一项才不一定等于 0. 因此

$$D=(-1)^{\tau(n(n-1)\cdots 21)}a_{1n}a_{2,n-1}\cdots a_{n1}=(-1)^{\frac{n(n-1)}{2}}a_{1n}a_{2,n-1}\cdots a_{n1}$$

与例 1-4 类似，我们能得到反上三角行列式、反下三角行列式的值分别为

$$\begin{vmatrix} a_{11} & \cdots & a_{1,n-1} & a_{1n} \\ a_{21} & \cdots & a_{2,n-1} & 0 \\ \vdots & & \vdots & \vdots \\ a_{n1} & \cdots & 0 & 0 \end{vmatrix}=(-1)^{\frac{n(n-1)}{2}}a_{1n}a_{2,n-1}\cdots a_{n1}$$

$$\begin{vmatrix} 0 & \cdots & 0 & a_{1n} \\ 0 & \cdots & a_{2,n-1} & a_{2n} \\ \vdots & & \vdots & \vdots \\ a_{n1} & \cdots & a_{n,n-1} & a_{nn} \end{vmatrix} = (-1)^{\frac{n(n-1)}{2}} a_{1n} a_{2,n-1} \cdots a_{n1}$$

1.2 行列式的性质

1.2.1 行列式的基本性质

利用行列式的定义计算一般形式的行列式，计算量是相当大的，有必要研究行列式的性质，以简化行列式的计算. 另外，这些性质在理论上也具有重要意义.

定义 1-6 将行列式 D 的行与列互换后得到的行列式，称为行列式 D 的转置行列式，记为 D^{T}. 设

$$D = \begin{vmatrix} a_{11} & a_{12} & \cdots & a_{1n} \\ a_{21} & a_{22} & \cdots & a_{2n} \\ \vdots & \vdots & & \vdots \\ a_{n1} & a_{n2} & \cdots & a_{nn} \end{vmatrix}$$

则 D 的转置行列式为

$$D^{\mathrm{T}} = \begin{vmatrix} a_{11} & a_{21} & \cdots & a_{n1} \\ a_{12} & a_{22} & \cdots & a_{n2} \\ \vdots & \vdots & & \vdots \\ a_{1n} & a_{2n} & \cdots & a_{nn} \end{vmatrix}$$

行列式有以下基本性质.

性质 1 行列式和它的转置行列式相等，即 $D = D^{\mathrm{T}}$.

例如，设 $D = \begin{vmatrix} 3 & 2 & 8 \\ 1 & 5 & 6 \\ 9 & 4 & 7 \end{vmatrix}$，则 $D^{\mathrm{T}} = \begin{vmatrix} 3 & 1 & 9 \\ 2 & 5 & 4 \\ 8 & 6 & 7 \end{vmatrix}$，经验算有 $D = D^{\mathrm{T}} = -201$.

性质 1 说明行列式的行和列的地位是相同的. 对于行成立的性质，对于列也成立.

性质 2 互换行列式的两行（列），行列式的值改变符号.

以 r_i 表示行列式的第 i 行，以 c_i 表示行列式的第 i 列，交换 i，j 两行记作 $r_i \leftrightarrow r_j$，交换 i，j 两列记作 $c_i \leftrightarrow c_j$.

例如，设 $D = \begin{vmatrix} 1 & 2 & 4 \\ 3 & 1 & 5 \\ -2 & 2 & 7 \end{vmatrix} = -33$，互换第 1 行与第 3 行后，得 $D_1 = \begin{vmatrix} -2 & 2 & 7 \\ 3 & 1 & 5 \\ 1 & 2 & 4 \end{vmatrix} = 33$，故有 $D = -D_1$.

推论 如果行列式有两行（列）完全相同，则此行列式的值为 0.

因为把行列式 D 中相同的两行（列）互换，其结果仍是 D，但由性质 2 可知，互换两行（列）的结果为 $-D$. 因此，$D = -D$，即 $D = 0$.

性质3 行列式某一行（列）的公因子可以提到行列式的外面，即

$$D_1=\begin{vmatrix} a_{11} & a_{12} & \cdots & a_{1n} \\ \vdots & \vdots & & \vdots \\ ka_{i1} & ka_{i2} & \cdots & ka_{in} \\ \vdots & \vdots & & \vdots \\ a_{n1} & a_{n2} & \cdots & a_{nn} \end{vmatrix}=k\begin{vmatrix} a_{11} & a_{12} & \cdots & a_{1n} \\ \vdots & \vdots & & \vdots \\ a_{i1} & a_{i2} & \cdots & a_{in} \\ \vdots & \vdots & & \vdots \\ a_{n1} & a_{n2} & \cdots & a_{nn} \end{vmatrix}=kD$$

第 i 行（或列）提出公因子 k，记作 $r_i\div k$（或 $c_i\div k$），第 i 行（或列）乘以 k，记作$r_i\times k$（或 $c_i\times k$）.

例如，$\begin{vmatrix} 2 & 4 & 6 \\ 5 & -10 & 5 \\ 3 & -1 & 4 \end{vmatrix}\overset{r_1\div 2}{\underset{r_2\div 5}{=\!=\!=}}10\times\begin{vmatrix} 1 & 2 & 3 \\ 1 & -2 & 1 \\ 3 & -1 & 4 \end{vmatrix}$

推论1 如果行列式某一行（列）的元素全为0，则此行列式的值为0.

推论2 如果行列式某两行（列）的对应元素成比例，则此行列式的值为0.

例如，$D=\begin{vmatrix} 1 & 2 & 3 & -2 \\ 2 & 1 & 6 & 0 \\ 4 & -1 & 12 & 3 \\ -3 & 2 & -9 & 1 \end{vmatrix}$，因 D 中第 1 列与第 3 列对应元素成比例，故有 $D=0$.

性质4 如果行列式中某一行（列）的所有元素都是两个元素的和，则此行列式等于两个行列式的和，即如果

$$D=\begin{vmatrix} a_{11} & a_{12} & \cdots & a_{1n} \\ \vdots & \vdots & & \vdots \\ b_{i1}+c_{i1} & b_{i2}+c_{i2} & \cdots & b_{in}+c_{in} \\ \vdots & \vdots & & \vdots \\ a_{n1} & a_{n2} & \cdots & a_{nn} \end{vmatrix}$$

$$D_1=\begin{vmatrix} a_{11} & a_{12} & \cdots & a_{1n} \\ \vdots & \vdots & & \vdots \\ b_{i1} & b_{i2} & \cdots & b_{in} \\ \vdots & \vdots & & \vdots \\ a_{n1} & a_{n2} & \cdots & a_{nn} \end{vmatrix} \qquad D_2=\begin{vmatrix} a_{11} & a_{12} & \cdots & a_{1n} \\ \vdots & \vdots & & \vdots \\ c_{i1} & c_{i2} & \cdots & c_{in} \\ \vdots & \vdots & & \vdots \\ a_{n1} & a_{n2} & \cdots & a_{nn} \end{vmatrix}$$

则 $D=D_1+D_2$.

例如，$\begin{vmatrix} 3 & 1 & -1 & 2 \\ -5 & 1 & 3 & -4 \\ 2 & 0 & 1 & -1 \\ 1 & -5 & 3 & -3 \end{vmatrix}=\begin{vmatrix} 3 & 1 & -1 & 2 \\ -5 & 1 & 1 & -4 \\ 2 & 0 & 0 & -1 \\ 1 & -5 & 1 & -3 \end{vmatrix}+\begin{vmatrix} 3 & 1 & 0 & 2 \\ -5 & 1 & 2 & -4 \\ 2 & 0 & 1 & -1 \\ 1 & -5 & 2 & -3 \end{vmatrix}$

性质5 行列式某一行（列）的所有元素的 k 倍加到另一行（列）的对应元素上，行列

式的值不变. 即

$$D=\begin{vmatrix} a_{11} & a_{12} & \cdots & a_{1n} \\ \vdots & \vdots & & \vdots \\ a_{i1} & a_{i2} & \cdots & a_{in} \\ \vdots & \vdots & & \vdots \\ a_{j1} & a_{j2} & \cdots & a_{jn} \\ \vdots & \vdots & & \vdots \\ a_{n1} & a_{n2} & \cdots & a_{nn} \end{vmatrix} = \begin{vmatrix} a_{11} & a_{12} & \cdots & a_{1n} \\ \vdots & \vdots & & \vdots \\ a_{i1}+ka_{j1} & a_{i2}+ka_{j2} & \cdots & a_{in}+ka_{jn} \\ \vdots & \vdots & & \vdots \\ a_{j1} & a_{j2} & \cdots & a_{jn} \\ \vdots & \vdots & & \vdots \\ a_{n1} & a_{n2} & \cdots & a_{nn} \end{vmatrix}$$

第 j 行（列）的所有元素的 k 倍加到第 i 行（列）的对应元素上记作 $r_i+kr_j(c_i+kc_j)$.

1.2.2 利用性质计算行列式

下面利用行列式的性质，先将行列式化为上一节的特殊形式的行列式，如对角行列式、上三角行列式、下三角行列式等. 然后计算出行列式的值.

【例 1-5】 计算行列式 $\begin{vmatrix} 1 & 1 & 1 & 1 \\ -1 & 1 & 1 & 1 \\ -1 & -1 & 1 & 1 \\ -1 & -1 & -1 & 1 \end{vmatrix}$ 的值.

解 利用行列式的性质将第 1 行分别加到第 2、3、4 行上，使其成为一个上三角形行列式，利用三角形行列式的结论，可得此行列式的值. 此例是计算行列式的一种典型算法.

$$\begin{vmatrix} 1 & 1 & 1 & 1 \\ -1 & 1 & 1 & 1 \\ -1 & -1 & 1 & 1 \\ -1 & -1 & -1 & 1 \end{vmatrix} = \begin{vmatrix} 1 & 1 & 1 & 1 \\ 0 & 2 & 2 & 2 \\ 0 & 0 & 2 & 2 \\ 0 & 0 & 0 & 2 \end{vmatrix} =8$$

【例 1-6】 计算行列式 $\begin{vmatrix} 5 & 4 & 2 & 1 \\ 2 & 1 & 4 & 2 \\ 3 & 5 & 8 & 6 \\ 1 & -1 & 0 & 1 \end{vmatrix}$ 的值.

解
$$D \xlongequal{r_1\leftrightarrow r_4} -\begin{vmatrix} 1 & -1 & 0 & 1 \\ 2 & 1 & 4 & 2 \\ 3 & 5 & 8 & 6 \\ 5 & 4 & 2 & 1 \end{vmatrix} \xlongequal[r_4-5r_1]{r_2-2r_1,r_3-3r_1} -\begin{vmatrix} 1 & -1 & 0 & 1 \\ 0 & 3 & 4 & 0 \\ 0 & 8 & 8 & 3 \\ 0 & 9 & 2 & -4 \end{vmatrix}$$

$$\xlongequal[r_3-3r_2]{r_4-3r_2} -\begin{vmatrix} 1 & -1 & 0 & 1 \\ 0 & 3 & 4 & 0 \\ 0 & -1 & -4 & 3 \\ 0 & 0 & -10 & -4 \end{vmatrix} \xlongequal[r_3+3r_2]{r_2\leftrightarrow r_3} \begin{vmatrix} 1 & -1 & 0 & 1 \\ 0 & -1 & -4 & 3 \\ 0 & 0 & -8 & 9 \\ 0 & 0 & -10 & -4 \end{vmatrix}$$

$$\xlongequal[r_3-r_4]{r_3\leftrightarrow r_4} \begin{vmatrix} 1 & -1 & 0 & 1 \\ 0 & -1 & -4 & 3 \\ 0 & 0 & 2 & 13 \\ 0 & 0 & -8 & 9 \end{vmatrix} \xlongequal{r_4+4r_3} \begin{vmatrix} 1 & -1 & 0 & 1 \\ 0 & -1 & -4 & 3 \\ 0 & 0 & 2 & 13 \\ 0 & 0 & 0 & 61 \end{vmatrix}$$

$$=1\times(-1)\times2\times61=-122$$

【例 1-7】 计算 n 阶行列式

$$D=\begin{vmatrix} x & a & \cdots & a \\ a & x & \cdots & a \\ \vdots & \vdots & & \vdots \\ a & a & \cdots & x \end{vmatrix}$$

解 这种类型行列式的特点是对角线上的元素相同，对角线以上和以下的元素也相同，从而保证了行列式各列（行）的元素之和完全相同，由此可利用行列式的性质把行列式的第 1 行（列）的元素化为 1，进而把行列式转化为上（下）三角形行列式进行计算.

$$D=\begin{vmatrix} x+(n-1)a & x+(n-1)a & \cdots & x+(n-1)a \\ a & x & \cdots & a \\ \vdots & \vdots & & \vdots \\ a & a & \cdots & x \end{vmatrix}=[x+(n-1)a]\begin{vmatrix} 1 & 1 & \cdots & 1 \\ a & x & \cdots & a \\ \vdots & \vdots & & \vdots \\ a & a & \cdots & x \end{vmatrix}$$

$$=[x+(n-1)a]\begin{vmatrix} 1 & 1 & \cdots & 1 \\ 0 & x-a & \cdots & 0 \\ \vdots & \vdots & & \vdots \\ 0 & 0 & \cdots & x-a \end{vmatrix}=[x+(n-1)a](x-a)^{n-1}$$

【例 1-8】 证明

$$\begin{vmatrix} a^2 & ab & b^2 \\ 2a & a+b & 2b \\ 1 & 1 & 1 \end{vmatrix}=(a-b)^3$$

证明 因为 $(a-b)^2=a^2-2ab+b^2$，观察第 1 行，可将第 2 列乘以 -2 加到第 1 列，再将第 3 列加到第 1 列，则

$$D\xlongequal{c_1-2c_2+c_3}\begin{vmatrix} (a-b)^2 & ab & b^2 \\ 0 & a+b & 2b \\ 0 & 1 & 1 \end{vmatrix}\xlongequal{c_2-c_3}\begin{vmatrix} (a-b)^2 & ab-b^2 & b^2 \\ 0 & a-b & 2b \\ 0 & 0 & 1 \end{vmatrix}=(a-b)^3$$

1.3 行列式的展开定理

利用行列式的性质计算行列式，通常是将其化简成特殊形式的行列式，得出最终结果. 但对某些行列式的计算以及行列式理论的讨论和证明，仅有行列式的性质是不够的. 一般说来，低阶行列式的计算要比高阶行列式的计算简便，于是，可以很自然地考虑到用低阶行列式来表示高阶行列式的问题. 为此，有必要研究行列式的展开定理.

1.3.1 行列式按某一行（列）展开定理

定义 1-7 在 n 阶行列式 $D=\begin{vmatrix} a_{11} & a_{12} & \cdots & a_{1n} \\ a_{21} & a_{22} & \cdots & a_{2n} \\ \vdots & \vdots & & \vdots \\ a_{n1} & a_{n2} & \cdots & a_{nn} \end{vmatrix}$ 中，划去元素 a_{ij} 所在的第 i 行和第 j

列，余下的元素按原来顺序构成的一个 $n-1$ 阶行列式，称为元素 a_{ij} 的余子式，记作 M_{ij}. 令 $A_{ij}=(-1)^{i+j}M_{ij}$，则 A_{ij} 称为元素 a_{ij} 的代数余子式.

【例 1-9】 对 4 阶行列式

$$D=\begin{vmatrix}1 & 5 & 9 & 13\\2 & 6 & 10 & 14\\3 & 7 & 11 & 15\\4 & 8 & 12 & 16\end{vmatrix}$$

写出 M_{13}，M_{32}，A_{13}，A_{32}.

解 根据定义 1-7 得

$$M_{13}=\begin{vmatrix}2 & 6 & 14\\3 & 7 & 15\\4 & 8 & 16\end{vmatrix}\qquad M_{32}=\begin{vmatrix}1 & 9 & 13\\2 & 10 & 14\\4 & 12 & 16\end{vmatrix}$$

$$A_{13}=(-1)^{1+3}M_{13}=M_{13}\qquad A_{32}=(-1)^{3+2}M_{32}=-M_{32}$$

引理 一个 n 阶行列式 D，如果其中第 i 行所有元素除 a_{ij} 外都为 0，则 D 等于 a_{ij} 与它的代数余子式 A_{ij} 的乘积，即

$$D=a_{ij}A_{ij}$$

定理 1-2 n 阶行列式 D 等于它任意一行（列）的所有元素与它们对应的代数余子式的乘积之和，即

$$D=a_{i1}A_{i1}+a_{i2}A_{i2}+\cdots+a_{in}A_{in}\tag{1-7}$$

或

$$D=a_{1j}A_{1j}+a_{2j}A_{2j}+\cdots+a_{nj}A_{nj}$$

推论 n 阶行列式 D 任意一行（列）的所有元素与另一行（列）对应元素的代数余子式乘积的和等于 0，即

$$a_{i1}A_{s1}+a_{i2}A_{s2}+\cdots+a_{in}A_{sn}=0\quad(i\neq s)$$

或

$$a_{1j}A_{1t}+a_{2j}A_{2t}+\cdots+a_{nj}A_{nt}=0\quad(j\neq t)$$

证明 把行列式 D 的第 s 行元素换为第 i 行的对应元素，得到新的行列式 D_1.
D_1 中有两行元素完全相同，因此 $D_1=0$.
再把 D_1 按第 s 行展开即得 $a_{i1}A_{s1}+a_{i2}A_{s2}+\cdots+a_{in}A_{sn}=0\quad(i\neq s)$
同理可证 $a_{1j}A_{1t}+a_{2j}A_{2t}+\cdots+a_{nj}A_{nt}=0\quad(j\neq t)$

1.3.2 利用行（列）展开定理计算行列式

根据定理 1-2，一个 n 阶行列式的计算问题，总可以转化为计算 n 个 $n-1$ 阶的行列式的问题. 理论上，任意一个高阶行列式都可以通过定理 1-2 展开成若干个低阶行列式计算出来. 但实际上，只有在行列式的某一行（列）含有较多 0 时，利用定理 1-2 计算行列式才简单可行. 有时，在没有含 0 较多的行（列）时，可以考虑先利用行列式的性质，把某一行（列）较多的元素化为 0，然后利用定理 1-2 计算. 下面举例说明.

【例 1-10】 计算行列式 $\begin{vmatrix}x & y & x+y\\y & x+y & x\\x+y & x & y\end{vmatrix}$.

解 此行列式的特点是每行（列）数的总和相同. 根据此特点，我们将第 2、3 两列加

到第 1 列上，产生公因子 2（$x+y$），把公因子提出，第 1 列上的数全部是 1，以下就容易解了.

$$\begin{vmatrix} x & y & x+y \\ y & x+y & x \\ x+y & x & y \end{vmatrix} = \begin{vmatrix} 2(x+y) & y & x+y \\ 2(x+y) & x+y & x \\ 2(x+y) & x & y \end{vmatrix} = 2(x+y)\begin{vmatrix} 1 & y & x+y \\ 1 & x+y & x \\ 1 & x & y \end{vmatrix}$$

$$=2(x+y)\begin{vmatrix} 1 & y & x+y \\ 0 & x & -y \\ 0 & x-y & -x \end{vmatrix} = 2(x+y)\begin{vmatrix} x & -y \\ x-y & -x \end{vmatrix} = 2(x+y)(-x^2+xy-y^2) = -2(x^3+y^3)$$

【例 1-11】 计算 n 阶行列式

$$D=\begin{vmatrix} a & b & 0 & \cdots & 0 & 0 \\ 0 & a & b & \cdots & 0 & 0 \\ \vdots & \vdots & \vdots & & \vdots & \vdots \\ 0 & 0 & 0 & \cdots & a & b \\ b & 0 & 0 & \cdots & 0 & a \end{vmatrix}$$

解 将行列式按第 1 列展开

$$D=a\begin{vmatrix} a & b & \cdots & 0 & 0 \\ 0 & a & \cdots & 0 & 0 \\ \vdots & \vdots & & \vdots & \vdots \\ 0 & 0 & \cdots & a & b \\ 0 & 0 & \cdots & 0 & a \end{vmatrix} + (-1)^{n+1}b\begin{vmatrix} b & 0 & \cdots & 0 & 0 \\ a & b & \cdots & 0 & 0 \\ \vdots & \vdots & & \vdots & \vdots \\ 0 & 0 & \cdots & b & 0 \\ 0 & 0 & \cdots & a & b \end{vmatrix} = a^n+(-1)^{n+1}b^n$$

【例 1-12】 设 $D=\begin{vmatrix} 2 & 1 & 4 & 1 \\ 3 & -4 & 2 & 1 \\ 1 & 2 & -3 & 2 \\ 5 & 0 & 6 & 2 \end{vmatrix}$，求 $4A_{12}+2A_{22}-3A_{32}+6A_{42}$，其中 A_{i2} 为 D 中元素 a_{i2}（$i=1, 2, 3, 4$）的代数余子式.

解 因4、2、-3、6 恰好为 D 中第3 列元素，而 A_{12}，A_{22}，A_{32}，A_{42} 为 D 中第2 列元素的代数余子式，故 $4A_{12}+2A_{22}-3A_{32}+6A_{42}$ 表示 D 中第 3 列元素与第 2 列对应元素的代数余子式乘积的和，故由行列式按列展开定理知，此和等于 0，即 $4A_{12}+2A_{22}-3A_{32}+6A_{42}=0$.

1.3.3 拉普拉斯定理

拉普拉斯定理是行列式按一行（列）展开定理的推广. 这个定理在计算某些分块矩阵（分块矩阵的概念参见 2.4 节）的行列式时特别有效，在计算某些特殊形式的行列式时，计算量可以大为减少.

定义 1-8 在 n 阶行列式 D 中，任意选定 k 行 k 列（$1\leqslant k<n$），位于这些行和列交叉点处的 k^2 个元素按原来顺序组成的一个 k 阶行列式 M，称为行列式 D 的一个 **k 阶子式**. 在 D 中划去这 k 行 k 列后，余下的元素按原来顺序组成的一个 $n-k$ 阶行列式 N，称为 **k 阶子式 M 的余子式**. 如果 k 阶子式 M 在 D 中所在的行和列的标号分别为 i_1，i_2，…，i_k 和 j_1，j_2，…，j_k，令 $A=(-1)^{(i_1+i_2+\cdots+i_k)+(j_1+j_2+\cdots+j_k)}N$，则称 A 为 **k 阶子式 M 的代数余子式**.

【例 1-13】 对 4 阶行列式

$$D=\begin{vmatrix}1&5&9&13\\2&6&10&14\\3&7&11&15\\4&8&12&16\end{vmatrix}$$

选定第 2、4 行，第 1、3 列，写出 M，N，A.

解 根据定义 1-8 得

$$M=\begin{vmatrix}2&10\\4&12\end{vmatrix},\quad N=\begin{vmatrix}5&13\\7&15\end{vmatrix},\quad A=(-1)^{2+4+1+3}N=N$$

定理 1-3 （拉普拉斯定理） 在行列式 D 中任意选取 k 行（$1\leqslant k<n$），由这 k 行元素组成的所有 k 阶子式与它们的代数余子式的乘积之和等于行列式 D，即

$$D=M_1A_1+M_2A_2+\cdots+M_tA_t\quad\left(t=\mathrm{C}_n^k=\frac{n!}{k!(n-k)!}\right)\tag{1-8}$$

其中，$A_1,A_2,\cdots,A_t$分别是 k 阶子式 $M_1,M_2,\cdots,M_t$的代数余子式.

【例 1-14】 计算 n 阶行列式 $D=\begin{vmatrix}2&3&0&0\\1&2&3&0\\0&1&2&3\\0&0&1&2\end{vmatrix}$.

解 根据拉普拉斯定理将行列式按第一行和第二行展开：

$$D=\begin{vmatrix}2&3\\1&2\end{vmatrix}\times(-1)^{1+2+1+2}\begin{vmatrix}2&3\\1&2\end{vmatrix}+\begin{vmatrix}2&0\\1&3\end{vmatrix}\times(-1)^{1+2+1+3}\begin{vmatrix}1&3\\0&2\end{vmatrix}+\begin{vmatrix}3&0\\2&3\end{vmatrix}\times(-1)^{1+2+2+3}\begin{vmatrix}0&3\\0&2\end{vmatrix}$$

$$=1-12+0=-11$$

【例 1-15】 计算行列式 $D=\begin{vmatrix}a&0&0&b\\0&e&f&0\\0&h&g&0\\c&0&0&d\end{vmatrix}$.

解 根据定理 1-3，将 D 按第 1、4 行展开，注意到这两行只有 1 个二阶子式的值不为 0，得

$$D=M_1A_1=\begin{vmatrix}a&b\\c&d\end{vmatrix}\times(-1)^{1+4+1+4}\begin{vmatrix}e&f\\h&g\end{vmatrix}=(ad-bc)\times(eg-fh)$$

【例 1-16】 证明（$k+n$）阶行列式

$$\begin{vmatrix}a_{11}&\cdots&a_{1k}&0&\cdots&0\\\vdots&&\vdots&\vdots&&\vdots\\a_{k1}&\cdots&a_{kk}&0&\cdots&0\\c_{11}&\cdots&c_{1k}&b_{11}&\cdots&b_{1n}\\\vdots&&\vdots&\vdots&&\vdots\\c_{n1}&\cdots&c_{nk}&b_{n1}&\cdots&b_{nn}\end{vmatrix}=\begin{vmatrix}a_{11}&\cdots&a_{1k}&c_{11}&\cdots&c_{1n}\\\vdots&&\vdots&\vdots&&\vdots\\a_{k1}&\cdots&a_{kk}&c_{k1}&\cdots&c_{kn}\\0&\cdots&0&b_{11}&\cdots&b_{1n}\\\vdots&&\vdots&\vdots&&\vdots\\0&\cdots&0&b_{n1}&\cdots&b_{nn}\end{vmatrix}$$

$$
=\begin{vmatrix} a_{11} & \cdots & a_{k1} \\ \vdots & & \vdots \\ a_{k1} & \cdots & a_{kk} \end{vmatrix} \times \begin{vmatrix} b_{11} & \cdots & b_{1n} \\ \vdots & & \vdots \\ b_{n1} & \cdots & b_{nn} \end{vmatrix}
$$

证明 在第1个（$n+k$）阶行列式中，选取前k行. 由这k行元素组成的所有k阶子式中，只有取前k列组成的子式的值不等于0. 根据定理1-3，得

$$
\begin{vmatrix} a_{11} & \cdots & a_{1k} & 0 & \cdots & 0 \\ \vdots & & \vdots & \vdots & & \vdots \\ a_{k1} & \cdots & a_{kk} & 0 & \cdots & 0 \\ c_{11} & \cdots & c_{1n} & b_{11} & \cdots & b_{1n} \\ \vdots & & \vdots & \vdots & & \vdots \\ c_{n1} & \cdots & c_{nn} & b_{n1} & \cdots & b_{nn} \end{vmatrix} = \begin{vmatrix} a_{11} & \cdots & a_{k1} \\ \vdots & & \vdots \\ a_{k1} & \cdots & a_{kk} \end{vmatrix} \times (-1)^{(1+\cdots+k)+(1+\cdots+k)} \begin{vmatrix} b_{11} & \cdots & b_{1n} \\ \vdots & & \vdots \\ b_{n1} & \cdots & b_{nn} \end{vmatrix}
$$

$$
=\begin{vmatrix} a_{11} & \cdots & a_{k1} \\ \vdots & & \vdots \\ a_{k1} & \cdots & a_{kk} \end{vmatrix} \times \begin{vmatrix} b_{11} & \cdots & b_{1n} \\ \vdots & & \vdots \\ b_{n1} & \cdots & b_{nn} \end{vmatrix}
$$

在第2个（$n+k$）阶行列式中，选取前k列. 由这k列元素组成的所有k阶子式中，只有取前k行组成的子式的值不等于0. 根据定理1-3，得到与上面相同的结论.

1.4 克莱姆法则及线性方程组求解

我们已经知道，行列式的概念来源于求解线性方程组的问题. 在介绍了行列式的概念、性质以及定理之后，自然地要回到如何利用行列式这一数学工具，解决求解线性方程组的问题.

1.4.1 克莱姆法则

设有n个未知量$x_1,x_2,\cdots,x_n$和n个方程的线性方程组

$$
\begin{cases} a_{11}x_1+a_{12}x_2+\cdots+a_{1n}x_n=b_1 \\ a_{21}x_1+a_{22}x_2+\cdots+a_{2n}x_n=b_2 \\ \vdots \\ a_{n1}x_1+a_{n2}x_2+\cdots+a_{nn}x_n=b_n \end{cases} \tag{1-9}
$$

记 $D=\begin{vmatrix} a_{11} & a_{12} & \cdots & a_{1n} \\ a_{21} & a_{22} & \cdots & a_{2n} \\ \vdots & \vdots & & \vdots \\ a_{n1} & a_{n2} & \cdots & a_{nn} \end{vmatrix}$, $D_j=\begin{vmatrix} a_{11} & \cdots & a_{1,j-1} & b_1 & a_{1,j+1} & \cdots & a_{1n} \\ a_{21} & \cdots & a_{2,j-1} & b_2 & a_{2,j+1} & \cdots & a_{2n} \\ \vdots & & \vdots & \vdots & \vdots & & \vdots \\ a_{n1} & \cdots & a_{n,j-1} & b_n & a_{n,j+1} & \cdots & a_{nn} \end{vmatrix}$ $(j=1,2,\cdots,n)$

定理1-4 （克莱姆法则） 如果方程组（1-9）的系数行列式$D\neq 0$，则方程组（1-9）有唯一解

$$
x_j=\frac{D_j}{D} \qquad (j=1,2,\cdots,n) \tag{1-10}
$$

证明 定理1-4的结论包括两点：一是在 $D\neq 0$ 时方程组一定有解（解的存在性）；二是这个解只能是 $x_j=\dfrac{D_j}{D}$（解的唯一性）. 以下就按这两点证明.

① 首先证明存在性：

$$
\text{设 } \widetilde{D}=\left|\begin{array}{c:ccccc} b_i & a_{i1} & \cdots & a_{ij} & \cdots & a_{in} \\ \hdashline b_1 & a_{11} & \cdots & a_{1j} & \cdots & a_{1n} \\ \vdots & \vdots & & \vdots & & \vdots \\ b_i & a_{i1} & \cdots & a_{ij} & \cdots & a_{in} \\ \vdots & \vdots & & \vdots & & \vdots \\ b_n & a_{n1} & \cdots & a_{nj} & \cdots & a_{nn} \end{array}\right| \begin{array}{l} \leftarrow r_1 \\ \\ \\ \leftarrow r_{i+1} \\ \\ \\ \end{array} =0 \qquad (\text{因为 } r_1=r_{i+1})
$$

第1行中元素 a_{ij} 的代数余子式为

$$
\widetilde{A}_{ij}=(-1)^{1+(j+1)}\begin{vmatrix} b_1 & a_{11} & \cdots & a_{1,j-1} & a_{1,j+1} & \cdots & a_{1n} \\ \vdots & \vdots & & \vdots & \vdots & & \vdots \\ b_i & a_{i1} & \cdots & a_{i,j-1} & a_{i,j+1} & \cdots & a_{in} \\ \vdots & \vdots & & \vdots & \vdots & & \vdots \\ b_n & a_{n1} & \cdots & a_{n,j-1} & a_{n,j+1} & \cdots & a_{nn} \end{vmatrix}
$$

$$
=(-1)^{j+2}(-1)^{j-1}\begin{vmatrix} a_{11} & \cdots & a_{1,j-1} & b_1 & a_{1,j+1} & \cdots & a_{1n} \\ \vdots & & \vdots & \vdots & \vdots & & \vdots \\ b_{i1} & \cdots & a_{i,j-1} & b_i & a_{i,j+1} & \cdots & a_{in} \\ \vdots & & \vdots & \vdots & \vdots & & \vdots \\ a_{n1} & \cdots & a_{n,j-1} & b_n & a_{n,j+1} & \cdots & a_{nn} \end{vmatrix}=-D_j
$$

将 $\widetilde{D}$ 按第1行展开可得

$$
b_iD+a_{i1}(-D_1)+\cdots+a_{ij}(-D_j)+\cdots+a_{in}(-D_n)=0
$$

因为 $D\neq 0$，所以

$$
a_{i1}\frac{D_1}{D}+\cdots+a_{ij}\frac{D_j}{D}+\cdots+a_{in}\frac{D_n}{D}=b_i \qquad (i=1,\ 2,\ \cdots,\ n)
$$

故方程组有解 $$x_j=\frac{D_j}{D} \qquad (j=1,2,\cdots,n)$$

② 其次证明解的唯一性：

设方程组还有解 x_1^*，x_2^*，…，x_n^*，则

$$
x_j^*D=\begin{vmatrix} a_{11} & \cdots & a_{1,j-1} & a_{1j}x_j^* & a_{1,j+1} & \cdots & a_{1n} \\ \vdots & & \vdots & \vdots & \vdots & & \vdots \\ a_{i1} & \cdots & a_{i,j-1} & a_{ij}x_j^* & a_{i,j+1} & \cdots & a_{in} \\ \vdots & & \vdots & \vdots & \vdots & & \vdots \\ a_{n1} & \cdots & a_{n,j-1} & a_{nj}x_j^* & a_{n,j+1} & \cdots & a_{nn} \end{vmatrix}
$$

$$
=\begin{vmatrix} a_{11} & \cdots & a_{1,j-1} & (a_{11}x_1^* + \cdots + a_{1j}x_j^* + \cdots + a_{1n}x_n^*) & a_{1,j+1} & \cdots & a_{1n} \\ \vdots & & \vdots & \vdots & \vdots & & \vdots \\ a_{i1} & \cdots & a_{i,j-1} & (a_{i1}x_1^* + \cdots + a_{ij}x_j^* + \cdots + a_{jn}x_n^*) & a_{i,j+1} & \cdots & a_{in} \\ \vdots & & \vdots & \vdots & \vdots & & \vdots \\ a_{n1} & \cdots & a_{n,j-1} & (a_{n1}x_1^* + \cdots + a_{nj}x_j^* + \cdots + a_{nn}x_n^*) & a_{n,j+1} & \cdots & a_{nn} \end{vmatrix}
$$

$$
=\begin{vmatrix} a_{11} & \cdots & a_{1,j-1} & b_1 & a_{1,j+1} & \cdots & a_{1n} \\ \vdots & & \vdots & \vdots & \vdots & & \vdots \\ a_{i1} & \cdots & a_{i,j-1} & b_i & a_{i,j+1} & \cdots & a_{in} \\ \vdots & & \vdots & \vdots & \vdots & & \vdots \\ a_{n1} & \cdots & a_{n,j-1} & b_n & a_{n,j+1} & \cdots & a_{nn} \end{vmatrix} = D_j
$$

同理可得
$$x_jD = D_j$$

于是
$$x_j^*D = x_jD \Rightarrow x_j^* = x_j \quad (j=1,2,\cdots,n)$$

定义 1-9 在方程组（1-9）中，如果所有的常数项 $b_i=0$（$i=1,2,\cdots,n$），则称方程组为齐次线性方程组；反之，则称方程组为非齐次线性方程组.

对有 n 个未知量和 n 个方程的齐次线性方程组

$$
\begin{cases} a_{11}x_1 + a_{12}x_2 + \cdots + a_{1n}x_n = 0 \\ a_{21}x_1 + a_{22}x_2 + \cdots + a_{2n}x_n = 0 \\ \qquad \vdots \\ a_{n1}x_1 + a_{n2}x_2 + \cdots + a_{nn}x_n = 0 \end{cases} \tag{1-11}
$$

显然方程组（1-11）必有零解（即 $x_j=0$，$j=1$，2，…，n）. 对齐次线性方程组，我们非常关心的问题是，它有没有除零解之外的解，即有没有非零解. 由克莱姆法则可以得出：对方程组（1-11），若系数行列式 $D\neq 0$，则方程组有唯一零解；若方程组有非零解，则系数行列式 D 必为 0.

推论 齐次线性方程组（1-11）有非零解的充分必要条件是 $D=0$.

需要注意的是，克莱姆法则只能应用于方程个数等于未知量个数，且系数行列式不等于 0 的线性方程组. 对于线性方程组中方程个数不等于未知量个数，或未知量个数与方程个数虽然相等，但系数行列式等于 0 的情形，我们将在后面作进一步的讨论.

1.4.2 利用克莱姆法则解线性方程组

【例 1-17】 求线性方程组$\begin{cases} x_1 + x_2 + x_3 + x_4 = 1 \\ x_1 + 2x_2 + x_3 + x_4 = 2 \\ x_1 + 2x_2 + 3x_3 + 2x_4 = 5 \\ x_1 + 3x_2 + 4x_3 + 5x_4 = 9 \end{cases}$的解.

解
$$
D=\begin{vmatrix} 1 & 1 & 1 & 1 \\ 1 & 2 & 1 & 1 \\ 1 & 2 & 3 & 2 \\ 1 & 3 & 4 & 5 \end{vmatrix} = \begin{vmatrix} 1 & 1 & 1 & 1 \\ 0 & 1 & 0 & 0 \\ 0 & 1 & 2 & 1 \\ 0 & 2 & 3 & 4 \end{vmatrix} = \begin{vmatrix} 1 & 1 & 1 & 1 \\ 0 & 1 & 0 & 0 \\ 0 & 0 & 2 & 1 \\ 0 & 0 & 3 & 4 \end{vmatrix} = 5
$$

$$D_1=\begin{vmatrix}1&1&1&1\\2&2&1&1\\5&2&3&2\\9&3&4&5\end{vmatrix}=\begin{vmatrix}1&1&1&1\\0&0&-1&-1\\0&-3&-2&-3\\0&-6&-5&-4\end{vmatrix}=\begin{vmatrix}1&1&1&1\\0&3&2&3\\0&0&-1&-1\\0&0&-1&2\end{vmatrix}=-9$$

$$D_2=\begin{vmatrix}1&1&1&1\\1&2&1&1\\1&5&3&2\\1&9&4&5\end{vmatrix}=\begin{vmatrix}1&1&1&1\\0&1&0&0\\0&4&2&1\\0&8&3&4\end{vmatrix}=\begin{vmatrix}1&1&1&1\\0&1&0&0\\0&0&2&1\\0&0&3&4\end{vmatrix}=5$$

$$D_3=\begin{vmatrix}1&1&1&1\\1&2&2&1\\1&2&5&2\\1&3&9&5\end{vmatrix}=\begin{vmatrix}1&1&1&1\\0&1&1&0\\0&1&4&1\\0&2&8&4\end{vmatrix}=\begin{vmatrix}1&1&1&1\\0&1&1&0\\0&0&3&1\\0&0&6&4\end{vmatrix}=6$$

$$D_4=\begin{vmatrix}1&1&1&1\\1&2&1&2\\1&2&3&5\\1&3&4&9\end{vmatrix}=\begin{vmatrix}1&1&1&1\\0&1&0&1\\0&1&2&4\\0&2&3&8\end{vmatrix}=\begin{vmatrix}1&1&1&1\\0&1&0&1\\0&0&2&3\\0&0&3&6\end{vmatrix}=3$$

方程组有唯一解 $x_1=\dfrac{D_1}{D}=-\dfrac{9}{5}$，$x_2=\dfrac{D_2}{D}=1$，$x_3=\dfrac{D_3}{D}=\dfrac{6}{5}$，$x_4=\dfrac{D_4}{D}=\dfrac{3}{5}$.

从这个例题可以看出，即使对方程个数等于未知量个数，且系数行列式不等于0的线性方程组，利用克莱姆法则求解也是相当复杂的.

【例 1-18】 如果齐次线性方程组

$$\begin{cases}kx_1+x_2+x_3=0\\x_1+kx_2+x_3=0\\x_1+x_2+kx_3=0\end{cases}$$

有非零解，求 k 值.

解

$$D=\begin{vmatrix}k&1&1\\1&k&1\\1&1&k\end{vmatrix}=-\begin{vmatrix}1&k&1\\k&1&1\\1&1&k\end{vmatrix}=-\begin{vmatrix}1&k&1\\0&1-k^2&1-k\\0&1-k&k-1\end{vmatrix}$$

$$=-(1-k)^2\begin{vmatrix}1&k&1\\0&1+k&1\\0&1&-1\end{vmatrix}=(1-k)^2(k+2)$$

因为方程组有非零解，所以 $D=0$，得 $k=1$ 或 $k=-2$.

【例 1-19】 求一个二次多项式 $f(x)$，使 $f(1)=-1$，$f(-1)=9$，$f(2)=-3$.

解 设所求的二次多项式为 $f(x)=ax^2+bx+c$，其中 a，b，c 为待定系数. 由已知条件，得

$$f(1)=a+b+c=-1,\ f(-1)=a-b+c=9,\ f(2)=4a+2b+c=-3$$

解以 a、b、c 为未知量的线性方程组 $\begin{cases}a+b+c=-1\\a-b+c=9\\4a+2b+c=-3\end{cases}$，由克莱姆法则计算得

$$D=\begin{vmatrix}1&1&1\\1&-1&1\\4&2&1\end{vmatrix}=\begin{vmatrix}1&1&1\\0&-2&0\\0&-2&-3\end{vmatrix}=\begin{vmatrix}1&1&1\\0&-2&0\\0&0&-3\end{vmatrix}=6\neq 0$$

$$D_1=\begin{vmatrix}-1&1&1\\9&-1&1\\-3&2&1\end{vmatrix}=\begin{vmatrix}-1&1&1\\0&-8&10\\0&-1&-2\end{vmatrix}=-\begin{vmatrix}8&10\\-1&-2\end{vmatrix}=6$$

$$D_2=\begin{vmatrix}1&-1&1\\1&9&1\\4&-3&1\end{vmatrix}=\begin{vmatrix}1&-1&1\\0&10&0\\0&1&-3\end{vmatrix}=\begin{vmatrix}10&0\\1&-3\end{vmatrix}=-30$$

$$D_3=\begin{vmatrix}1&1&-1\\1&-1&9\\4&2&-3\end{vmatrix}=\begin{vmatrix}1&1&-1\\0&-2&10\\0&-2&1\end{vmatrix}=\begin{vmatrix}1&1&-1\\0&-2&10\\0&0&-9\end{vmatrix}=18$$

所以 $a=\dfrac{D_1}{D}=1$，$b=\dfrac{D_2}{D}=-5$，$c=\dfrac{D_3}{D}=3$.

即 $f(x)=x^2-5x+3$.

1.5 小结

n 阶行列式的本质是对 n^2 个数定义了一种运算，其结果是一个数. 行列式的概念与计算是后面要介绍的矩阵、方程组的基础. 对于行列式性质的证明只需了解它的思路，关键是利用这些性质简化行列式的计算，因此要求熟记行列式的性质和展开法则，并弄清其含义及功能.

行列式有多种不同的计算方法，当面对行列式的计算问题时，要根据各种计算方法的特点，作出适当的选择. 一般地，定义仅适用于计算特殊类型的行列式；行列展开定理适用于存在零元素多的行或列的行列式；拉普拉斯定理适用于零元素成块状的行列式. 很多行列式可先通过性质化为以上情形计算. 此外，行列式的计算还有归纳法、递推法、特殊行列式等多种方法，行列式的计算常常因题而异，对于行列式计算的技巧，不要求做过多的探求.

克莱姆法则是线性方程组理论中的一个重要结论，它的意义在于给出了方程组的解与系数、常数项之间的关系. 但克莱姆法则仅适用于方程个数与未知量个数相等的方程组，且要求系数行列式不为0. 因而克莱姆法则主要用于理论研究及简单方程组求解.

1.6 习题

一、单项选择题

1. 下列排列中（　　）是偶排列.

A. 645213　　B. 143625　　C. 321456　　D. 516342

2. 设二阶行列式 $|A|=\begin{vmatrix}1&3\\1&4\end{vmatrix}$，$|B|=\begin{vmatrix}2&1\\-1&2\end{vmatrix}$，则 $2|A|-|B|=$（　　）.

A. -1　　B. 1　　C. -3　　D. 3

3. 若行列式$\begin{vmatrix} 2 & 0 & 1 \\ 0 & 1 & k \\ 1 & 1 & 1 \end{vmatrix}=0$，则 $k=($　　$)$.

A. 0　　B. 1　　C. $\frac{1}{2}$　　D. $\frac{2}{3}$

4. 已知 n 阶行列式$|A|=\begin{vmatrix} 0 & 0 & \cdots & 0 & 2 \\ 0 & 0 & \cdots & 2 & 2 \\ \vdots & \vdots & & \vdots & \vdots \\ 0 & 2 & \cdots & 2 & 2 \\ 2 & 2 & \cdots & 2 & 2 \end{vmatrix}$，则$|A|=($　　$)$.

A. 2^n　　B. $(-2)^n$　　C. $(-1)^{\frac{n(n-1)}{2}}\cdot 2^n$　　D. $(-1)^{\frac{n(n+1)}{2}}\cdot 2^n$

5. 已知行列式$|A|=\begin{vmatrix} 0 & a_1 & 0 & \cdots & 0 \\ 0 & 0 & a_2 & \cdots & 0 \\ \vdots & \vdots & \vdots & & \vdots \\ 0 & 0 & 0 & \cdots & a_{n-1} \\ a_{n1} & a_{n2} & a_{n3} & \cdots & a_{nn} \end{vmatrix}$，则$|A|=($　　$)$.

A. 0　　B. $a_1a_2\cdots a_{n-1}a_{n1}$

C. $-a_1a_2\cdots a_{n-1}a_{n1}$　　D. $(-1)^{n+1}a_1a_2\cdots a_{n-1}a_{n1}$

6. 行列式$|A|=\begin{vmatrix} 1 & 0 & a & 1 \\ 0 & -1 & b & -1 \\ -1 & -1 & c & 1 \\ -1 & 1 & d & 0 \end{vmatrix}$，则$|A|=($　　$)$.

A. 3　　B. $3(a+b+d)$　　C. $3(a+b+c)$　　D. $3(a+c+d)$

7. 行列式$|A|=\begin{vmatrix} a_{11} & a_{12} & a_{13} & a_{14} & a_{15} \\ a_{21} & a_{22} & a_{23} & a_{24} & a_{25} \\ a_{31} & a_{32} & 0 & 0 & 0 \\ a_{41} & a_{42} & 0 & 0 & 0 \\ a_{51} & a_{52} & 0 & 0 & 0 \end{vmatrix}$，则$|A|=($　　$)$.

A. $a_{11}a_{22}-a_{12}a_{21}$　　B. 3　　C. 0　　D. $a_{41}a_{52}-a_{42}a_{51}$

8. 若三阶行列式$\begin{vmatrix} a_{11} & a_{12} & a_{13} \\ a_{21} & a_{22} & a_{23} \\ a_{31} & a_{32} & a_{33} \end{vmatrix}=1$，则$\begin{vmatrix} 4a_{11} & 5a_{11}+3a_{12} & a_{13} \\ 4a_{21} & 5a_{21}+3a_{22} & a_{23} \\ 4a_{31} & 5a_{31}+3a_{32} & a_{33} \end{vmatrix}=($　　$)$.

A. 12　　B. 15　　C. 20　　D. 60

9. 若三阶行列式$\begin{vmatrix} a_1 & a_2 & a_3 \\ 2b_1-a_1 & 2b_2-a_2 & 2b_3-a_3 \\ c_1 & c_2 & c_3 \end{vmatrix}=6$，则$\begin{vmatrix} a_1 & a_2 & a_3 \\ b_1 & b_2 & b_3 \\ c_1 & c_2 & c_3 \end{vmatrix}=($　　$)$.

A. -3　　B. 3　　C. -6　　D. 6

10. $\begin{vmatrix} -1 & 1 & 1 \\ 1 & -1 & x \\ 1 & 1 & -1 \end{vmatrix}$是关于 x 的一次项式，则该多项式的一次项系数是（　　）.

A. 2　　B. 3　　C. -3　　D. -2

11. 行列式 $|A| = \begin{vmatrix} a_1 & 0 & 0 & b_1 \\ 0 & a_2 & b_2 & 0 \\ 0 & b_3 & a_3 & 0 \\ b_4 & 0 & 0 & a_4 \end{vmatrix}$，则 $|A|$ =（　　）.

A. 0　　B. $a_2a_3-b_2b_3$

C. $(a_2a_3-b_2b_3)(a_1a_4-b_1b_4)$　　D. 1

12. 下列乘积中，（　　）是四阶行列式 D 中前面取负号的项.

A. $a_{11}a_{22}a_{33}a_{44}$　　B. $a_{12}a_{23}a_{34}a_{41}$　　C. $a_{11}a_{22}a_{34}a_{43}$　　D. $a_{14}a_{23}a_{32}a_{41}$

13. 若四阶行列式 $|A|$ 中第 4 行的元素依次为 1，2，3，4，它们的余子式分别为 2，3，4，5，则 $|A|$ =（　　）.

A. -12　　B. 12　　C. -40　　D. 40

14. 设线性方程组 $\begin{cases} \lambda x_1 - x_2 - x_3 = 1 \\ x_1 + \lambda x_2 + x_3 = 1 \\ -x_1 + x_2 + \lambda x_3 = 1 \end{cases}$ 有唯一解，则 λ 的值应为（　　）.

A. 0　　B. 1　　C. -1　　D. 异于 0 与 ± 1 的实数

15. 若齐次线性方程组 $\begin{cases} kx + y + z = 0 \\ x + ky - z = 0 \\ 2x - y + z = 0 \end{cases}$ 有非零解，则 k 应取（　　）.

A. $k \neq -1$　　B. $k \neq 4$　　C. $k \neq 5$　　D. $k=-1$ 或 $k=4$

二、填空题

1. 当 i =______，j =______时，排列 $1i25j4897$ 为奇排列.

2. $2n$ 级排列 $13\cdots(2n-1)2n(2n-2)\cdots 2$ 的逆序数为______.

3. 四阶行列式 $|A| = (a_{ij})_{4\times 4}$ 中，含有 $a_{11}a_{23}$ 的项为______和______.

4. 如果 n 阶行列式中零元素的个数大于 n^2-n 个，那么此行列式的值为______.

5. 设 $D_1 = \begin{vmatrix} 3 & 5 \\ 1 & 2 \end{vmatrix}$，$D_2 = \begin{vmatrix} 3 & 4 & 6 \\ 5 & 1 & 0 \\ 2 & 0 & 0 \end{vmatrix}$，那么，$D = \begin{vmatrix} D_1 & \boldsymbol{O} \\ \boldsymbol{O} & D_2 \end{vmatrix}$ =________.

6. 方程 $\begin{vmatrix} 1 & 1 & 2 & 3 \\ 1 & 2-x^2 & 2 & 3 \\ 2 & 3 & 1 & 5 \\ 2 & 3 & 1 & 9-x^2 \end{vmatrix} = 0$ 的根为______.

7. 若方程组$\begin{cases} kx_1 + x_2 + x_3 = 0 \\ x_1 + kx_2 - x_3 = 0 \\ 2x_1 - x_2 + x_3 = 0 \end{cases}$ 有非零解，则 $k =$ ______或______.

三、判断题

1. 任一个 n 级排列都可经过若干次对换变成自然排列. (　　)
2. 若行列式 D 有两行对应元素是互为相反数，则 $D = 0$. (　　)
3. 若行列式中的每一个元素都大于0，则 $D > 0$. (　　)
4. n 阶行列式 D 中元素均为非零元素，则 $D \neq 0$. (　　)
5. $\begin{vmatrix} a_{11}+b_{11} & a_{12}+b_{12} \\ a_{21}+b_{21} & a_{22}+b_{22} \end{vmatrix} = \begin{vmatrix} a_{11} & a_{12} \\ a_{21} & a_{22} \end{vmatrix} + \begin{vmatrix} b_{11} & b_{12} \\ b_{21} & b_{22} \end{vmatrix}$ (　　)
6. 如果 n 阶行列式在 k 行和 h 列的交点处的元素都为0，且 $k + h > n$，则此行列式等于0. (　　)
7. 行列式等于任一行的各元素与其他行对应元素代数余子式之和. (　　)
8. 行列式 D 中同一元素的余子式和代数余子式的符号相反. (　　)
9. 克莱姆法则适用于解任意方程个数和未知量个数相等的线性方程组. (　　)
10. 齐次线性方程组一定有解. (　　)

四、计算题

1. 设 $a_{i2}a_{3j}a_{24}a_{1k}a_{55}$ 是5阶行列式的一项，则 i，j，k 应为何值？此时该项的符号是什么？

2. 计算下列行列式的值.

（1）$\begin{vmatrix} 1 & 1 & 1 & 1 \\ a_1 & a & a_2 & a_2 \\ a_2 & a_2 & a & a_3 \\ a_3 & a_3 & a_3 & a \end{vmatrix}$　　（2）$\begin{vmatrix} 0 & 1 & 0 & \cdots & 0 \\ 0 & 0 & 2 & \cdots & 0 \\ \vdots & \vdots & \vdots & & \vdots \\ 0 & 0 & 0 & \cdots & n-1 \\ n & 0 & 0 & \cdots & 0 \end{vmatrix}$

（3）$\begin{vmatrix} -a_1 & a_1 & 0 & \cdots & 0 & 0 \\ 0 & -a_2 & a_2 & \cdots & 0 & 0 \\ \vdots & \vdots & \vdots & & \vdots & \vdots \\ 0 & 0 & 0 & \cdots & -a_n & a_n \\ 1 & 1 & 1 & \cdots & 1 & 1 \end{vmatrix}$

（4）$\begin{vmatrix} 4 & 427 & 327 \\ 5 & 543 & 443 \\ 7 & 721 & 621 \end{vmatrix}$　　（5）$\begin{vmatrix} 1 & 4 & -1 & 4 \\ 2 & 1 & 4 & 3 \\ 4 & 2 & 3 & 11 \\ 3 & 0 & 9 & 2 \end{vmatrix}$

3. 求解线性方程组$\begin{cases} 2x_1 + 3x_2 + 5x_3 = 2 \\ x_1 + 2x_2 = 5 \\ 3x_2 + 5x_3 = 4 \end{cases}$

4. 若齐次线性方程组$\begin{cases}(3a+1)x+(5a-2)y=0\\(9-a)x+2(a+2)y=0\end{cases}$只有零解，则 a 应满足什么条件？

五、证明题

1. 证明 $D=\begin{vmatrix} a & b & c & d \\ -b & a & -d & c \\ -c & d & a & -b \\ -d & -c & b & a \end{vmatrix}=(a^2+b^2+c^2+d^2)^2$.

2. 已知 152，209，399 都是 19 的倍数，证明 $D=\begin{vmatrix} 1 & 5 & 2 \\ 2 & 0 & 9 \\ 3 & 9 & 9 \end{vmatrix}$也是 19 的倍数.

第 2 章　矩　阵

行列式是由数排成的行列数相同的数表按一定的计算规则构成的一个运算式子，结果是一个数. 矩阵是由数排成行和列的数表，这个数表的行数和列数可以相等也可以不等. 矩阵和行列式是两个完全不同的概念，行列式代表着一个数，而矩阵仅仅是一些数摆成的表. 通过对数表的研究又发现了矩阵的理论. 矩阵的应用是多方面的，比如，在计算机图形学中的应用有曲线曲面的构造和图像的平移、镜像、转置、缩放等几何变换. 在图像增强技术、投影技术等高级图像问题中更有着广泛应用.

2.1　矩阵的定义与运算

2.1.1　矩阵的概念

由第 1 章的讨论得到如下结论：只有当线性方程组中未知数的个数和方程的个数相同，并且系数行列式不等于 0 时，线性方程组有唯一解. 对线性方程组解的全面讨论需要引进新的概念.

线性方程组

$$\begin{cases} a_{11}x_1 + a_{12}x_2 + \cdots + a_{1n}x_n = b_1 \\ a_{21}x_2 + a_{22}x_2 + \cdots + a_{2n}x_n = b_2 \\ \qquad\qquad \vdots \\ a_{m1}x_1 + a_{m2}x_2 + \cdots + a_{mn}x_n = b_m \end{cases}$$

的系数可以排成 m 行 n 列的数表

$$\begin{matrix} a_{11} & a_{12} & \cdots & a_{1n} \\ a_{21} & a_{22} & \cdots & a_{2n} \\ \vdots & \vdots & & \vdots \\ a_{m1} & a_{m2} & \cdots & a_{mn} \end{matrix}$$

于是我们引进如下概念.

定义 2-1　由 $m \times n$ 个数 a_{ij}（$i=1, 2, \cdots, m$; $j=1, 2, \cdots, n$）排成的矩形表

$$\begin{pmatrix} a_{11} & a_{12} & \cdots & a_{1n} \\ a_{21} & a_{22} & \cdots & a_{2n} \\ \vdots & \vdots & & \vdots \\ a_{m1} & a_{m2} & \cdots & a_{mn} \end{pmatrix} \tag{2-1}$$

称为一个 $\boldsymbol{m \times n}$ **矩阵**，其中横排称为矩阵的**行**，纵排称为矩阵的**列**. a_{ij}称为矩阵第 i 行、第 j 列**元素**，矩阵通常用大写字母 $\boldsymbol{A}$，$\boldsymbol{B}$ 等表示. 有时为了说明矩阵 $\boldsymbol{A}$ 的行数和列数，可用

$A_{m\times n}$表示，或记作 $(a_{ij})_{m\times n}$.

下面介绍几种特殊矩阵.

(1) 所有元素为 0 的矩阵，称为零矩阵，记作 O.

(2) 如果矩阵 $A=(a_{ij})$ 的行数与列数都等于 n，则称 A 为 n 阶矩阵或 n 阶方阵.

n 阶方阵从左上角元素到右下角元素称为矩阵的主对角线.

注意：n 阶方阵与 n 阶行列式的本质区别，n 阶方阵是一个 $n\times n$ 的数表，n 阶行列式则是一个 $n\times n$ 的数表按一定规律构成的一个运算式子，结果是一个数.

(3) 如果矩阵 $A=(a_{ij})$ 的行数等于 1，则称 A 为行矩阵，此时

$$A=(a_{11}\ a_{12}\cdots\ a_{1n})$$

(4) 如果矩阵 $A=(a_{ij})$ 的列数等于 1，则称 A 为列矩阵，此时

$$A=\begin{pmatrix} a_{11}\\ a_{21}\\ \vdots\\ a_{m1}\end{pmatrix}$$

定义 2-2 如果两个矩阵 A，B 有相同的行数与相同的列数，并且对应位置的元素都相等，则称**矩阵A 与矩阵B 相等**，记为 $A=B$.

2.1.2 矩阵的运算

定义 2-3 两个 m 行 n 列矩阵 $A=(a_{ij})$，$B=(b_{ij})$，对应位置元素相加得到的 m 行 n 列矩阵，称为**矩阵A 与矩阵B 的和**，记为 $A+B$，即

$$A+B=(a_{ij})_{m\times n}+(b_{ij})_{m\times n}=(a_{ij}+b_{ij})_{m\times n} \tag{2-2}$$

【例 2-1】 设有矩阵

$$A=\begin{pmatrix} 1&3&2&0\\ 2&1&5&7\\ 0&6&4&8\end{pmatrix},\quad B=\begin{pmatrix} 5&7&2&3\\ 2&0&4&3\\ 2&1&0&3\end{pmatrix}$$

求 $A+B$.

解
$$A+B=\begin{pmatrix} 1&3&2&0\\ 2&1&5&7\\ 0&6&4&8\end{pmatrix}+\begin{pmatrix} 5&7&2&3\\ 2&0&4&3\\ 2&1&0&3\end{pmatrix}=\begin{pmatrix} 6&10&4&3\\ 4&1&9&10\\ 2&7&4&11\end{pmatrix}$$

定义 2-4 设矩阵 $A=(a_{ij})_{m\times n}$，k 为任意常数，用数 k 乘矩阵 A 的每一个元素所得到的矩阵

$$k\cdot A=k\cdot(a_{ij})_{m\times n}=(k\cdot a_{ij})_{m\times n}=\begin{pmatrix} ka_{11}&ka_{12}&\cdots&ka_{1n}\\ ka_{21}&ka_{22}&\cdots&ka_{2n}\\ \vdots&\vdots&&\vdots\\ ka_{m1}&ka_{m2}&\cdots&ka_{mn}\end{pmatrix} \tag{2-3}$$

称为**数 k 与矩阵 A 的乘积**.

特殊地，

$$A=\begin{pmatrix}a_{11}&a_{12}&\cdots&a_{1n}\\a_{21}&a_{22}&\cdots&a_{2n}\\\vdots&\vdots&&\vdots\\a_{m1}&a_{m2}&\cdots&a_{mn}\end{pmatrix},\text{记}-A=(-1)A=\begin{pmatrix}-a_{11}&-a_{12}&\cdots&-a_{1n}\\-a_{21}&-a_{22}&\cdots&-a_{2n}\\\vdots&\vdots&&\vdots\\-a_{m1}&-a_{m2}&\cdots&-a_{mn}\end{pmatrix}\tag{2-4}$$

由矩阵的加法和数与矩阵的乘法的定义，若 $\boldsymbol{A}=(a_{ij})_{m\times n}$，$\boldsymbol{B}=(b_{ij})_{m\times n}$，则

$$\boldsymbol{A}-\boldsymbol{B}=\boldsymbol{A}+(-\boldsymbol{B})=(a_{ij})_{m\times n}+(-b_{ij})_{m\times n}=(a_{ij}-b_{ij})_{m\times n}.\tag{2-5}$$

矩阵加法有下述性质：

（1）$\boldsymbol{A}+\boldsymbol{B}=\boldsymbol{B}+\boldsymbol{A}$

（2）$(\boldsymbol{A}+\boldsymbol{B})+\boldsymbol{C}=\boldsymbol{A}+(\boldsymbol{B}+\boldsymbol{C})$

（3）$\boldsymbol{A}+\boldsymbol{O}=\boldsymbol{O}+\boldsymbol{A}=\boldsymbol{A}$

（4）$\boldsymbol{A}+(-\boldsymbol{A})=\boldsymbol{O}$

数与矩阵的乘法具有下述性质：

（1）$k(\boldsymbol{A}+\boldsymbol{B})=k\boldsymbol{A}+k\boldsymbol{B}$

（2）$(k+l)\boldsymbol{A}=k\boldsymbol{A}+l\boldsymbol{A}$

（3）$(k\cdot l)\boldsymbol{A}=k(l\boldsymbol{A})$

（4）$1\cdot\boldsymbol{A}=\boldsymbol{A}$

其中，$\boldsymbol{A}$，$\boldsymbol{B}$ 均为 $m\times n$ 矩阵，k，l 为实数.

【例 2-2】 已知

$$\boldsymbol{A}=\begin{pmatrix}1&3&-1&2\\1&-2&0&3\\2&3&4&0\end{pmatrix},\ \boldsymbol{B}=\begin{pmatrix}-1&2&4&3\\1&0&5&-3\\0&-5&1&2\end{pmatrix},$$

求 $3\boldsymbol{A}-2\boldsymbol{B}$.

解

$$3\boldsymbol{A}-2\boldsymbol{B}=3\begin{pmatrix}1&3&-1&2\\1&-2&0&3\\2&3&4&0\end{pmatrix}-2\begin{pmatrix}-1&2&4&3\\1&0&5&-3\\0&-5&1&2\end{pmatrix}$$

$$=\begin{pmatrix}3+2&9-4&-3-8&6-6\\3-2&-6-0&0-10&9+6\\6-0&9+10&12-2&0-4\end{pmatrix}=\begin{pmatrix}5&5&-11&0\\1&-6&-10&15\\6&19&10&-4\end{pmatrix}$$

【例 2-3】 已知

$$\boldsymbol{A}=\begin{pmatrix}0&2&-1&3\\9&7&5&1\\8&6&4&2\end{pmatrix},\ \boldsymbol{B}=\begin{pmatrix}4&-2&5&7\\7&9&1&5\\6&-1&2&3\end{pmatrix}$$

且 $\boldsymbol{A}+2\boldsymbol{X}=\boldsymbol{B}$，求 $\boldsymbol{X}$.

解 $$\boldsymbol{X}=\frac{1}{2}(\boldsymbol{B}-\boldsymbol{A})=\frac{1}{2}\begin{pmatrix}4&-4&6&4\\-2&2&-4&4\\-2&-7&-2&1\end{pmatrix}=\begin{pmatrix}2&-2&3&2\\-1&1&-2&2\\-1&-\frac{7}{2}&-1&\frac{1}{2}\end{pmatrix}$$

定义 2-5 设矩阵 $\boldsymbol{A}=(a_{ij})_{m\times s}$，$\boldsymbol{B}=(b_{ij})_{s\times n}$，则由元素

$$c_{ij}=\sum_{k=1}^{s}a_{ik}b_{kj}=a_{i1}b_{1j}+a_{i2}b_{2j}+\cdots+a_{is}b_{sj}\quad(i=1,2,\cdots,m;j=1,2,\cdots,n)$$

所构成的 $m\times n$ 矩阵

$$\boldsymbol{C}=(c_{ij})_{m\times n}$$

称为**矩阵 $\boldsymbol{A}$ 与矩阵 $\boldsymbol{B}$ 的乘积**，记为 $\boldsymbol{C}=\boldsymbol{A}\cdot\boldsymbol{B}$ 或 $\boldsymbol{C}=\boldsymbol{AB}$.

从定义可以看出，只有矩阵 $\boldsymbol{A}$ 的列数与矩阵 $\boldsymbol{B}$ 的行数相同时，$\boldsymbol{A}$ 与 $\boldsymbol{B}$ 才能相乘. $\boldsymbol{C}=\boldsymbol{AB}$ 中第 i 行第 j 列的元素，等于矩阵 $\boldsymbol{A}$ 的第 i 行元素与矩阵 $\boldsymbol{B}$ 的第 j 列对应元素乘积的和，并且矩阵 $\boldsymbol{C}$ 的行数与矩阵 $\boldsymbol{A}$ 的行数相同，矩阵 $\boldsymbol{C}$ 的列数与矩阵 $\boldsymbol{B}$ 的列数相同，即

$$\boldsymbol{A}_{m\times s}\cdot\boldsymbol{B}_{s\times n}=\boldsymbol{C}_{m\times n}$$

【例 2-4】 已知

$$\boldsymbol{A}=\begin{pmatrix}2&3\\1&-2\\3&1\end{pmatrix},\ \boldsymbol{B}=\begin{pmatrix}1&-2&-3\\2&-1&0\end{pmatrix}$$

求 $\boldsymbol{AB}$，$\boldsymbol{BA}$.

解
$$\boldsymbol{AB}=\begin{pmatrix}2&3\\1&-2\\3&1\end{pmatrix}\begin{pmatrix}1&-2&-3\\2&-1&0\end{pmatrix}$$
$$=\begin{pmatrix}2\times1+3\times2&2\times(-2)+3\times(-1)&2\times(-3)+3\times0\\1\times1+(-2)\times2&1\times(-2)+(-2)\times(-1)&1\times(-3)+(-2)\times0\\3\times1+1\times2&3\times(-2)+1\times(-1)&3\times(-3)+1\times0\end{pmatrix}$$
$$=\begin{pmatrix}8&-7&-6\\-3&0&-3\\5&-7&-9\end{pmatrix}$$

同理，按矩阵与矩阵的乘法法则，有

$$\boldsymbol{BA}=\begin{pmatrix}1&-2&-3\\2&-1&0\end{pmatrix}\begin{pmatrix}2&3\\1&-2\\3&1\end{pmatrix}=\begin{pmatrix}-9&4\\3&8\end{pmatrix}$$

显然，$\boldsymbol{AB}\neq\boldsymbol{BA}$.

【例 2-5】 已知

$$\boldsymbol{A}=\begin{pmatrix}-2&4\\1&-2\end{pmatrix},\ \boldsymbol{B}=\begin{pmatrix}2&4\\-3&-6\end{pmatrix}$$

求 $\boldsymbol{AB}$ 及 $\boldsymbol{BA}$.

解
$$\boldsymbol{AB}=\begin{pmatrix}-2&4\\1&-2\end{pmatrix}\begin{pmatrix}2&4\\-3&-6\end{pmatrix}=\begin{pmatrix}-16&-32\\8&16\end{pmatrix}$$
$$\boldsymbol{BA}=\begin{pmatrix}2&4\\-3&-6\end{pmatrix}\begin{pmatrix}-2&4\\1&-2\end{pmatrix}=\begin{pmatrix}0&0\\0&0\end{pmatrix}$$

从这个例子可以看出，$\boldsymbol{AB}\neq\boldsymbol{BA}$，两个非零矩阵之积可能是零矩阵，因此，当已知 $\boldsymbol{AB}=\boldsymbol{O}$ 时，一般不能得出 $\boldsymbol{A}=\boldsymbol{O}$ 或 $\boldsymbol{B}=\boldsymbol{O}$ 的结论.

【例 2-6】 已知

$$A=\begin{pmatrix}2&-3&0&5\\-1&4&1&2\end{pmatrix},\ B=\begin{pmatrix}2&0&4\\-1&2&-1\\3&7&5\\4&-3&-2\end{pmatrix}$$

求 $\boldsymbol{AB}$ 及 $\boldsymbol{BA}$.

解 $$\boldsymbol{AB}=\begin{pmatrix}2&-3&0&5\\-1&4&1&2\end{pmatrix}_{2\times4}\begin{pmatrix}2&0&4\\-1&2&-1\\3&7&5\\4&-3&-2\end{pmatrix}_{4\times3}=\begin{pmatrix}27&-21&1\\5&9&-7\end{pmatrix}_{2\times3}$$

$\boldsymbol{BA}$ 不能乘，没有意义.

从以上 3 个例子可以看出，矩阵的乘法一般不满足交换律，而且即使 $\boldsymbol{AB}$ 有意义，$\boldsymbol{BA}$ 也不一定有意义.

【例 2-7】 已知

$$\boldsymbol{A}=\begin{pmatrix}1&1\\0&1\end{pmatrix},\ \boldsymbol{B}=\begin{pmatrix}1&2\\0&1\end{pmatrix}$$

求 $\boldsymbol{AB}$ 及 $\boldsymbol{BA}$.

解

$$\boldsymbol{AB}=\begin{pmatrix}1&1\\0&1\end{pmatrix}\begin{pmatrix}1&2\\0&1\end{pmatrix}=\begin{pmatrix}1&3\\0&1\end{pmatrix}$$

$$\boldsymbol{BA}=\begin{pmatrix}1&2\\0&1\end{pmatrix}\begin{pmatrix}1&1\\0&1\end{pmatrix}=\begin{pmatrix}1&3\\0&1\end{pmatrix}$$

这里 $\boldsymbol{AB}=\boldsymbol{BA}$.

如果两矩阵 $\boldsymbol{A}$ 与 $\boldsymbol{B}$ 相乘，有 $\boldsymbol{AB}=\boldsymbol{BA}$，我们定义这种矩阵相乘为可交换的，即如果 $\boldsymbol{AB}=\boldsymbol{BA}$，则称 $\boldsymbol{A}$ 与 $\boldsymbol{B}$ 是可交换的.

【例 2-8】 已知

$$A=\begin{pmatrix}1&2\\0&3\end{pmatrix},\ \boldsymbol{B}=\begin{pmatrix}1&4\\0&5\end{pmatrix},\ \boldsymbol{C}=\begin{pmatrix}1&1\\0&0\end{pmatrix}$$

求 $\boldsymbol{AC}$ 及 $\boldsymbol{BC}$.

解

$$\boldsymbol{AC}=\begin{pmatrix}1&2\\0&3\end{pmatrix}\begin{pmatrix}1&1\\0&0\end{pmatrix}=\begin{pmatrix}1&1\\0&0\end{pmatrix}$$

$$\boldsymbol{BC}=\begin{pmatrix}1&4\\0&5\end{pmatrix}\begin{pmatrix}1&1\\0&0\end{pmatrix}=\begin{pmatrix}1&1\\0&0\end{pmatrix}$$

这里 $\boldsymbol{AC}=\boldsymbol{BC}$，但是 $\boldsymbol{A}\neq\boldsymbol{B}$. 所以矩阵乘法也不满足消去律.

矩阵乘法不满足交换律与消去律，所以矩阵相乘时必须注意顺序. $\boldsymbol{AX}$ 称为用 $\boldsymbol{X}$ 右乘 $\boldsymbol{A}$，$\boldsymbol{XA}$ 称为用 $\boldsymbol{X}$ 左乘 $\boldsymbol{A}$.

矩阵乘法有下列性质：

(1) $(\boldsymbol{AB})\boldsymbol{C}=\boldsymbol{A}(\boldsymbol{BC})$

(2) $(\boldsymbol{A}+\boldsymbol{B})\boldsymbol{C}=\boldsymbol{AC}+\boldsymbol{BC}$

(3) $C(A+B)=CA+CB$

(4) $k(AB)=(kA)B=A(kB)$

这里 k 为任意实数.

2.1.3 n 阶方阵的幂

定义 2-6 设 A 是 n 阶方阵，k 是正整数，则 k 个 A 的乘积称为 A 的 k 次幂，记作 A^k，即

$$A^k=\underbrace{A\cdot A\cdot\cdots\cdot A}_{k个}$$

方阵的幂有下列性质：设 A 是方阵，k、l 是正整数，则有

(1) $A^k\cdot A^l=A^{k+l}$

(2) $(A^k)^l=A^{k\cdot l}$

必须注意：幂的运算只对方阵有意义. 因为矩阵乘法不满足交换律，所以一般地，$(AB)^k\neq A^k\cdot B^k$，而且如果有 $A^k=O$，也不一定有 $A=O$.

例如，已知 $A=\begin{pmatrix}0&0&0\\-1&1&1\\1&-1&-1\end{pmatrix}\neq O$，但有

$$A^2=\begin{pmatrix}0&0&0\\-1&1&1\\1&-1&-1\end{pmatrix}\begin{pmatrix}0&0&0\\-1&1&1\\1&-1&-1\end{pmatrix}=\begin{pmatrix}0&0&0\\0&0&0\\0&0&0\end{pmatrix}=O$$

【例 2-9】 设 3 阶矩阵 $A=\begin{pmatrix}1&1&1\\3&3&3\\5&5&5\end{pmatrix}$，求 A^{100}.

解 由题设条件知矩阵 A 有特殊性，即 A 的任意两行、任意两列都成比例. 因此

$$A=\begin{pmatrix}1&1&1\\3&3&3\\5&5&5\end{pmatrix}=\begin{pmatrix}1\\3\\5\end{pmatrix}(1\quad 1\quad 1)$$

所以

$$A^{100}=\underbrace{\left[\begin{pmatrix}1\\3\\5\end{pmatrix}(1\quad 1\quad 1)\right]\left[\begin{pmatrix}1\\3\\5\end{pmatrix}(1\quad 1\quad 1)\right]\cdots\left[\begin{pmatrix}1\\3\\5\end{pmatrix}(1\quad 1\quad 1)\right]}_{100个A相乘}$$

根据矩阵乘法运算的结合律，可得

$$A^{100}=\begin{pmatrix}1\\3\\5\end{pmatrix}\left[(1\quad 1\quad 1)\begin{pmatrix}1\\3\\5\end{pmatrix}\right](1\quad 1\quad 1)\cdots\left[(1\quad 1\quad 1)\begin{pmatrix}1\\3\\5\end{pmatrix}\right](1\quad 1\quad 1)$$

$$=\begin{pmatrix}1\\3\\5\end{pmatrix}\underbrace{9\times9\times\cdots\times9}_{99个9相乘}(1\quad 1\quad 1)=9^{99}\begin{pmatrix}1\\3\\5\end{pmatrix}(1\quad 1\quad 1)=9^{99}\begin{pmatrix}1&1&1\\3&3&3\\5&5&5\end{pmatrix}$$

2.1.4 矩阵的转置

定义 2-7 把 $m \times n$ 矩阵的行与列互换得到的 $n \times m$ 矩阵，称为**矩阵 $\boldsymbol{A}$ 的转置矩阵**，记作 $\boldsymbol{A}^{\mathrm{T}}$，即如果

$$\boldsymbol{A} = \begin{pmatrix} a_{11} & a_{12} & \cdots & a_{1n} \\ a_{21} & a_{22} & \cdots & a_{2n} \\ \vdots & \vdots & & \vdots \\ a_{m1} & a_{m2} & \cdots & a_{mn} \end{pmatrix}$$

则 $\boldsymbol{A}$ 的转置矩阵为

$$\boldsymbol{A}^{\mathrm{T}} = \begin{pmatrix} a_{11} & a_{21} & \cdots & a_{m1} \\ a_{12} & a_{22} & \cdots & a_{m2} \\ \vdots & \vdots & & \vdots \\ a_{1n} & a_{2n} & \cdots & a_{mn} \end{pmatrix}$$

转置矩阵有下列性质：

（1）$(\boldsymbol{A}^{\mathrm{T}})^{\mathrm{T}} = \boldsymbol{A}$

（2）$(\boldsymbol{A}+\boldsymbol{B})^{\mathrm{T}} = \boldsymbol{A}^{\mathrm{T}} + \boldsymbol{B}^{\mathrm{T}}$

（3）$(k\boldsymbol{A})^{\mathrm{T}} = k \cdot \boldsymbol{A}^{\mathrm{T}}$

（4）$(\boldsymbol{AB})^{\mathrm{T}} = \boldsymbol{B}^{\mathrm{T}}\boldsymbol{A}^{\mathrm{T}}$

其中，$\boldsymbol{A}$，$\boldsymbol{B}$ 为可进行有关运算的矩阵；k 为实数.

这些性质可由代数运算直接得到. 下面我们给出性质（4）的证明.

证明 设 $\boldsymbol{A} = (a_{ij})_{m \times s}$，$\boldsymbol{B} = (b_{ij})_{s \times n}$，记 $\boldsymbol{C} = \boldsymbol{AB}$，则 $\boldsymbol{AB}$ 为 $m \times n$ 矩阵. 它的第 i 行、第 j 列的元素为

$$c_{ij} = \sum_{k=1}^{s} a_{ik} b_{kj}$$

$(\boldsymbol{AB})^{\mathrm{T}} = \boldsymbol{C}^{\mathrm{T}}$是 $n \times m$ 矩阵，元素 c_{ij}应位于它的第 i 行第 j 列.

另一方面，$\boldsymbol{B}^{\mathrm{T}}\boldsymbol{A}^{\mathrm{T}}$也是 $n \times m$ 矩阵，它的第 j 行第 i 列的元素应等于 $\boldsymbol{B}^{\mathrm{T}}$的第 j 行元素与 $\boldsymbol{A}^{\mathrm{T}}$ 的第 i 列对应元素乘积之和，即 $\boldsymbol{B}^{\mathrm{T}}\boldsymbol{A}^{\mathrm{T}}$的第 j 行第 i 列元素为

$$\sum_{k=1}^{s} b_{kj} a_{ik} = \sum_{k=1}^{s} a_{ik} b_{kj} = c_{ij} \quad (i = 1,2,\cdots,m; j = 1,2,\cdots,n)$$

所以

$$(\boldsymbol{AB})^{\mathrm{T}} = \boldsymbol{B}^{\mathrm{T}}\boldsymbol{A}^{\mathrm{T}}.$$

性质（4）还可以推广到有限个矩阵相乘的情形，即

$$(\boldsymbol{A}_1\boldsymbol{A}_2\cdots\boldsymbol{A}_t)^{\mathrm{T}} = \boldsymbol{A}_t^{\mathrm{T}}\cdots\boldsymbol{A}_2^{\mathrm{T}}\boldsymbol{A}_1^{\mathrm{T}}$$

2.1.5 n 阶方阵的行列式

定义 2-8 n 阶方阵 $\boldsymbol{A} = (a_{ij})_{n \times n}$的元素按原来的位置构成的行列式，称为**矩阵 $\boldsymbol{A}$ 的行列式**，记作 $|\boldsymbol{A}|$.

由行列式的性质可以证明 n 阶矩阵的行列式有下列性质：

（1）$|\boldsymbol{A}| = |\boldsymbol{A}^{\mathrm{T}}|$

（2）$|k\boldsymbol{A}| = k^n |\boldsymbol{A}|$

（3）$|AB| = |A| \cdot |B|$

其中，k 为实数；A、B 为 n 阶矩阵.

由性质（3）可知，虽然矩阵乘法一般不满足交换律，但是

$$|AB| = |A| \cdot |B| = |B| \cdot |A| = |BA|$$

性质（3）还可以推广到有限个 n 阶矩阵相乘的情形，即

$$|A_1A_2\cdots A_t| = |A_1| \cdot |A_2| \cdot \cdots \cdot |A_t|$$

【例 2-10】 设

$$A = \begin{pmatrix} 1 & 2 \\ 1 & 1 \end{pmatrix}, \ B = \begin{pmatrix} 3 & 0 \\ 1 & 2 \end{pmatrix}$$

求 AB，$|AB|$，BA，$|BA|$.

解

$$AB = \begin{pmatrix} 1 & 2 \\ 1 & 1 \end{pmatrix}\begin{pmatrix} 3 & 0 \\ 1 & 2 \end{pmatrix} = \begin{pmatrix} 5 & 4 \\ 4 & 2 \end{pmatrix} \qquad |AB| = \begin{vmatrix} 5 & 4 \\ 4 & 2 \end{vmatrix} = -6$$

$$BA = \begin{pmatrix} 3 & 0 \\ 1 & 2 \end{pmatrix}\begin{pmatrix} 1 & 2 \\ 1 & 1 \end{pmatrix} = \begin{pmatrix} 3 & 6 \\ 3 & 4 \end{pmatrix} \qquad |BA| = \begin{vmatrix} 3 & 6 \\ 3 & 4 \end{vmatrix} = -6$$

【例 2-11】 已知

$$A = \begin{pmatrix} a & b & c & d \\ -b & a & -d & c \\ -c & d & a & -b \\ -d & -c & b & a \end{pmatrix},$$

求 $|A|$.

解 因为

$$A \cdot A^{\mathrm{T}} = \begin{pmatrix} a & b & c & d \\ -b & a & -d & c \\ -c & d & a & -b \\ -d & -c & b & a \end{pmatrix}\begin{pmatrix} a & -b & -c & -d \\ b & a & d & -c \\ c & -d & a & b \\ d & c & -b & a \end{pmatrix}$$

$$= \begin{pmatrix} a^2+b^2+c^2+d^2 & 0 & 0 & 0 \\ 0 & a^2+b^2+c^2+d^2 & 0 & 0 \\ 0 & 0 & a^2+b^2+c^2+d^2 & 0 \\ 0 & 0 & 0 & a^2+b^2+c^2+d^2 \end{pmatrix}$$

矩阵两边同时求行列式，得

$$|A \cdot A^{\mathrm{T}}| = |A| \cdot |A^{\mathrm{T}}| = |A|^2 = (a^2+b^2+c^2+d^2)^4$$

在 $|A|$ 的展开式中，符号为正，所以

$$|A| = (a^2+b^2+c^2+d^2)^2$$

2.2 几种特殊的矩阵

2.2.1 对角矩阵

定义 2-9 除主对角线以外其他元素全等于 0 的 n 阶矩阵，称为**对角矩阵**，即如果 A 为

对角矩阵，则有

$$A=\begin{pmatrix} a_{11} & 0 & \cdots & 0 \\ 0 & a_{12} & \cdots & 0 \\ \vdots & \vdots & & \vdots \\ 0 & 0 & \cdots & a_{nn} \end{pmatrix}，简记为 A=\begin{pmatrix} a_{11} & & & \\ & a_{22} & & \\ & & \ddots & \\ & & & a_{nn} \end{pmatrix}.$$

对角矩阵有下列性质：

(1) 两个同阶对角矩阵的和（或差）仍为对角矩阵.

(2) 数 k 与对角矩阵的乘积仍是对角矩阵.

(3) 两个同阶对角矩阵的乘积仍是对角矩阵，并且它们是可交换的.

定义 2-10 如果 n 阶对角矩阵 $\boldsymbol{A}$ 中所有主对角线元素都相等，即若 $a_{11}=a_{21}=\cdots=a_{nn}=a$，则称 $\boldsymbol{A}$ 为 **n 阶数量阵**，即

$$A=\begin{pmatrix} a & & & \\ & a & & \\ & & \ddots & \\ & & & a \end{pmatrix}$$

定义 2-11 如果 n 阶数量矩阵 $\boldsymbol{A}$ 中的元素 $a=1$ 时，则称 $\boldsymbol{A}$ 为 **n 阶单位矩阵**，记作

$$E_n=\begin{pmatrix} 1 & & & \\ & 1 & & \\ & & \ddots & \\ & & & 1 \end{pmatrix}$$

对于单位矩阵，有 $\boldsymbol{E}_m\cdot\boldsymbol{A}_{m\times n}=\boldsymbol{A}_{m\times n}\cdot\boldsymbol{E}_n=\boldsymbol{A}_{m\times n}$ 成立. 对数量矩阵，显然有 $\boldsymbol{A}=a\cdot E_n$. 对任一矩阵 $\boldsymbol{B}_{m\times n}$ 有

$$\boldsymbol{B}\cdot(a\boldsymbol{E}_n)=a\cdot\boldsymbol{B}\boldsymbol{E}_n=a\cdot\boldsymbol{B}$$

$$(a\boldsymbol{E}_m)\cdot\boldsymbol{B}=a(\boldsymbol{E}_m\boldsymbol{B})=a\cdot\boldsymbol{B}$$

即用数量矩阵 $a\cdot\boldsymbol{E}$ 左乘或右乘矩阵 $\boldsymbol{B}_{m\times n}$，相当于用数 a 乘以矩阵 $\boldsymbol{B}$.

2.2.2 三角形矩阵

定义 2-12 如果 n 阶矩阵主对角线下方元素都等于 0，则称此矩阵为**上三角形矩阵**，即形如

$$A=\begin{pmatrix} a_{11} & a_{12} & \cdots & a_{1n} \\ 0 & a_{22} & \cdots & a_{2n} \\ \vdots & \vdots & & \vdots \\ 0 & 0 & \cdots & a_{nn} \end{pmatrix}$$

如果 n 阶矩阵主对角线上方元素都等于 0，则称此矩阵为**下三角形矩阵**，即形如

$$A=\begin{pmatrix} b_{11} & 0 & \cdots & 0 \\ b_{21} & b_{22} & \cdots & 0 \\ \vdots & \vdots & & \vdots \\ b_{n1} & b_{n2} & \cdots & b_{nn} \end{pmatrix}$$

上三角形矩阵与下三角形矩阵统称为三角形矩阵.

如果 $\boldsymbol{A}$、$\boldsymbol{B}$ 是同阶的上（下）三角形矩阵，则有 $\boldsymbol{A}+\boldsymbol{B}$、$\boldsymbol{AB}$ 仍是上（下）三角形矩阵；数 k 与 $\boldsymbol{A}$ 的乘积 $k\boldsymbol{A}$ 仍是上（下）三角形矩阵.

2.2.3 对称矩阵

定义 2-13 如果 n 阶矩阵 $\boldsymbol{A}$ 满足 $\boldsymbol{A}^{\mathrm{T}}=\boldsymbol{A}$，则称 $\boldsymbol{A}$ 为**对称矩阵**.

根据定义，对称矩阵 $\boldsymbol{A}=(a_{ij})_{n\times n}$，有 $a_{ij}=a_{ji}(i，j=1，2，\cdots，n)$ 成立.

例如，$\boldsymbol{A}=\begin{pmatrix}1&0&2\\0&2&-1\\2&-1&3\end{pmatrix}$ 就是对称矩阵.

对称矩阵有下列性质：

(1) 如果 $\boldsymbol{A}$、$\boldsymbol{B}$ 同是对称矩阵，则 $\boldsymbol{A}+\boldsymbol{B}$ 也是对称矩阵.

证明 因为 $\boldsymbol{A}^{\mathrm{T}}=\boldsymbol{A}$，$\boldsymbol{B}^{\mathrm{T}}=\boldsymbol{B}$，所以 $(\boldsymbol{A}+\boldsymbol{B})^{\mathrm{T}}=\boldsymbol{A}^{\mathrm{T}}+\boldsymbol{B}^{\mathrm{T}}=\boldsymbol{A}+\boldsymbol{B}$，即 $\boldsymbol{A}+\boldsymbol{B}$ 是对称矩阵.

(2) 数 k 与对称矩阵 $\boldsymbol{A}$ 的乘积 $k\boldsymbol{A}$ 仍是对称矩阵.

必须注意：两个同阶对称矩阵的乘积不一定是对称矩阵.

2.3 逆矩阵

2.3.1 逆矩阵的定义与性质

利用矩阵，可以把线性方程组

$$\begin{cases}a_{11}x_1+a_{12}x_2+\cdots+a_{1n}x_n=b_1\\a_{21}x_2+a_{22}x_2+\cdots+a_{2n}x_n=b_2\\\qquad\vdots\\a_{m1}x_1+a_{m2}x_2+\cdots+a_{mn}x_n=b_m\end{cases}$$

表示为 $\boldsymbol{AX}=\boldsymbol{B}$，其中 $\boldsymbol{A}=\begin{pmatrix}a_{11}&a_{12}&\cdots&a_{1n}\\a_{21}&a_{22}&\cdots&a_{2n}\\\vdots&\vdots&&\vdots\\a_{m1}&a_{m2}&\cdots&a_{mn}\end{pmatrix}$，$\boldsymbol{X}=\begin{pmatrix}x_1\\x_2\\\vdots\\x_n\end{pmatrix}$，$\boldsymbol{B}=\begin{pmatrix}b_1\\b_2\\\vdots\\b_n\end{pmatrix}$.

这样，解线性方程组的问题就转化为解矩阵方程 $\boldsymbol{AX}=\boldsymbol{B}$ 的问题.

我们已经定义了矩阵的加、减、数乘等运算，但是如果已知 $\boldsymbol{A}$、$\boldsymbol{B}$，如何由矩阵方程 $\boldsymbol{AX}=\boldsymbol{B}$ 求出 $\boldsymbol{X}$ 这个矩阵呢？逆矩阵的概念将会很好地解决这个问题.

定义 2-14 对于 n 阶矩阵 $\boldsymbol{A}$，如果存在 n 阶矩阵 $\boldsymbol{B}$，使得 $\boldsymbol{AB}=\boldsymbol{BA}=\boldsymbol{E}$，则 $\boldsymbol{A}$ 称为**可逆矩阵**，$\boldsymbol{B}$ 称为 $\boldsymbol{A}$ 的**逆矩阵**.

由定义可得，$\boldsymbol{A}$ 与 $\boldsymbol{B}$ 一定是同阶的，而且 $\boldsymbol{A}$ 如果可逆，则 $\boldsymbol{A}$ 的逆矩阵是唯一的.

这是因为，如果 $\boldsymbol{B}_1$、$\boldsymbol{B}_2$ 都是 $\boldsymbol{A}$ 的逆矩阵，则有

$$\boldsymbol{AB}_1=\boldsymbol{B}_1\boldsymbol{A}=\boldsymbol{E}，\boldsymbol{AB}_2=\boldsymbol{B}_2\boldsymbol{A}=\boldsymbol{E}$$

那么

$$\boldsymbol{B}_1=\boldsymbol{B}_1\boldsymbol{E}=\boldsymbol{B}_1(\boldsymbol{AB}_2)=(\boldsymbol{B}_1\boldsymbol{A})\boldsymbol{B}_2=\boldsymbol{EB}_2=\boldsymbol{B}_2$$

所以逆矩阵是唯一的．我们把矩阵 $\boldsymbol{A}$ 的逆矩阵记作 $\boldsymbol{A}^{-1}$.

逆矩阵有下列性质：

(1) 如果 $\boldsymbol{A}$ 可逆，则 $\boldsymbol{A}^{-1}$ 也可逆，且 $(\boldsymbol{A}^{-1})^{-1}=\boldsymbol{A}$.

(2) 如果 $\boldsymbol{A}$、$\boldsymbol{B}$ 是两个同阶可逆矩阵，则 $(\boldsymbol{AB})$ 也可逆，且 $(\boldsymbol{AB})^{-1}=\boldsymbol{B}^{-1}\boldsymbol{A}^{-1}$.

(3) 可逆矩阵 $\boldsymbol{A}$ 的转置矩阵 $\boldsymbol{A}^{\mathrm{T}}$ 也是可逆矩阵，且 $(\boldsymbol{A}^{\mathrm{T}})^{-1}=(\boldsymbol{A}^{-1})^{\mathrm{T}}$.

(4) 如果 $\boldsymbol{A}$ 是可逆矩阵，则有 $|\boldsymbol{A}^{-1}|=|\boldsymbol{A}|^{-1}$.

证明 (1) 由可逆的定义，显然有 $\boldsymbol{A}$ 与 $\boldsymbol{A}^{-1}$ 是互逆的.

(2) 因为

$$(\boldsymbol{AB})(\boldsymbol{B}^{-1}\boldsymbol{A}^{-1})=\boldsymbol{A}(\boldsymbol{BB}^{-1})\boldsymbol{A}^{-1}=\boldsymbol{AEA}^{-1}=\boldsymbol{AA}^{-1}=\boldsymbol{E}$$

$$(\boldsymbol{B}^{-1}\boldsymbol{A}^{-1})(\boldsymbol{AB})=\boldsymbol{B}^{-1}(\boldsymbol{A}^{-1}\boldsymbol{A})\boldsymbol{B}=\boldsymbol{B}^{-1}\boldsymbol{EB}=\boldsymbol{B}^{-1}\boldsymbol{B}=\boldsymbol{E}$$

所以 $(\boldsymbol{AB})^{-1}=\boldsymbol{B}^{-1}\boldsymbol{A}^{-1}$.

这个结论也可以推广到有限个可逆矩阵相乘的情形.

(3) 因为

$$\boldsymbol{A}^{\mathrm{T}}(\boldsymbol{A}^{-1})^{\mathrm{T}}=(\boldsymbol{A}^{-1}\boldsymbol{A})^{\mathrm{T}}=\boldsymbol{E}^{\mathrm{T}}=\boldsymbol{E}$$

$$(\boldsymbol{A}^{-1})^{\mathrm{T}}\boldsymbol{A}^{\mathrm{T}}=(\boldsymbol{AA}^{-1})^{\mathrm{T}}=\boldsymbol{E}^{\mathrm{T}}=\boldsymbol{E}$$

所以 $(\boldsymbol{A}^{\mathrm{T}})^{-1}=(\boldsymbol{A}^{-1})^{\mathrm{T}}$.

(4) 因为 $\boldsymbol{AA}^{-1}=\boldsymbol{E}$，两边取行列式有 $|\boldsymbol{A}|\cdot|\boldsymbol{A}^{-1}|=1$,

所以 $|\boldsymbol{A}^{-1}|=\dfrac{1}{|\boldsymbol{A}|}=|\boldsymbol{A}|^{-1}$.

2.3.2 伴随矩阵

定义 2-15 如果 n 阶矩阵 $\boldsymbol{A}$ 的行列式 $|\boldsymbol{A}|\neq 0$，则称 $\boldsymbol{A}$ 是**非奇异的**；否则，称 $\boldsymbol{A}$ 是**奇异**的.

定义 2-16 设 $\boldsymbol{A}=(a_{ij})_{n\times n}$，$A_{ij}$ 是 $|\boldsymbol{A}|$ 中元素 a_{ij} $(i, j=1, 2, \cdots, n)$ 的**代数余子式**. 矩阵

$$\boldsymbol{A}^{*}=\begin{pmatrix} A_{11} & A_{21} & \cdots & A_{n1} \\ A_{12} & A_{22} & \cdots & A_{n2} \\ \vdots & \vdots & & \vdots \\ A_{1n} & A_{2n} & \cdots & A_{nn} \end{pmatrix}$$

称为 $\boldsymbol{A}$ 的**伴随矩阵**.

定理 2-1 矩阵 $\boldsymbol{A}=(a_{ij})_{n\times n}$ 为可逆矩阵的充分必要条件是 $\boldsymbol{A}$ 为非奇异矩阵，并且当 $\boldsymbol{A}$ 可逆时，有

$$\boldsymbol{A}^{-1}=\frac{1}{|\boldsymbol{A}|}\boldsymbol{A}^{*}$$

证明 必要性 设 $\boldsymbol{A}$ 为可逆矩阵，则存在矩阵 $\boldsymbol{A}^{-1}$，有 $\boldsymbol{AA}^{-1}=\boldsymbol{E}$，在等式两边取行列式，得

$$|\boldsymbol{AA}^{-1}|=|\boldsymbol{A}|\cdot|\boldsymbol{A}^{-1}|=1$$

所以 $|\boldsymbol{A}|\neq 0$，即 $\boldsymbol{A}$ 是非奇异的.

充分性 设 $\boldsymbol{A}$ 是非奇异矩阵，则 $|\boldsymbol{A}|\neq 0$，由行列式按一行（列）展开定理有

$$\boldsymbol{AA}^{-1}=\boldsymbol{A}\left(\frac{1}{|\boldsymbol{A}|}\boldsymbol{A}^{*}\right)=\frac{1}{|\boldsymbol{A}|}\begin{pmatrix} a_{11} & a_{12} & \cdots & a_{1n} \\ a_{21} & a_{22} & \cdots & a_{2n} \\ \vdots & \vdots & & \vdots \\ a_{n1} & a_{n2} & \cdots & a_{nn} \end{pmatrix}\begin{pmatrix} A_{11} & A_{21} & \cdots & A_{n1} \\ A_{12} & A_{22} & \cdots & A_{n2} \\ \vdots & \vdots & & \vdots \\ A_{1n} & A_{2n} & \cdots & A_{nn} \end{pmatrix}$$

$$=\frac{1}{|\boldsymbol{A}|}\begin{pmatrix}|\boldsymbol{A}| & 0 & \cdots & 0\\ 0 & |\boldsymbol{A}| & \cdots & 0\\ \vdots & \vdots & & \vdots\\ 0 & 0 & \cdots & |\boldsymbol{A}|\end{pmatrix}=\boldsymbol{E}$$

同理可得 $\boldsymbol{A}^{-1}\boldsymbol{A}=\boldsymbol{E}$.

所以 $\boldsymbol{A}$ 可逆，并且 $\boldsymbol{A}^{-1}=\frac{1}{|\boldsymbol{A}|}\boldsymbol{A}^{*}$.

【例 2-12】 已知矩阵 $\boldsymbol{A}=\begin{pmatrix}1 & -2 & 1\\ 2 & -3 & 1\\ 3 & 1 & -3\end{pmatrix}$，判断 $\boldsymbol{A}$ 是否可逆；如果可逆，求 $\boldsymbol{A}^{-1}$.

解 因为

$$|\boldsymbol{A}|=\begin{vmatrix}1 & -2 & 1\\ 2 & -3 & 1\\ 3 & 1 & -3\end{vmatrix}=1\neq 0$$

所以 $\boldsymbol{A}$ 可逆. 又

$$\boldsymbol{A}_{11}=(-1)^{1+1}\begin{vmatrix}-3 & 1\\ 1 & -3\end{vmatrix}=8;\ \boldsymbol{A}_{12}=(-1)^{1+2}\begin{vmatrix}2 & 1\\ 3 & -3\end{vmatrix}=9;\ \boldsymbol{A}_{13}=(-1)^{1+3}\begin{vmatrix}2 & -3\\ 3 & 1\end{vmatrix}=1;$$

$$\boldsymbol{A}_{21}=(-1)^{2+1}\begin{vmatrix}-2 & 1\\ 1 & -3\end{vmatrix}=-5;\ \boldsymbol{A}_{22}=(-1)^{2+2}\begin{vmatrix}1 & 1\\ 3 & -3\end{vmatrix}=-6;\ \boldsymbol{A}_{23}=(-1)^{2+3}\begin{vmatrix}1 & -2\\ 3 & 1\end{vmatrix}=-7;$$

$$\boldsymbol{A}_{31}=(-1)^{3+1}\begin{vmatrix}-2 & 1\\ -1 & 1\end{vmatrix}=1;\ \boldsymbol{A}_{32}=(-1)^{3+2}\begin{vmatrix}1 & 1\\ 2 & 1\end{vmatrix}=1;\ \boldsymbol{A}_{33}=(-1)^{3+3}\begin{vmatrix}1 & -2\\ 2 & -3\end{vmatrix}=1.$$

所以

$$\boldsymbol{A}^{-1}=\frac{1}{|\boldsymbol{A}|}\boldsymbol{A}^{*}=\begin{pmatrix}8 & -5 & 1\\ 9 & -6 & 1\\ 1 & -7 & 1\end{pmatrix}$$

【例 2-13】 三阶方阵 A，B 满足关系式：$AB+E=A^2+B$，且 $A=\begin{pmatrix}1 & 0 & 1\\ 0 & 2 & 0\\ 1 & 0 & 1\end{pmatrix}$，求 B.

解 $AB-B=A^2-E$，$(A-E)B=(A-E)(A+E)$，又 $|A-E|\neq 0$，$A-E$ 可逆，则

$$B=A+E=\begin{pmatrix}2 & 0 & 1\\ 0 & 3 & 0\\ 1 & 0 & 2\end{pmatrix}$$

【例 2-14】 解矩阵方程

$$\begin{pmatrix}1 & 2 & 3\\ 2 & 2 & 1\\ 3 & 4 & 3\end{pmatrix}X\begin{pmatrix}2 & 1\\ 5 & 3\end{pmatrix}=\begin{pmatrix}1 & 3\\ 2 & 0\\ 3 & 1\end{pmatrix}$$

求 $X=$?

解 令

$$A=\begin{pmatrix}1&2&3\\2&2&1\\3&4&3\end{pmatrix},\quad B=\begin{pmatrix}2&1\\5&3\end{pmatrix},\quad C=\begin{pmatrix}1&3\\2&0\\3&1\end{pmatrix}$$

$$A^{-1}=\begin{pmatrix}1&3&-2\\-1.5&-3&2.5\\1&1&-1\end{pmatrix},\ B^{-1}=\begin{pmatrix}3&-1\\-5&2\end{pmatrix}$$

则

$$X=A^{-1}CB^{-1}=\begin{pmatrix}-2&1\\10&-4\\-10&4\end{pmatrix}$$

2.4 分块矩阵

2.4.1 分块矩阵的定义

在矩阵的讨论和运算中，有时根据需要将一个矩阵用横线和竖线分成若干“子块”（子矩阵），使原矩阵显得结构简单清晰. 像这样将一个矩阵分成若干块（称为子块或子阵），并以所分的子块为元素的矩阵称为分块矩阵. 因此，若给出一个矩阵，可以根据需要把它写成不同的分块矩阵.

例如，$\boldsymbol{A}=\begin{pmatrix}1&0&0&0\\0&1&0&0\\1&2&-1&0\\3&4&0&-1\end{pmatrix}$，令 $\boldsymbol{A}_1=\begin{pmatrix}1&2\\3&4\end{pmatrix}$，则原矩阵 $\boldsymbol{A}$ 分块为

$$\boldsymbol{A}=\left(\begin{array}{cc:cc}1&0&0&0\\0&1&0&0\\\hdashline 1&2&-1&0\\3&4&0&-1\end{array}\right)=\begin{pmatrix}\boldsymbol{E}_2&\boldsymbol{O}\\\boldsymbol{A}_1&-\boldsymbol{E}_2\end{pmatrix}$$

其中，$\boldsymbol{E}_2$是二阶单位阵，$\boldsymbol{O}$ 是二阶零矩阵.

2.4.2 分块矩阵的运算

分块矩阵运算时，可以把子块当作元素，直接运用矩阵运算的有关法则. 但是，应注意下列几个问题.

（1）用分块矩阵做矩阵加（减）法时，必须使对应的子块具有相同的行数和列数，即两个矩阵的分块方式应完全相同.

设 $\boldsymbol{A}$、$\boldsymbol{B}$ 均为 $m\times n$ 矩阵，把 $\boldsymbol{A}$、$\boldsymbol{B}$ 按同样的方式分块：

$$\boldsymbol{A}=\begin{pmatrix}A_{11}&A_{12}&\cdots&A_{1t}\\A_{21}&A_{22}&\cdots&A_{2t}\\\vdots&\vdots&&\vdots\\A_{s1}&A_{s2}&\cdots&A_{st}\end{pmatrix},\quad \boldsymbol{B}=\begin{pmatrix}B_{11}&B_{12}&\cdots&B_{1t}\\B_{21}&B_{22}&\cdots&B_{2t}\\\vdots&\vdots&&\vdots\\B_{s1}&B_{s2}&\cdots&B_{st}\end{pmatrix}$$

则
$$\boldsymbol{A}+\boldsymbol{B}=\begin{pmatrix} A_{11}+B_{11} & A_{12}+B_{12} & \cdots & A_{1s}+B_{1s} \\ A_{21}+B_{21} & A_{22}+B_{22} & \cdots & A_{2s}+B_{2s} \\ \vdots & \vdots & & \vdots \\ A_{s1}+B_{s1} & A_{s2}+B_{s2} & \cdots & A_{st}+B_{st} \end{pmatrix}$$

（2）数 k 与分块矩阵相乘时，数 k 应与每一子块相乘.

设矩阵 $\boldsymbol{A}$ 为 $m\times n$ 矩阵，分块为

$$\boldsymbol{A}=\begin{pmatrix} A_{11} & A_{12} & \cdots & A_{1t} \\ A_{21} & A_{22} & \cdots & A_{2t} \\ \vdots & \vdots & & \vdots \\ A_{s1} & A_{s2} & \cdots & A_{st} \end{pmatrix}，则\ k\cdot\boldsymbol{A}=\begin{pmatrix} kA_{11} & kA_{12} & \cdots & kA_{1t} \\ kA_{21} & kA_{22} & \cdots & kA_{2t} \\ \vdots & \vdots & & \vdots \\ kA_{s1} & kA_{s2} & \cdots & kA_{st} \end{pmatrix}.$$

（3）利用分块矩阵计算矩阵 $\boldsymbol{A}_{m\times s}$ 与 $\boldsymbol{B}_{s\times n}$ 的乘积，则应使 $\boldsymbol{A}$ 的列的分法与 $\boldsymbol{B}$ 的行的分法相同，同时还要使对应的子块之间满足矩阵的乘法法则.

设 $\boldsymbol{A}$ 是 $m\times s$ 矩阵，$\boldsymbol{B}$ 是 $s\times n$ 矩阵，分块为

$$\boldsymbol{A}=\begin{pmatrix} A_{11} & A_{12} & \cdots & A_{1p} \\ A_{21} & A_{22} & \cdots & A_{2p} \\ \vdots & \vdots & & \vdots \\ A_{r1} & A_{r2} & \cdots & A_{rp} \end{pmatrix},\ \boldsymbol{B}=\begin{pmatrix} B_{11} & B_{12} & \cdots & B_{1t} \\ B_{21} & B_{22} & \cdots & B_{2t} \\ \vdots & \vdots & & \vdots \\ B_{p1} & B_{p2} & \cdots & B_{pt} \end{pmatrix}$$

其中，A_{i1}，A_{i2}，…，A_{ip}（$i=1$，2，…，p）的列数分别等于 B_{1j}，B_{2j}，…，B_{pj}（$j=1$，2，…，t）的行数，则有

$$\boldsymbol{AB}=\begin{pmatrix} C_{11} & C_{12} & \cdots & C_{1t} \\ C_{21} & C_{22} & \cdots & C_{2t} \\ \vdots & \vdots & & \vdots \\ C_{r1} & C_{r2} & \cdots & C_{rt} \end{pmatrix}$$

其中，$C_{ij}=\sum\limits_{k=1}^{p}A_{ik}B_{kj}(i=1,2,\cdots,r;j=1,2,\cdots,t)$.

【例 2-15】 设 $\boldsymbol{A}=\begin{pmatrix} 1 & 0 & 3 \\ 0 & 1 & -1 \\ 2 & -1 & 0 \\ 3 & 2 & 0 \end{pmatrix}$，$\boldsymbol{B}=\begin{pmatrix} 2 & -1 & 4 \\ -1 & 2 & -2 \\ 2 & 0 & 0 \\ 0 & 2 & 0 \end{pmatrix}$，求 $2\boldsymbol{A}-\boldsymbol{B}$.

解 将 $\boldsymbol{A}$，$\boldsymbol{B}$ 作如下分块

$$\boldsymbol{A}=\left(\begin{array}{cc:c} 1 & 0 & 3 \\ 0 & 1 & -1 \\ \hdashline 2 & -1 & 0 \\ 3 & 2 & 0 \end{array}\right)=\begin{pmatrix} \boldsymbol{E} & \boldsymbol{A}_{12} \\ \boldsymbol{A}_{21} & \boldsymbol{O} \end{pmatrix}$$

其中，$\boldsymbol{E}$ 是 2 阶单位阵；$\boldsymbol{O}$ 是 2×1 零矩阵；$\boldsymbol{A}_{12}=\begin{pmatrix} 3 \\ -1 \end{pmatrix}$，$\boldsymbol{A}_{21}=\begin{pmatrix} 2 & -1 \\ 3 & 2 \end{pmatrix}$.

$$B=\left(\begin{array}{cc|c}2&-1&4\\-1&2&-2\\\hline 2&0&0\\0&2&0\end{array}\right)=\begin{pmatrix}B_{11}&B_{12}\\2E&O\end{pmatrix}$$

其中，$B_{11}=\begin{pmatrix}2&-1\\-1&2\end{pmatrix}$；$B_{12}=\begin{pmatrix}4\\-2\end{pmatrix}$；$E$ 是 2 阶单位阵；O 是 2×1 零矩阵.

则
$$2A-B=\begin{pmatrix}2E&2A_{12}\\2A_{21}&O\end{pmatrix}-\begin{pmatrix}B_{11}&B_{12}\\2E&O\end{pmatrix}=\begin{pmatrix}2E-B_{11}&2A_{12}-B_{12}\\2A_{21}-2E&O\end{pmatrix}$$

而

$$2E-B_{11}=2\begin{pmatrix}1&0\\0&1\end{pmatrix}-\begin{pmatrix}2&-1\\-1&2\end{pmatrix}=\begin{pmatrix}0&1\\1&0\end{pmatrix}$$

$$2A_{12}-B_{12}=2\begin{pmatrix}3\\-1\end{pmatrix}-\begin{pmatrix}4\\-2\end{pmatrix}=\begin{pmatrix}2\\0\end{pmatrix}$$

$$2（A_{21}-E）=2\left[\begin{pmatrix}2&-1\\3&2\end{pmatrix}-\begin{pmatrix}1&0\\0&1\end{pmatrix}\right]=\begin{pmatrix}2&-2\\6&2\end{pmatrix}$$

所以
$$2A-B=\left(\begin{array}{cc|c}0&1&2\\1&0&0\\\hline 2&-2&0\\6&2&0\end{array}\right)$$

【例 2-16】 已知 $A=\begin{pmatrix}1&0&-2&0\\0&1&0&-2\\0&0&5&3\end{pmatrix}$，$B=\begin{pmatrix}3&0&-2\\1&2&0\\0&1&0\\0&0&1\end{pmatrix}$，求 AB.

解 将 A，B 作如下分块

$$A=\left(\begin{array}{cc|cc}1&0&-2&0\\0&1&0&-2\\\hline 0&0&5&3\end{array}\right)=\begin{pmatrix}E&-2E\\O&A_{22}\end{pmatrix}$$

其中，E 为二阶单位阵；O 为 1×2 零矩阵；$A_{22}=(5\quad 3)_{1\times2}$.

$$B=\left(\begin{array}{c|cc}3&0&-2\\1&2&0\\\hline 0&1&0\\0&1&1\end{array}\right)=\begin{pmatrix}B_{11}&B_{12}\\O&E\end{pmatrix}$$

其中，E 为二阶单位阵；O 为 2×1 零矩阵；$B_{11}=\begin{pmatrix}3\\1\end{pmatrix}$；$B_{12}=\begin{pmatrix}0&-2\\2&0\end{pmatrix}$.

则
$$AB=\begin{pmatrix}E&-2E\\O_{1\times2}&A_{22}\end{pmatrix}\begin{pmatrix}B_{11}&B_{12}\\O_{2\times1}&E\end{pmatrix}=\begin{pmatrix}B_{11}&B_{12}-2E\\O_{1\times1}&A_{22}\end{pmatrix}$$

而
$$B_{12}-2E=\begin{pmatrix}0&-2\\2&0\end{pmatrix}-\begin{pmatrix}2&0\\0&2\end{pmatrix}=\begin{pmatrix}-2&-2\\2&-2\end{pmatrix}$$

所以
$$AB=\left(\begin{array}{c:cc}3 & -2 & -2\\ 1 & 2 & -2\\ \hdashline 0 & 5 & 3\end{array}\right)$$

(4) 分块矩阵的转置.

分块矩阵转置时，不但要把行列互换，而且行列互换后各子块都应转置.

设 $A=(a_{ij})_{m\times n}$，分块为 $A=\begin{pmatrix}A_{11} & A_{12} & \cdots & A_{1t}\\ A_{21} & A_{22} & \cdots & A_{2t}\\ \vdots & \vdots & & \vdots\\ A_{s1} & A_{s2} & \cdots & A_{st}\end{pmatrix}$，则 $A^{T}=\begin{pmatrix}A_{11}^{T} & A_{21}^{T} & \cdots & A_{s1}^{T}\\ A_{12}^{T} & A_{22}^{T} & \cdots & A_{s2}^{T}\\ \vdots & \vdots & & \vdots\\ A_{1t}^{T} & A_{2t}^{T} & \cdots & A_{st}^{T}\end{pmatrix}$.

2.4.3 准对角矩阵

定义 2-17 设 $A=(a_{ij})_{m\times n}$分块为
$$A=\begin{pmatrix}A_1 & & & \\ & A_2 & & \\ & & \ddots & \\ & & & A_t\end{pmatrix}$$
其中，主对角线上的子块 $A_i(i=1,2,\cdots,t)$ 都是方阵，其余未写出的子块均为零矩阵. 这样的分块矩阵称为准对角矩阵，又称分块对角矩阵.

准对角矩阵有下列性质：

(1) $|A|=|A_1|\cdot|A_2|\cdot\cdots\cdot|A_t|$

(2) 如果 $|A_i|\neq 0(i=1,2,\cdots,t)$，则 $|A|\neq 0$，所以 A 可逆，且有
$$A^{-1}=\begin{pmatrix}A_1 & & & \\ & A_2 & & \\ & & \ddots & \\ & & & A_t\end{pmatrix}^{-1}=\begin{pmatrix}A_1^{-1} & & & \\ & A_2^{-1} & & \\ & & \ddots & \\ & & & A_t^{-1}\end{pmatrix}$$

(3) 如果
$$A=\begin{pmatrix}A_1 & & & \\ & A_2 & & \\ & & \ddots & \\ & & & A_t\end{pmatrix},\quad B=\begin{pmatrix}B_1 & & & \\ & B_2 & & \\ & & \ddots & \\ & & & B_t\end{pmatrix}$$
是两个同阶对角方阵，且分块方式相同，则
$$A+B=\begin{pmatrix}A_1+B_1 & & & \\ & A_2+B_2 & & \\ & & \ddots & \\ & & & A_t+B_t\end{pmatrix},\quad AB=\begin{pmatrix}A_1B_1 & & & \\ & A_2B_2 & & \\ & & \ddots & \\ & & & A_tB_t\end{pmatrix}$$

仍为对角矩阵.

由此可见，对角矩阵为准对角矩阵的特殊形式.

【例 2-17】 设 $A=\begin{pmatrix}-4&2&0&0\\2&0&0&0\\0&0&-7&3\\0&0&5&-1\end{pmatrix}$，求利用分块矩阵 A^{-1}.

解 令 $B=\begin{pmatrix}-4&2\\2&0\end{pmatrix}$，$C=\begin{pmatrix}-7&3\\5&-1\end{pmatrix}$，则 $A=\begin{pmatrix}B&O\\O&C\end{pmatrix}$.

又 $B^{-1}=\begin{pmatrix}0&\frac{1}{2}\\\frac{1}{2}&1\end{pmatrix}$，$C^{-1}=\begin{pmatrix}\frac{1}{8}&-\frac{3}{8}\\\frac{5}{8}&\frac{7}{8}\end{pmatrix}$，得

$$A=\begin{pmatrix}B^{-1}&O\\O&C^{-1}\end{pmatrix}=\begin{pmatrix}0&\frac{1}{2}&0&0\\\frac{1}{2}&1&0&0\\0&0&\frac{1}{8}&\frac{3}{8}\\0&0&\frac{5}{8}&\frac{7}{8}\end{pmatrix}$$

2.5 矩阵的初等变换

2.5.1 初等矩阵

这一节我们将讨论初等矩阵与矩阵乘法的关系以及用初等变换求逆矩阵的方法.

定义 2-18 对矩阵施以下列 3 种变换，称为矩阵的**初等行变换**.

(1) 交换矩阵的两行（互换 i，j 两行记作 $r_i \leftrightarrow r_j$）.

(2) 以一个非零的数乘矩阵的某一行（数 k 乘第 i 行记作 $r_i \times k$）.

(3) 把矩阵的某一行，乘以一个数加到另一行上（数 k 乘第 j 行加到第 i 行上，记作 $r_i + kr_j$）.

把定义中的“行”换成“列”，即得到矩阵的初等列变换的定义（所用的记号是把“r”换成“c”）. 矩阵的初等行变换及初等列变换统称为矩阵的初等变换.

定义 2-19 如果矩阵 $\boldsymbol{A}$ 经过有限次初等变换后变成矩阵 $\boldsymbol{B}$，就称**矩阵 $\boldsymbol{A}$ 与矩阵 $\boldsymbol{B}$ 等价**，记作 $\boldsymbol{A} \leftrightarrow \boldsymbol{B}$.

定义 2-20 n 阶单位阵 $\boldsymbol{E}$ 经过一次初等行（列）变换所得到的矩阵，称为 **n 阶初等矩阵**.

对应 3 种初等行（列）变换，可得到 3 种初等矩阵.

(1) 互换 $\boldsymbol{E}$ 的 i，j 两行（或 i，j 两列），得

$$E(i,j)=\begin{pmatrix}1 & & & & & & & & \\ & \ddots & & & & & & & \\ & & 0 & & \cdots & & 1 & & \\ & & & 1 & & & & & \\ & & \vdots & & \ddots & & \vdots & & \\ & & & & & 1 & & & \\ & & 1 & & \cdots & & 0 & & \\ & & & & & & & \ddots & \\ & & & & & & & & 1\end{pmatrix}\begin{matrix}\\ \text{第}\,i\,\text{行}\\ \\ \\ \\ \\ \\ \text{第}\,j\,\text{行}\\ \\ \end{matrix}$$

第 i 列　　　　第 j 列

用 m 阶初等方阵 $\boldsymbol{E}_m(i,j)$ 左乘矩阵 $\boldsymbol{A}=(a_{ij})_{m\times n}$，得

$$\boldsymbol{E}_m(i,j)\boldsymbol{A}=\begin{pmatrix}a_{11} & a_{12} & \cdots & a_{1n}\\ \vdots & \vdots & & \vdots\\ a_{j1} & a_{j2} & \cdots & a_{jn}\\ \vdots & \vdots & & \vdots\\ a_{i1} & a_{i2} & \cdots & a_{in}\\ \vdots & \vdots & & \vdots\\ a_{m1} & a_{m2} & \cdots & a_{mn}\end{pmatrix}\begin{matrix}\\ \\ \text{第}\,i\,\text{行}\\ \\ \text{第}\,j\,\text{行}\\ \\ \\ \end{matrix}$$

其结果相当于对矩阵 $\boldsymbol{A}$ 实行第 1 种初等行变换：把 $\boldsymbol{A}$ 的第 i 行与第 j 行对调. 类似地，用 n 阶初等方阵 $\boldsymbol{E}_n(i,j)$ 右乘矩阵 $\boldsymbol{A}$，其结果相当于对矩阵 $\boldsymbol{A}$ 实行第 1 种初等列变换：把 $\boldsymbol{A}$ 的第 i 列与第 j 列对调.

（2）$\boldsymbol{E}$ 的第 i 行（或第 i 列）乘以不等于 0 的数 k，得

$$\boldsymbol{E}[i(k)]=\begin{pmatrix}1 & & & & & & \\ & \ddots & & & & & \\ & & 1 & & & & \\ & & & \ddots & & & \\ & & & & k & & \\ & & & & & \ddots & \\ & & & & & & 1 \\ & & & & & & & \ddots \\ & & & & & & & & 1\end{pmatrix}\text{第}\,i\,\text{行}$$

用 m 阶初等方阵 $\boldsymbol{E}_m[i(k)]$ 左乘矩阵 $\boldsymbol{A}=(a_{ij})_{m\times n}$，得

$$\boldsymbol{E}_m[i(k)]\boldsymbol{A}=\begin{pmatrix}a_{11} & a_{12} & \cdots & a_{1n}\\ \vdots & \vdots & & \vdots\\ ka_{i1} & ka_{i2} & \cdots & ka_{in}\\ \vdots & \vdots & & \vdots\\ a_{m1} & a_{m2} & \cdots & a_{mn}\end{pmatrix}\text{第}\,i\,\text{行}$$

其结果相当于对矩阵 $\boldsymbol{A}$ 实行第 2 种初等行变换：以数 k 乘 $\boldsymbol{A}$ 的第 i 行. 类似地，用 n 阶初等方阵 $\boldsymbol{E}_n[i(k)]$ 右乘矩阵 $\boldsymbol{A}$，其结果相当于对矩阵 $\boldsymbol{A}$ 实行第 2 种初等列变换：以数 k 乘 $\boldsymbol{A}$ 的第 i 列.

（3）把 $\boldsymbol{E}$ 的第 j 行的 l 倍加到第 i 行上（或 i 列的 l 倍加到第 j 列上），得

$$E[i,j(l)]=\begin{pmatrix}1&&&&&&\\&\ddots&&&&&\\&&1&\cdots&l&&\\&&&\ddots&\vdots&&\\&&&&1&&\\&&&&&\ddots&\\&&&&&&1\end{pmatrix}\begin{matrix}\\\\第\,i\,行\\\\第\,j\,行\\\\\\\end{matrix}$$

$$\qquad\qquad 第\,i\,列\qquad 第\,j\,列$$

用 m 阶初等方阵 $\boldsymbol{E}_m[i,\ j\ (l)]$ 左乘矩阵 $\boldsymbol{A}=(a_{ij})_{m\times n}$，得

$$\boldsymbol{E}_m\ [i,\ j\ (l)]\ \boldsymbol{A}=\begin{pmatrix}a_{11}&a_{12}&\cdots&a_{1n}\\\vdots&\vdots&&\vdots\\la_{j1}+a_{i1}&la_{j2}+a_{i2}&\cdots&la_{jn}+a_{in}\\\vdots&\vdots&&\vdots\\a_{j1}&a_{j2}&\cdots&a_{jn}\\\vdots&\vdots&&\vdots\\a_{m1}&a_{m2}&\cdots&a_{mn}\end{pmatrix}\begin{matrix}\\\\第\,i\,行\\\\第\,j\,行\\\\\\\end{matrix}$$

其结果相当于对矩阵 $\boldsymbol{A}$ 施行第 3 种初等行变换：以数 l 乘 $\boldsymbol{A}$ 的第 j 行加到第 i 行上. 类似地，用 n 阶初等方阵 $\boldsymbol{E}_n[i,\ j\ (l)]$ 右乘矩阵 $\boldsymbol{A}$，其结果相当于对矩阵 $\boldsymbol{A}$ 施行第 3 种初等列变换：以数 l 乘 $\boldsymbol{A}$ 的第 j 列加到第 i 列上.

由此可见，矩阵的初等变换与初等矩阵有着非常密切的关系.

定理 2-2 设 $\boldsymbol{A}_{m\times n}=(a_{ij})_{m\times n}$，则有

(1) 对 $\boldsymbol{A}$ 的行施以一次初等变换所得到的矩阵，等于用相应的 m 阶初等矩阵左乘 $\boldsymbol{A}$.

(2) 对 $\boldsymbol{A}$ 施以一次初等列变换所得到的矩阵，等于用相应的 n 阶初等矩阵右乘 $\boldsymbol{A}$.

初等矩阵具有下列性质：

(1) 初等矩阵的转置仍为初等矩阵.

(2) 初等矩阵都是可逆矩阵，其逆矩阵仍为初等矩阵，并且

$$\boldsymbol{E}(i,j)^{-1}=\boldsymbol{E}(i,j)$$
$$\boldsymbol{E}[i(k)]^{-1}=\boldsymbol{E}[i(k^{-1})]$$
$$\boldsymbol{E}[i,j(l)]^{-1}=\boldsymbol{E}[i,j(-l)]$$

定理 2-3 任意一个矩阵 $\boldsymbol{A}_{m\times n}=(a_{ij})_{m\times n}$ 经过若干次初等变换，可化为下面的标准形式.

$$\boldsymbol{D}=\begin{pmatrix}\boldsymbol{E}_r&\boldsymbol{O}_{r\times(n-r)}\\\boldsymbol{O}_{(m-r)\times r}&\boldsymbol{O}_{(m-r)\times(n-r)}\end{pmatrix}$$

推论 可逆矩阵可以经过有限次初等变换化为单位矩阵.

定理 2-4 n 阶矩阵 $\boldsymbol{A}$ 为可逆的充分必要条件是它可以表示成有限个初等矩阵的乘积.

证明 必要性

由定理 2-3 的推论知，如果 $\boldsymbol{A}$ 可逆，则经过若干次初等变换可化为 $\boldsymbol{E}$，即存在初等矩阵 $\boldsymbol{P}_1,\boldsymbol{P}_2,\cdots,\boldsymbol{P}_t$，使得

$$\boldsymbol{P}_t\boldsymbol{P}_{t-1}\cdots\boldsymbol{P}_2\boldsymbol{P}_1\boldsymbol{A}=\boldsymbol{E} \tag{2-6}$$

所以
$$\boldsymbol{A}=(\boldsymbol{P}_t\boldsymbol{P}_{t-1}\cdots\boldsymbol{P}_2\boldsymbol{P}_1)^{-1}\boldsymbol{E}=\boldsymbol{P}_1^{-1}\boldsymbol{P}_2^{-1}\cdots\boldsymbol{P}_{t-1}^{-1}\boldsymbol{P}_t^{-1} \tag{2-7}$$

由于初等矩阵的逆矩阵仍是初等矩阵，所以 $\boldsymbol{A}$ 可以表示成有限个初等矩阵的乘积.

充分性

如果 $\boldsymbol{A}$ 可以表示成初等矩阵的乘积，由于初等矩阵可逆，所以 $\boldsymbol{A}$ 也可逆.

【例 2-18】 将矩阵 $A=\begin{pmatrix}1&2\\3&4\end{pmatrix}$表示成三个初等矩阵的乘积.

解

$$A=\begin{pmatrix}1&2\\3&4\end{pmatrix}\xrightarrow{r_2-3r_1}\begin{pmatrix}1&2\\0&-2\end{pmatrix}\xrightarrow{r_2\times\left(-\frac{1}{2}\right)}\begin{pmatrix}1&2\\0&1\end{pmatrix}\xrightarrow{r_1-2r_2}\begin{pmatrix}1&0\\0&1\end{pmatrix}=E$$

$$\therefore\begin{pmatrix}1&-2\\0&1\end{pmatrix}\begin{pmatrix}1&0\\0&-\frac{1}{2}\end{pmatrix}\begin{pmatrix}1&0\\-3&1\end{pmatrix}A=E$$

$$\therefore A=\begin{pmatrix}1&0\\-3&1\end{pmatrix}^{-1}\begin{pmatrix}1&0\\0&-\frac{1}{2}\end{pmatrix}^{-1}\begin{pmatrix}1&-2\\0&1\end{pmatrix}^{-1}=\begin{pmatrix}1&0\\3&1\end{pmatrix}\begin{pmatrix}1&0\\0&-2\end{pmatrix}\begin{pmatrix}1&2\\0&1\end{pmatrix}$$

2.5.2 用初等变换求逆矩阵

下面介绍一种用初等变换求逆矩阵的方法.

如果 $\boldsymbol{A}$ 可逆，则由定理 2-4 可知，存在初等矩阵 $\boldsymbol{P}_1$，$\boldsymbol{P}_2$，…，$\boldsymbol{P}_t$，使得

$$\boldsymbol{P}_t\boldsymbol{P}_{t-1}\cdots\boldsymbol{P}_2\boldsymbol{P}_1\boldsymbol{A}=\boldsymbol{E}$$

则有
$$\boldsymbol{P}_t\boldsymbol{P}_{t-1}\cdots\boldsymbol{P}_2\boldsymbol{P}_1\boldsymbol{A}\boldsymbol{A}^{-1}=\boldsymbol{A}^{-1}$$

即
$$\boldsymbol{P}_t\boldsymbol{P}_{t-1}\cdots\boldsymbol{P}_2\boldsymbol{P}_1\boldsymbol{E}=\boldsymbol{A}^{-1} \tag{2-8}$$

式（2-6）表示对 $\boldsymbol{A}$ 的行施以若干次初等行变换化为 $\boldsymbol{E}$，式（2-8）表示对 $\boldsymbol{E}$ 的行施以同样的初等行变换化为 $\boldsymbol{A}^{-1}$. 于是可以得出一个求逆矩阵的方法如下.

（1）作一个 $n\times 2n$ 的矩阵（$\boldsymbol{A}\,\vdots\,\boldsymbol{E}$）.

（2）对（$\boldsymbol{A}\,\vdots\,\boldsymbol{E}$）连续施以初等行变换，使子块 $\boldsymbol{A}$ 化为 $\boldsymbol{E}$，则同时将子块 $\boldsymbol{E}$ 化为 $\boldsymbol{A}^{-1}$，即

$$\boldsymbol{P}_t\boldsymbol{P}_{t-1}\cdots\boldsymbol{P}_2\boldsymbol{P}_1(\boldsymbol{A}\,\vdots\,\boldsymbol{E})\rightarrow(\boldsymbol{E}\,\vdots\,\boldsymbol{A}^{-1})$$

用这种方法求逆矩阵，只要 $\boldsymbol{A}$ 可化为 $\boldsymbol{E}$，逆矩阵就存在，否则不存在.

【例 2-19】 已知

$$\boldsymbol{A}=\begin{pmatrix}1&0&1\\2&1&0\\-3&2&-5\end{pmatrix}$$

用行初等变换求逆矩阵.

解 作 3×6 矩阵（$\boldsymbol{A}\,\vdots\,\boldsymbol{E}_3$）.

$$(\boldsymbol{A}\,\vdots\,\boldsymbol{E}_3)=\left(\begin{array}{ccc:ccc}1&0&1&1&0&0\\2&1&0&0&1&0\\-3&2&-5&0&0&1\end{array}\right)\xrightarrow[r_3+3r_1]{r_2-2r_1}\left(\begin{array}{ccc:ccc}1&0&1&1&0&0\\0&1&-2&-2&1&0\\0&2&-2&3&0&1\end{array}\right)$$

$$\xrightarrow{r_3-2r_2}\left(\begin{array}{ccc:ccc}1&0&1&1&0&0\\0&1&-2&-2&1&0\\0&0&2&7&-2&1\end{array}\right)\xrightarrow[r_1-\frac{1}{2}r_3]{r_2+r_3}\left(\begin{array}{ccc:ccc}1&0&0&-\frac{5}{2}&1&-\frac{1}{2}\\0&1&0&5&-1&1\\0&0&2&7&-2&1\end{array}\right)$$

$$\xrightarrow{\frac{1}{2}r_3}\left(\begin{array}{ccc:ccc}1&0&0&-\frac{5}{2}&1&-\frac{1}{2}\\0&1&0&5&-1&1\\0&0&1&\frac{7}{2}&-1&\frac{1}{2}\end{array}\right)$$

于是有
$$\boldsymbol{A}^{-1}=\begin{pmatrix}-\frac{5}{2}&1&-\frac{1}{2}\\5&-1&1\\\frac{7}{2}&-1&\frac{1}{2}\end{pmatrix}$$

利用初等行变换不但可以求逆矩阵，还可以解一些简单的矩阵方程.

例如，矩阵方程 $\boldsymbol{AX}=\boldsymbol{B}$ 中，如果 $\boldsymbol{A}_{n\times n}$ 可逆，$\boldsymbol{B}$ 为 $n\times m$ 矩阵，则在方程两边左乘 $\boldsymbol{A}^{-1}$，就可以求得未知矩阵 $\boldsymbol{X}=\boldsymbol{A}^{-1}\boldsymbol{B}$.

在实际计算时，我们可以先构造 $n\times(n+m)$ 矩阵（$\boldsymbol{A}\,\vdots\,\boldsymbol{B}$），并对矩阵（$\boldsymbol{A}\,\vdots\,\boldsymbol{B}$）连续施以初等变换，使 $\boldsymbol{A}$ 化为单位阵，这时 $\boldsymbol{B}$ 就化为 $\boldsymbol{A}^{-1}\boldsymbol{B}$.

这是因为如果 $\boldsymbol{P}_t\boldsymbol{P}_{t-1}\cdots\boldsymbol{P}_2\boldsymbol{P}_1(\boldsymbol{A}\,\vdots\,\boldsymbol{E})\longrightarrow(\boldsymbol{E}\,\vdots\,\boldsymbol{A}^{-1})$，其中 $\boldsymbol{P}_1$，$\boldsymbol{P}_2$，…，$\boldsymbol{P}_t$ 为初等矩阵，则应有

$$\boldsymbol{P}_t\boldsymbol{P}_{t-1}\cdots\boldsymbol{P}_2\boldsymbol{P}_1\boldsymbol{EB}\longrightarrow\boldsymbol{A}^{-1}\boldsymbol{B}$$

所以
$$\boldsymbol{P}_t\boldsymbol{P}_{t-1}\cdots\boldsymbol{P}_2\boldsymbol{P}_1(\boldsymbol{A}\,\vdots\,\boldsymbol{B})\longrightarrow(\boldsymbol{E}\,\vdots\,\boldsymbol{A}^{-1}\boldsymbol{B}).$$

这种方法有时比先求 $\boldsymbol{A}^{-1}$ 再作乘积 $\boldsymbol{A}^{-1}\boldsymbol{B}$ 要简便一些.

【例 2-20】 解矩阵方程组 $\boldsymbol{AX}=\boldsymbol{B}$，其中

$$\boldsymbol{A}=\begin{pmatrix}1&-1&1\\-2&1&1\\1&1&1\end{pmatrix},\ \boldsymbol{X}=\begin{pmatrix}x_1\\x_2\\x_3\end{pmatrix},\ \boldsymbol{B}=\begin{pmatrix}2\\3\\6\end{pmatrix}$$

解 设所作 3×4 的矩阵

$$(\boldsymbol{A}\,\vdots\,\boldsymbol{B})=\left(\begin{array}{ccc:c}1&1&-1&2\\-2&1&1&3\\1&1&1&6\end{array}\right)\xrightarrow[r_3-r_1]{r_2+2r_1}\left(\begin{array}{ccc:c}1&1&-1&2\\0&3&-1&7\\0&0&2&4\end{array}\right)\xrightarrow[r_3\div 2]{r_2\div 3}\left(\begin{array}{ccc:c}1&1&-1&2\\0&1&-\frac{1}{3}&\frac{7}{3}\\0&0&1&2\end{array}\right)$$

$$\xrightarrow{r_1-r_2}\left(\begin{array}{ccc:c}1&0&-\frac{2}{3}&-\frac{1}{3}\\0&1&-\frac{1}{3}&\frac{7}{3}\\0&0&1&2\end{array}\right)\xrightarrow[r_1+\frac{2}{3}r_3]{r_2+\frac{1}{3}r_3}\left(\begin{array}{ccc:c}1&0&0&1\\0&1&0&3\\0&0&1&2\end{array}\right)$$

所以
$$\boldsymbol{X}=\begin{pmatrix}x_1\\x_2\\x_3\end{pmatrix}=\boldsymbol{A}^{-1}\boldsymbol{B}=\begin{pmatrix}1\\3\\2\end{pmatrix}$$

故原方程组的解为 $x_1=1$，$x_2=3$，$x_3=2$.

【例 2-21】 求解矩阵方程 $AX=A+2X$，其中 $A=\begin{pmatrix}3&0&1\\1&1&0\\0&1&4\end{pmatrix}$（用初等变换法）.

解答：

$\because AX=A+2X$，$\therefore (A-2E)X=A$，

$$(A-2E|A)=\left(\begin{array}{ccc|ccc}1&0&1&3&0&1\\1&-1&0&1&1&0\\0&1&2&0&1&4\end{array}\right)$$

$$\xrightarrow{\text{初等行变换}}\left(\begin{array}{ccc|ccc}1&0&1&3&0&1\\0&-1&-1&-2&1&-1\\0&1&2&0&1&4\end{array}\right)\to\left(\begin{array}{ccc|ccc}1&0&1&3&0&1\\0&-1&-1&-2&1&-1\\0&0&1&-2&2&3\end{array}\right)$$

$$\to\left(\begin{array}{ccc|ccc}1&0&0&5&-2&-2\\0&-1&0&-4&3&2\\0&0&1&-2&2&3\end{array}\right)\to\left(\begin{array}{ccc|ccc}1&0&0&5&-2&-2\\0&1&0&4&-3&-2\\0&0&1&-2&2&3\end{array}\right)$$

$$\therefore X=\begin{pmatrix}5&-2&-2\\4&-3&-2\\-2&2&3\end{pmatrix}$$

2.6 小结

本章学习了矩阵的一些基本知识，在矩阵的概念方面有以下几点需要注意.

（1）矩阵与行列式的本质区别.

（2）在矩阵运算中，对矩阵行、列的要求.

（3）在求伴随矩阵时，应注意矩阵的各行元素的代数余子式作伴随矩阵的列.

（4）分块矩阵可以简化矩阵的运算.

（5）矩阵的初等变换中行变换和列变换的区别，如何用初等变换求逆矩阵.

2.7 习题

一、单项选择题

1．关于下述有关上三角矩阵的各命题中，是假命题的有（　　）.

A. 可逆上三角阵的逆阵是上三角阵　　B. 两上三角阵的乘积是上三角阵

C. 对角形矩阵不是上三角阵　　D. 两上三角阵的和是上三角阵

2. 设 $\boldsymbol{A}$ 为 n 阶方阵，则下列矩阵是对称矩阵的是（　　）.

A. $\boldsymbol{A}+\boldsymbol{A}^{\mathrm{T}}$　　B. $\boldsymbol{A}-\boldsymbol{A}^{\mathrm{T}}$　　C. $2\boldsymbol{A}$　　D. $\boldsymbol{A}^2$

3. 设 $\boldsymbol{A}$ 是对称矩阵且可逆，则（　　）.

A. $\boldsymbol{A}\boldsymbol{A}^{\mathrm{T}}=\boldsymbol{E}$　　B. $\boldsymbol{A}^{-1}\boldsymbol{A}^{\mathrm{T}}=\boldsymbol{E}$　　C. $\boldsymbol{A}^{-1}=\boldsymbol{A}^{\mathrm{T}}$　　D. $\boldsymbol{A}^{\mathrm{T}}=-\boldsymbol{A}$

4. 设矩阵 $\boldsymbol{A}=\begin{pmatrix}2&0\\-1&3\end{pmatrix}$，$\boldsymbol{B}=\begin{pmatrix}3&-1\\4&-7\end{pmatrix}$，则 $\boldsymbol{A}+\boldsymbol{B}=$（　　）.

A. $\begin{pmatrix}5&0\\7&3\end{pmatrix}$　　B. $\begin{pmatrix}5&-1\\4&-7\end{pmatrix}$　　C. $\begin{pmatrix}5&-1\\3&-4\end{pmatrix}$　　D. $\begin{pmatrix}5&0\\3&3\end{pmatrix}$

5. 已知矩阵 $\boldsymbol{A}$，$\boldsymbol{B}$，$\boldsymbol{C}=(c_{ij})_{s\times n}$ 满足 $\boldsymbol{AC}=\boldsymbol{CB}$，则 $\boldsymbol{A}$ 与 $\boldsymbol{B}$ 分别是（　　）.

A. $\boldsymbol{A}$，$\boldsymbol{B}$ 都是 $s\times n$ 阶矩阵　　B. $\boldsymbol{A}$，$\boldsymbol{B}$ 都是 $n\times s$ 阶矩阵

C. $\boldsymbol{A}$ 是 $s\times n$，$\boldsymbol{B}$ 是 $n\times s$ 阶矩阵　　D. $\boldsymbol{A}$ 是 $s\times s$，$\boldsymbol{B}$ 是 $n\times n$ 阶矩阵

6. 设 $\boldsymbol{A}$ 是 n 阶方阵，λ 为实数，下列各式成立的是（　　）.

A. $|\lambda\boldsymbol{A}|=\lambda|\boldsymbol{A}|$　　B. $|\lambda\boldsymbol{A}|=|\lambda||\boldsymbol{A}|$　　C. $|\lambda\boldsymbol{A}|=\lambda^n|\boldsymbol{A}|$　　D. $|\lambda\boldsymbol{A}|=|\lambda^n||\boldsymbol{A}|$

7. $\boldsymbol{A}$ 为 n 阶方阵，$\boldsymbol{B}$ 是只对换 $\boldsymbol{A}$ 中第 1、2 列所得的方阵，若 $|\boldsymbol{A}|\neq|\boldsymbol{B}|$，则有（　　）.

A. $|\boldsymbol{A}|$ 可能为 0　　B. $|\boldsymbol{A}|\neq 0$　　C. $|\boldsymbol{A}+\boldsymbol{B}|\neq 0$　　D. $|\boldsymbol{A}-\boldsymbol{B}|\neq 0$

8. 已知 n 阶方阵，$\boldsymbol{A}=\begin{pmatrix}0&-\boldsymbol{E}_{n-1}\\-1&0\end{pmatrix}$，则 $|\boldsymbol{A}|=$（　　）.

A. 1　　B. -1　　C. $(-1)^{n-1}$　　D. $(-1)^n$

9. 设 $\boldsymbol{A}$ 为 n（$n\geqslant 2$）阶可逆矩阵，$\boldsymbol{A}^*$ 为 $\boldsymbol{A}$ 的伴随矩阵，则 $|\boldsymbol{A}^*|=$（　　）.

A. $|\boldsymbol{A}|$　　B. $|\boldsymbol{A}|^{n-1}$　　C. $|\boldsymbol{A}|^n$　　D. $|\boldsymbol{A}|^{n+1}$

10. 设矩阵 $\boldsymbol{A}=\begin{pmatrix}a_{11}&a_{12}&\cdots&a_{1n}\\a_{21}&a_{22}&\cdots&a_{2n}\\\vdots&\vdots&&\vdots\\a_{n1}&a_{n2}&\cdots&a_{nn}\end{pmatrix}$，$\boldsymbol{B}=\begin{pmatrix}A_{11}&A_{12}&\cdots&A_{1n}\\A_{21}&A_{22}&\cdots&A_{2n}\\\vdots&\vdots&&\vdots\\A_{n1}&A_{n2}&\cdots&A_{nn}\end{pmatrix}$，其中 $\boldsymbol{A}_{ij}$ 是 a_{ij} 的代表余子式（i，$j=1$，2，…，n），则（　　）.

A. $\boldsymbol{A}$ 是 $\boldsymbol{B}$ 的伴随矩阵　　B. $\boldsymbol{B}$ 是 $\boldsymbol{A}$ 的伴随矩阵

C. $\boldsymbol{B}$ 是 $\boldsymbol{A}^{\mathrm{T}}$ 的伴随矩阵　　D. $\boldsymbol{B}$ 不是 $\boldsymbol{A}^{\mathrm{T}}$ 的伴随矩阵

11. 设 $\boldsymbol{A}$、$\boldsymbol{B}$ 为同阶方阵，则下列结论正确的是（　　）.

A. 若 $\boldsymbol{A}$、$\boldsymbol{B}$ 可逆，则 $\boldsymbol{A}+\boldsymbol{B}$ 可逆　　B. 若 $\boldsymbol{A}$、$\boldsymbol{B}$ 可逆，则 $\boldsymbol{AB}$ 可逆

C. 若 $\boldsymbol{A}+\boldsymbol{B}$ 可逆，则 $\boldsymbol{A}-\boldsymbol{B}$ 可逆　　D. 若 $\boldsymbol{A}+\boldsymbol{B}$ 可逆，则 $\boldsymbol{A}$、$\boldsymbol{B}$ 均可逆

12. 已知 $\begin{pmatrix}1&0\\0&\frac{1}{3}\end{pmatrix}\boldsymbol{X}\begin{pmatrix}0&\frac{1}{3}\\1&0\end{pmatrix}=\begin{pmatrix}1&2\\3&1\end{pmatrix}$，则 $\boldsymbol{X}=$（　　）.

A. $\begin{pmatrix}1&2\\9&3\end{pmatrix}$　　B. $\begin{pmatrix}9&3\\1&2\end{pmatrix}$　　C. $\begin{pmatrix}6&1\\9&9\end{pmatrix}$　　D. $\begin{pmatrix}9&9\\6&0\end{pmatrix}$

13. 设矩阵 $\boldsymbol{A}=\begin{pmatrix}1&0&0\\0&2&0\\0&0&3\end{pmatrix}$，则 $\boldsymbol{A}^{-1}=$（　　）.

A. $\begin{pmatrix}1&0&0\\0&\frac{1}{2}&0\\0&0&\frac{1}{3}\end{pmatrix}$　B. $\begin{pmatrix}-1&0&0\\0&-2&0\\0&0&-3\end{pmatrix}$　C. $\begin{pmatrix}1&0&0\\0&2&0\\0&0&3\end{pmatrix}$　D. $\begin{pmatrix}1&0&0\\0&2&0\\0&0&\frac{1}{3}\end{pmatrix}$

14. 设 $\boldsymbol{A}$、$\boldsymbol{B}$ 为方阵，则分块矩阵 $\boldsymbol{C}=\begin{pmatrix}\boldsymbol{A}&\boldsymbol{O}\\\boldsymbol{O}&\boldsymbol{B}\end{pmatrix}$的伴随矩阵 $\boldsymbol{C}^*=$（　　）.

A. $\begin{pmatrix}\boldsymbol{A}^*&\boldsymbol{O}\\\boldsymbol{O}&\boldsymbol{A}^*\end{pmatrix}$　B. $\begin{pmatrix}|\boldsymbol{A}|\boldsymbol{A}^*&\boldsymbol{O}\\\boldsymbol{O}&|\boldsymbol{B}|\boldsymbol{B}^*\end{pmatrix}$

C. $\begin{pmatrix}|\boldsymbol{B}|\boldsymbol{A}^*&\boldsymbol{O}\\\boldsymbol{O}&|\boldsymbol{A}|\boldsymbol{B}^*\end{pmatrix}$　D. $\begin{pmatrix}|\boldsymbol{A}||\boldsymbol{B}|\boldsymbol{A}^*&\boldsymbol{O}\\\boldsymbol{O}&|\boldsymbol{A}||\boldsymbol{B}|\boldsymbol{B}^*\end{pmatrix}$

15. 下列矩阵中，不是初等矩阵的是（　　）.

A. $\begin{pmatrix}0&0&1\\0&1&0\\1&0&0\end{pmatrix}$　B. $\begin{pmatrix}1&0&0\\0&1&0\\0&2&1\end{pmatrix}$　C. $\begin{pmatrix}0&0&1\\0&1&0\\1&2&0\end{pmatrix}$　D. $\begin{pmatrix}1&0&0\\0&1&2\\0&0&1\end{pmatrix}$

16. 设 $\boldsymbol{A}$ 与 $\boldsymbol{B}$ 均为 $m\times n$ 矩阵，它们等价的充要条件是存在 m 阶可逆方阵 $\boldsymbol{P}$ 与 n 阶可逆方阵 $\boldsymbol{Q}$，使得 $\boldsymbol{B}=$（　　）.

A. $\boldsymbol{PAQ}$　B. $\boldsymbol{QAP}$　C. $\boldsymbol{AQP}$　D. $\boldsymbol{QPA}$

二、填空

1. 设 $\boldsymbol{A}=\begin{pmatrix}1&2\\3&4\end{pmatrix}$，$\boldsymbol{E}$ 为二阶单位阵，则 $\boldsymbol{A}^2-2\boldsymbol{A}+3\boldsymbol{E}=$______.

2. 矩阵 $\boldsymbol{A}=(a_{ij})_{m\times n}$的转置矩阵 $\boldsymbol{A}^{\mathrm{T}}$中，第 i 行第 j 列上的元素是______.

3. 若 $\boldsymbol{A}=\begin{pmatrix}1&0\\\lambda&1\end{pmatrix}$，则矩阵 $\boldsymbol{A}$ 的 k 次方幂 $\boldsymbol{A}^k=$________.

4. 矩阵 $\boldsymbol{A}=\begin{pmatrix}1&1&0\\0&1&1\\0&0&0\end{pmatrix}$，则 $\boldsymbol{A}^n=$________.

5. $\boldsymbol{A}$，$\boldsymbol{B}$，$\boldsymbol{C}$ 均为 n 阶方阵，则 $\boldsymbol{ABC}$ 可逆的充分必要条件是______且 $(\boldsymbol{ABC})^{-1}=$________.

6. 若 $\boldsymbol{A}=\begin{pmatrix}4&5&0\\5&7&0\\0&0&8\end{pmatrix}$，则 $\boldsymbol{A}^{-1}=$________.

7. 设 $\boldsymbol{A}$，$\boldsymbol{B}$ 为 n 阶可逆矩阵，若 $|\boldsymbol{A}|=3$，则 $|\boldsymbol{B}^{-1}\boldsymbol{A}^*\boldsymbol{B}|=$__________.

8. 设 $\boldsymbol{A}$ 是 n 阶方阵，$\boldsymbol{A}^*$ 是 $\boldsymbol{A}$ 的伴随矩阵，$|\boldsymbol{A}|=5$，则 $|(\boldsymbol{A}^*)^{-1}|=$__________.

9. 设 $\boldsymbol{A}=\begin{pmatrix}1&0&1\\0&2&0\\1&0&1\end{pmatrix}$，矩阵 $\boldsymbol{X}$ 满足关系 $\boldsymbol{AX}+\boldsymbol{E}=\boldsymbol{A}^2+\boldsymbol{X}$，其中 $\boldsymbol{E}$ 是三阶单位矩阵，则

矩阵 $\boldsymbol{X}=$ ________.

10. 矩阵 $\boldsymbol{A}=\begin{pmatrix}1&0&3\\2&-1&2\\1&1&7\end{pmatrix}$ 左乘初等矩阵 $\boldsymbol{E}[2(2)]$ 相当于进行________初等变换.

三、判断题

1. 若两个行列式 $|\boldsymbol{A}|=|\boldsymbol{B}|$，则它们相应的矩阵有 $\boldsymbol{A}=\boldsymbol{B}$. (　　)
2. 若矩阵 $\boldsymbol{A}$，$\boldsymbol{B}$ 均为 n 阶方阵，则 $|\boldsymbol{A}+\boldsymbol{B}|=|\boldsymbol{A}|+|\boldsymbol{B}|$. (　　)
3. 对任意 n 阶方阵 $\boldsymbol{A}$，$\boldsymbol{B}$，有 $(\boldsymbol{A}+\boldsymbol{B})^2=\boldsymbol{A}^2+2\boldsymbol{AB}+\boldsymbol{B}^2$. (　　)
4. 若 $\boldsymbol{A}^2=\boldsymbol{A}$，则 $\boldsymbol{A}=\boldsymbol{O}$ 或 $\boldsymbol{A}=\boldsymbol{E}$. (　　)
5. 设 $\boldsymbol{A}$，$\boldsymbol{B}$ 均为 n 阶方阵，$|\boldsymbol{A}+\boldsymbol{AB}|=0$ 的充分必要条件是 $|\boldsymbol{A}|=0$ 或 $|\boldsymbol{E}+\boldsymbol{B}|=0$. (　　)
6. 若 $\boldsymbol{A}$，$\boldsymbol{B}$ 均为 n 阶可逆矩阵，则 $\boldsymbol{A}+\boldsymbol{B}$ 也是可逆矩阵. (　　)
7. 若 $\boldsymbol{A}$，$\boldsymbol{B}$ 均为 n 阶方阵，则 AB 不可逆的充分必要条件 $\boldsymbol{A}$、$\boldsymbol{B}$ 皆不可逆. (　　)
8. 若 $\boldsymbol{A}$ 为可逆矩阵，则 $\boldsymbol{A}^*$ 也是可逆矩阵. (　　)
9. 若有 $\boldsymbol{AB}=\boldsymbol{BA}$，则 $\boldsymbol{A}$ 与 $\boldsymbol{B}$ 也是可逆矩阵. (　　)
10. 矩阵 $\boldsymbol{A}$ 可逆的充分必要条件是 $\boldsymbol{A}$ 可表示为若干个初等矩阵的乘积. (　　)

四、计算题

1. 若 $\boldsymbol{X}\begin{pmatrix}2&1&-1\\2&1&0\\1&-1&1\end{pmatrix}=\begin{pmatrix}1&2&3\\4&-1&2\end{pmatrix}$，求 $\boldsymbol{X}$.

2. 若 $\boldsymbol{A}+\boldsymbol{B}=\boldsymbol{AB}$，且 $\boldsymbol{B}=\begin{pmatrix}3&0&0\\0&1&-2\\0&1&1\end{pmatrix}$，求 $\boldsymbol{A}$.

3. 设 $\boldsymbol{A}=\begin{pmatrix}1&2&0&0&0\\3&4&0&0&0\\0&0&3&0&0\\0&0&0&3&2\\0&0&0&8&5\end{pmatrix}$，利用分块矩阵求 $\boldsymbol{A}^{-1}$.

4. 设 $\boldsymbol{A}=\begin{pmatrix}1&0&0&0\\1&2&0&0\\2&4&3&0\\1&-2&6&4\end{pmatrix}$，用初等变换法求 $\boldsymbol{A}^{-1}$.

五、证明题

1. 设 $\boldsymbol{A}$，$\boldsymbol{B}$ 为可逆矩阵，试证：分块矩阵 $\begin{pmatrix}\boldsymbol{A}&\boldsymbol{O}\\\boldsymbol{C}&\boldsymbol{B}\end{pmatrix}$ 的逆矩阵为 $\begin{pmatrix}\boldsymbol{A}^{-1}&\boldsymbol{O}\\-\boldsymbol{B}^{-1}\boldsymbol{C}\boldsymbol{A}^{-1}&\boldsymbol{B}^{-1}\end{pmatrix}$.

2. 求证：若 $\boldsymbol{A}$，$\boldsymbol{B}$ 为同阶可逆方阵，则 $(\boldsymbol{AB})^*=\boldsymbol{B}^*\boldsymbol{A}^*$.

第3章　线性方程组

线性方程组求解是科学计算中最常遇到的问题. 例如，在应力分析、电路分析、分子结构、测量学中都会遇到解线性方程组问题. 求解线性方程组是线性代数最主要的任务，在第1章里我们已经研究过线性方程组的一种特殊情形，即线性方程组所含方程的个数等于未知量的个数，且方程组的系数行列式不等于0的情形. 本章要从更普遍的角度来讨论线性方程组解的一般理论，要讨论一般线性方程组的解法，线性方程组解的存在性和线性方程组解的结构等内容.

3.1　高斯—约当消元法

在中学代数中，我们已经学习了用消元法解二元或三元线性方程组，在求解含有更多未知量的线性方程组时，也可以运用这一方法，这种方法称为高斯—约当消元法.

下面回顾一下高斯—约当消元法解四元线性方程组的过程.

【例3-1】　解线性方程组

$$\begin{cases}2x_1-x_2-x_3+x_4=2\\x_1+x_2-2x_3+x_4=4\\4x_1-6x_2+2x_3-2x_4=4\\3x_1+6x_2-9x_3+7x_4=9\end{cases}\tag{3-1}$$

解　交换第1、2两个方程，将第3个方程除以2，得同解方程组

$$\begin{cases}x_1+x_2-2x_3+x_4=4 & (1)\\2x_1-x_2-x_3+x_4=2 & (2)\\2x_1-3x_2+x_3-x_4=2 & (3)\\3x_1+6x_2-9x_3+7x_4=9 & (4)\end{cases}$$

将得到的同解方程组的$((2)-(3))\div 2$，$(3)-2\times(1)$，$(4)-3\times(1)$得

$$\begin{cases}x_1+x_2-2x_3+x_4=4 & (1')\\x_2-x_3+x_4=0 & (2')\\-5x_2+5x_3-3x_4=-6 & (3')\\3x_2-3x_3+4x_4=-3 & (4')\end{cases}$$

将所得方程组的$(3')+5\times(2')$，$(4')-3\times(2')$得

$$\begin{cases}x_1+x_2-2x_3+x_4=4\\x_2-x_3+x_4=0\\2x_4=-6\\x_4=-3\end{cases}$$

将所得方程组的第 3 个方程除以 2，第 4 个方程减去第 3 个方程得

$$\begin{cases} x_1 + x_2 - 2x_3 + x_4 = 4 \\ \qquad x_2 - x_3 + x_4 = 0 \\ \qquad\qquad x_4 = -3 \\ \qquad\qquad 0 = 0 \end{cases}$$

至此消元过程完结，接下来用“回代”的方法求出解，得

$\begin{cases} x_1 = x_3 + 4 \\ x_2 = x_3 + 3, \\ x_4 = -3 \end{cases}$ 其中 x_3 为任意常数．令 $x_3 = c$，方程组有无穷多组解，可记作

$$x = \begin{pmatrix} x_1 \\ x_2 \\ x_3 \\ x_4 \end{pmatrix} = \begin{pmatrix} c+4 \\ c+3 \\ c \\ -3 \end{pmatrix} = c\begin{pmatrix} 1 \\ 1 \\ 1 \\ 0 \end{pmatrix} + \begin{pmatrix} 4 \\ 3 \\ 0 \\ -3 \end{pmatrix}，其中 c 为任意常数.$$

从上述解题过程可以看出，用消元法求解线性方程组的具体作法就是对方程组反复实施以下 3 种变换.

（1）交换某两个方程的位置.

（2）用一个非零数乘某一个方程的两边.

（3）将一个方程的倍数加到另一个方程上去.

以上这 3 种变换称为线性方程组的初等变换．而消元法的目的就是利用方程组的初等变换将原方程组化为阶梯形方程组．显然，这个阶梯形方程组与原线性方程组同解，解这个阶梯形方程组可得到原方程组的解.

将一个方程组化为行阶梯形方程组的步骤并不是唯一的，所以，同一个方程组的行阶梯形方程组也不是唯一的．特别地，我们还可以将一个一般的行阶梯形方程组化为行最简形方程组，从而使我们能直接“读”出该线性方程组的解.

如果用矩阵表示其系数及常数项，则将原方程组化为行阶梯形方程组的过程就是将对应矩阵化为行阶梯形矩阵的过程.

若记
$$\overline{\boldsymbol{A}} = (\boldsymbol{A}, \boldsymbol{b}) = \begin{pmatrix} 2 & -1 & -1 & 1 & 2 \\ 1 & 1 & -2 & 1 & 4 \\ 4 & -6 & 2 & -2 & 4 \\ 3 & 6 & -9 & 7 & 9 \end{pmatrix}$$

则对方程组的变换完全可以转换为对矩阵 $\overline{\boldsymbol{A}}$ 进行初等行变换．用矩阵的初等行变换求解方程组（3-1），得

$$\overline{\boldsymbol{A}} = \begin{pmatrix} 2 & -1 & -1 & 1 & 2 \\ 1 & 1 & -2 & 1 & 4 \\ 4 & -6 & 2 & -2 & 4 \\ 3 & 6 & -9 & 7 & 9 \end{pmatrix} \rightarrow \begin{pmatrix} 1 & 1 & -2 & 1 & 4 \\ 2 & -1 & -1 & 1 & 2 \\ 2 & -3 & 1 & -1 & 2 \\ 3 & 6 & -9 & 7 & 9 \end{pmatrix} \rightarrow \begin{pmatrix} 1 & 1 & -2 & 1 & 4 \\ 0 & 2 & -2 & 2 & 0 \\ 0 & -5 & 5 & -3 & -6 \\ 0 & 3 & -3 & 4 & -3 \end{pmatrix}$$

$$\rightarrow\begin{pmatrix}1&1&-2&1&4\\0&1&-1&1&0\\0&0&0&2&-6\\0&0&0&1&-3\end{pmatrix}\rightarrow\begin{pmatrix}1&1&-2&1&4\\0&1&-1&1&0\\0&0&0&1&-3\\0&0&0&0&0\end{pmatrix}\rightarrow\begin{pmatrix}1&0&-1&0&4\\0&1&-1&0&3\\0&0&0&1&-3\\0&0&0&0&0\end{pmatrix},$$

对应方程组为
$$\begin{cases}x_1=x_3+4\\x_2=x_3+3\\x_4=-3\end{cases}$$

对矩阵 $\overline{\boldsymbol{A}}$ 进行初等行变换的最后两种形式都称为行阶梯形矩阵，其特点如下.

（1）可画出一条阶梯线，线的下方全为0.

（2）每个阶梯只有1行，阶梯数即是非零行的个数，阶梯线的竖线后面的第1个元素为非零元，即非零行的第1个非零元.

如果对行阶梯形矩阵再进行初等行变换，使得非零行的第1个非零元素为1，且这些非零元素所在列的其他元素都是0，这种形式称为行最简形.

对于任何矩阵 $\boldsymbol{A}_{m\times n}$，总可以经过有限次初等行变换变为行阶梯形和行最简形. 注意，只可以进行初等行变换，切不可进行初等列变换，否则会使 x_i 与 x_j 对换.

【例 3-2】 解线性方程组

$$\begin{cases}x_1+3x_2-2x_3=4\\3x_1+2x_2-5x_3=11\\2x_1+x_2+x_3=3\end{cases}\tag{3-2}$$

解 对该方程组所有系数和常数组成的矩阵进行初等行变换，即

$$\begin{pmatrix}1&3&-2&4\\3&2&-5&11\\2&1&1&3\end{pmatrix}\rightarrow\begin{pmatrix}1&3&-2&4\\0&-7&1&-1\\0&-5&5&-5\end{pmatrix}\rightarrow\begin{pmatrix}1&3&-2&4\\0&1&-1&1\\0&-7&1&-1\end{pmatrix}$$

$$\rightarrow\begin{pmatrix}1&3&-2&4\\0&1&-1&1\\0&0&-6&6\end{pmatrix}\rightarrow\begin{pmatrix}1&0&0&2\\0&1&0&0\\0&0&1&-1\end{pmatrix}$$

得到方程组（3-2）的解为 $x_1=2$，$x_2=0$，$x_3=-1$.

【例 3-3】 解线性方程组

$$\begin{cases}x_1+x_2-2x_3=5\\2x_1+3x_2-7x_3=13\\x_1+2x_2-5x_3=10\end{cases}$$

解 对该方程组所有系数和常数组成的矩阵进行初等行变换，即

$$\begin{pmatrix}1&1&-2&5\\2&3&-7&13\\1&2&-5&10\end{pmatrix}\rightarrow\begin{pmatrix}1&1&-2&5\\0&1&-3&3\\0&1&-3&5\end{pmatrix}\rightarrow\begin{pmatrix}1&1&-2&5\\0&1&-3&3\\0&0&0&2\end{pmatrix}$$

与最后得到的阶梯矩阵所对应的方程组为

$$\begin{cases} x_1 + x_2 - 2x_3 = 5 \\ \qquad x_2 - 3x_3 = 3 \\ \qquad\qquad 0 = 2 \end{cases}$$

显然，无论 x_1、x_2、x_3 取什么都不可能使上述方程组中的 $0=2$ 成立，因此原方程组无解.

从上面 3 个例题可知，一般的线性方程组可能有唯一的一组解，也可能有无穷多组解，也可能无解，并且线性方程组有没有解、解的多少不是简单地取决于方程的个数和未知量的个数.

3.2 矩阵的秩

任何矩阵 $\boldsymbol{A}_{m\times n}$，总可以经过有限次初等行变换变为行阶梯形，行阶梯形矩阵中非零行的行数是唯一确定的.

定义 3-1 在矩阵 $\boldsymbol{A}=(a_{ij})_{m\times n}$中，任取 k 行 k 列（$k\leq \min\{m, n\}$），位于这些行和列交叉处的元素按原顺序所构成的 k 阶行列式，称为矩阵 $\boldsymbol{A}$ 的一个 k 阶子式.

定义 3-2 设在矩阵 $\boldsymbol{A}$ 中有一个不等于 0 的 r 阶子式 $\boldsymbol{D}$，且所有 $r+1$ 阶子式（如果存在的话）都等于 0，那么 $\boldsymbol{D}$ 称为矩阵 $\boldsymbol{A}$ 的最高阶非零子式，数 r 称为矩阵 $\boldsymbol{A}$ 的秩，记作 $R(\boldsymbol{A})$，并规定零矩阵的秩等于 0.

矩阵 $\boldsymbol{A}=(a_{ij})_{m\times n}$的秩 $R(\boldsymbol{A})$ 是 $\boldsymbol{A}$ 中不等于0的子式的最高阶数. 对于 $\boldsymbol{A}^{\mathrm{T}}$，显然有 $R(\boldsymbol{A})=R(\boldsymbol{A}^{\mathrm{T}})$.

【例3-4】 求矩阵 $\boldsymbol{A}=\begin{pmatrix} 1 & 2 & 3 \\ 2 & 3 & 5 \\ 4 & 7 & 1 \end{pmatrix}$的秩.

解 因为 $\boldsymbol{A}$ 的三阶子式只有一个 $|\boldsymbol{A}|$，且 $|\boldsymbol{A}|\neq 0$，所以 $R(\boldsymbol{A})=3$.

【例 3-5】 求矩阵 $\boldsymbol{B}=\begin{pmatrix} 2 & -1 & 0 & 3 & -2 \\ 0 & 3 & 1 & 2 & 5 \\ 0 & 0 & 0 & 4 & 3 \\ 0 & 0 & 0 & 0 & 0 \end{pmatrix}$的秩.

解 因为 $\boldsymbol{B}$ 是一个行阶梯形矩阵，其非零行有 3 行，所以 $\boldsymbol{B}$ 的所有四阶子式全为 0.

而 $\begin{vmatrix} 2 & -1 & 3 \\ 0 & 3 & 2 \\ 0 & 0 & 4 \end{vmatrix}\neq 0$，因此 $R(\boldsymbol{B})=3$.

【例 3-6】 求矩阵 $\boldsymbol{A}=\begin{pmatrix} 1 & 3 & -2 & 2 \\ 0 & 2 & -1 & 3 \\ -2 & 0 & 1 & 5 \end{pmatrix}$的秩.

解 因为 $\begin{vmatrix} 1 & 3 \\ 0 & 2 \end{vmatrix}\neq 0$，计算 $\boldsymbol{A}$ 的三阶子式，得

$$\begin{vmatrix}1&3&2\\0&2&-1\\2&0&1\end{vmatrix}=0,\quad\begin{vmatrix}1&3&2\\0&2&3\\-2&0&5\end{vmatrix}=0,\quad\begin{vmatrix}3&-2&2\\2&1&3\\0&1&5\end{vmatrix}=0,\quad\begin{vmatrix}1&3&2\\0&-1&3\\2&1&5\end{vmatrix}=0$$

另对矩阵 $\boldsymbol{A}=\begin{pmatrix}1&3&-2&2\\0&2&-1&3\\-2&0&1&5\end{pmatrix}$ 作初等变换，得 $\begin{pmatrix}1&3&-2&2\\0&2&-1&3\\0&0&0&0\end{pmatrix}$.

显然，非零行的行数为2，因此，$R(\boldsymbol{A})=2$.

定理 3-1 若矩阵 $\boldsymbol{A}$ 经初等变换变为矩阵 $\boldsymbol{B}$，则 $R(\boldsymbol{A})=R(\boldsymbol{B})$.

定理 3-1 说明矩阵经初等变换而秩不变. 因此，我们可以用初等变换把矩阵中的许多元素变为0，从而可以看出矩阵的秩. 如例 3-6，只用行变换即可把矩阵变为行阶梯矩阵，其中非零行的个数即是矩阵的秩.

【例 3-7】 求矩阵 $\boldsymbol{A}=\begin{pmatrix}3&2&0&5&0\\3&2&3&6&1\\2&0&1&5&3\\1&6&4&1&4\end{pmatrix}$ 的秩，并求 $\boldsymbol{A}$ 的一个最高阶非零子式.

解 对 $\boldsymbol{A}$ 作初等行变换，变为行阶梯形矩阵，即

$$\boldsymbol{A}=\begin{pmatrix}3&2&0&5&0\\3&2&3&6&1\\2&0&1&5&3\\1&6&4&1&4\end{pmatrix}\rightarrow\begin{pmatrix}1&6&-4&-1&4\\0&-4&3&1&-1\\0&0&0&4&-8\\0&0&0&0&0\end{pmatrix}$$

由阶梯形矩阵有 3 个非零行可知，$R(\boldsymbol{A})=3$. 因此 $\boldsymbol{A}$ 的最高阶非零子式为四阶，考察 $\boldsymbol{A}$ 的行阶梯形矩阵，得

最高阶非零子式为 $\begin{pmatrix}1&6&-1\\0&-4&1\\0&0&4\end{pmatrix}$.

设 n 阶可逆矩阵 $\boldsymbol{A}$，因为 $|A|\neq0$，所以 $\boldsymbol{A}$ 的最高阶非零子式为 $|\boldsymbol{A}|$ ，$R(\boldsymbol{A})=n$，矩阵 $\boldsymbol{A}$ 的秩等于阶数，故称可逆矩阵为满秩矩阵.

【例 3-8】 已知矩阵 $\boldsymbol{A}=\begin{pmatrix}1&-2&2&-1\\2&-4&8&0\\-2&4&-2&3\\3&-6&0&-6\end{pmatrix}$，$b=\begin{pmatrix}1\\2\\3\\4\end{pmatrix}$，求矩阵 $\boldsymbol{A}$ 及矩阵 $\boldsymbol{B}=(\boldsymbol{A},\ b)$ 的秩.

解 设 $\boldsymbol{B}$ 的行阶梯矩阵为 $\boldsymbol{B}_1=(\boldsymbol{A}_1,\ b_1)$，则 $\boldsymbol{A}_1$ 就是 $\boldsymbol{A}$ 的行阶梯形矩阵，故从 $\boldsymbol{B}_1=(\boldsymbol{A}_1,b_1)$ 中可以同时看出 $R(\boldsymbol{A})$ 及 $R(\boldsymbol{B})$.

$$\boldsymbol{B}=\begin{pmatrix}1&-2&2&-1&1\\2&-4&8&0&2\\-2&4&-2&3&3\\3&-6&0&-6&4\end{pmatrix}\rightarrow\begin{pmatrix}1&-2&2&-1&1\\0&0&2&1&0\\0&0&0&0&1\\0&0&0&0&0\end{pmatrix}$$

因此，$R(\boldsymbol{A})=2$，$R(\boldsymbol{B})=3$.

3.3 线性方程组解的一般理论

3.3.1 非齐次线性方程组解的判别定理

下面利用矩阵的秩引出方程组解的情况的判别定理.

设有 m 个方程 n 个未知量的非齐次线性方程组

$$\begin{cases} a_{11}x_1+a_{12}x_2+\cdots+a_{1n}x_n=b_1 \\ a_{21}x_1+a_{22}x_2+\cdots+a_{2n}x_n=b_2 \\ \qquad\qquad\vdots \\ a_{m1}x_1+a_{m2}x_2+\cdots+a_{mn}x_n=b_m \end{cases} \tag{3-3}$$

方程组（3-3）通常可用矩阵表示，则上述方程可写成 $\boldsymbol{A}x=\boldsymbol{b}$，其中

$$\boldsymbol{A}=\begin{pmatrix} a_{11} & a_{12} & \cdots & a_{1n} \\ a_{21} & a_{22} & \cdots & a_{2n} \\ \vdots & \vdots & & \vdots \\ a_{m1} & a_{m2} & \cdots & a_{mn} \end{pmatrix},\ \boldsymbol{x}=\begin{pmatrix} x_1 \\ x_2 \\ \vdots \\ x_n \end{pmatrix},\ \boldsymbol{b}=\begin{pmatrix} b_1 \\ b_2 \\ \vdots \\ b_n \end{pmatrix}$$

称 $\boldsymbol{A}$ 为方程组（3-3）的**系数矩阵**，把方程组的常数项作为一列放在 $\boldsymbol{A}$ 的后面组成一个新 $m\times(n+1)$ 矩阵 $\overline{\boldsymbol{A}}=(A,\ b)$，称 $\overline{\boldsymbol{A}}$ 为方程组（3-3）的**增广矩阵**.

定理 3-2 线性方程组（3-3）有解的充分必要条件是其系数矩阵的秩与增广矩阵的秩相等，即 $R(\boldsymbol{A})=R(\overline{\boldsymbol{A}})$.

对方程组（3-3）的增广矩阵用高斯—约当消元法经过一系列的初等行变换，可以化为阶梯形矩阵. 为了便于讨论，不妨设所得方程为下述形式：

$$\overline{\boldsymbol{A}}=\begin{pmatrix} a_{11} & a_{12} & \cdots & a_{1r} & a_{1,r+1} & \cdots & a_{1n} & b_1 \\ a_{21} & a_{22} & \cdots & a_{2r} & a_{2,r+1} & \cdots & a_{2n} & b_2 \\ \vdots & \vdots & & \vdots & \vdots & & \vdots & \vdots \\ a_{r1} & a_{r2} & \cdots & a_{rr} & a_{r,r+1} & \cdots & a_{rn} & b_r \\ \vdots & \vdots & & \vdots & \vdots & & \vdots & \vdots \\ a_{m1} & a_{m2} & \cdots & a_{mr} & a_{mr+1} & \cdots & a_{mn} & b_m \end{pmatrix}$$

$$\rightarrow\begin{pmatrix} a'_{11} & a'_{12} & \cdots & a'_{1r} & a'_{1,r+1} & \cdots & a'_{1n} & d_1 \\ 0 & a'_{22} & \cdots & a'_{2r} & a'_{2,r+1} & \cdots & a'_{2n} & d_2 \\ \vdots & \vdots & & \vdots & \vdots & & \vdots & \vdots \\ 0 & 0 & \cdots & a'_{rr} & a'_{r,r+1} & \cdots & a'_{rn} & d_r \\ 0 & 0 & \cdots & 0 & 0 & \cdots & 0 & d_{r+1} \\ \vdots & \vdots & & \vdots & \vdots & & \vdots & \vdots \\ 0 & 0 & \cdots & 0 & 0 & \cdots & 0 & 0 \end{pmatrix} \tag{3-4}$$

其中 $a'_{ii}\neq 0$ $(i=1,2,\cdots,r)$，其相应的同解方程组为

$$\begin{cases}a'_{11}x_1+a'_{12}x_2+\cdots+a'_{1r}x_r+a'_{1r+1}x_{r+1}+\cdots a'_{1n}x_n=d_1\\ \qquad a'_{22}x_2+\cdots+a'_{2r}x_r+a'_{2r+1}x_{r+1}+\cdots a'_{2n}x_n=d_2\\ \qquad\qquad\vdots\\ \qquad\qquad a'_{rr}x_r+a'_{rr+1}x_{r+1}+\cdots a'_{rn}x_n=d_r\\ \qquad\qquad\qquad 0=d_{r+1}\\ \qquad\qquad\qquad 0=0\\ \qquad\qquad\qquad 0=0\end{cases}\tag{3-5}$$

其中 $a'_{ii}\neq 0$ $(i=1,\ 2,\ \cdots,\ r)$，去掉 $0=0$ 形方程，只需讨论阶梯形方程组（3-5）的解的各种情形，便可知道原方程组（3-3）的解的情形.

（1）如果 $d_{r+1}\neq 0$，这时 $R(\boldsymbol{A})\neq R(\overline{\boldsymbol{A}})$，方程组无解.

（2）如果 $d_{r+1}=0$，又 $R(\boldsymbol{A})=R(\overline{\boldsymbol{A}})=r=n$，这时方程组有唯一解，可由克莱姆法则求解.

（3）如果 $d_{r+1}=0$，又 $R(\boldsymbol{A})=R(\overline{\boldsymbol{A}})=r<n$,方程组可改写成

$$\begin{cases}a'_{11}x_1+a'_{12}x_2+\cdots+a'_{1r}x_r=d_1-a'_{1r+1}x_{r+1}-\cdots-a'_{1n}x_n\\ \qquad a'_{22}x_2+\cdots+a'_{2r}x_r=d_2-a'_{2r+1}x_{r+1}-\cdots-a'_{2n}x_n\\ \qquad\qquad\vdots\\ \qquad\qquad a'_{rr}x_r=d_r-a'_{rr+1}x_{r+1}-\cdots-a'_{rn}x_n\end{cases}\tag{3-6}$$

则任给 x_{r+1}，…，x_n 一组值，就可唯一地确定出 x_1，x_2，…，x_r 的值，即得出了方程组的一个解，称 x_{r+1}，…，x_n 为一组自由未知量. 如果取 $x_{r+1}=c_1,x_{r+2}=c_2,\cdots,x_n=c_{n-r}$,其中 $c_i\in\mathbf{R}(i=1,\ \cdots,\ n-r)$,则方程组（3-6）有如下无穷多个解：

$$\begin{cases}x_1=k_1-k_{1,r+1}c_{r+1}-\cdots-k_{1n}c_{n-r}\\ x_2=k_2-k_{2,r+1}c_{r+1}-\cdots-k_{2n}c_{n-r}\\ \qquad\vdots\\ x_r=k_r-k_{r,r+1}c_1-\cdots-k_{rn}c_{n-r}\end{cases}\tag{3-7}$$

方程组（3-3）的无穷解的一般形式将在线性方程组解的结构中讨论，我们得到如下推论.

推论 1 线性方程组（3-3）有唯一解的充分必要条件是 $R(\boldsymbol{A})=R(\overline{\boldsymbol{A}})=n$.

推论 2 线性方程组（3-3）有无穷多组解的充分必要条件是 $R(\boldsymbol{A})=R(\overline{\boldsymbol{A}})<n$.

3.3.2 齐次线性方程组解的判别定理

将上述结论应用于齐次线性方程组

$$\begin{cases}a_{11}x_1+a_{12}x_2+\cdots+a_{1n}x_n=0\\ a_{21}x_1+a_{22}x_2+\cdots+a_{2n}x_n=0\\ \qquad\vdots\\ a_{m1}x_1+a_{m2}x_2+\cdots+a_{mn}x_n=0\end{cases}\tag{3-8}$$

增广矩阵$\overline{A}$最后一列元素均为0，所以$R(A)\equiv R(\overline{A})$，即齐次线性方程线至少有一组零解，对$A$施以初等行变换．为了便于讨论，不妨假设把$A$化为如下形式：

$$\begin{pmatrix} a'_{11} & a'_{12} & \cdots & a'_{1r} & a'_{1r+1} & \cdots & a'_{1n} \\ 0 & a'_{22} & \cdots & a'_{2r} & a'_{2r+1} & \cdots & a'_{2n} \\ \vdots & \vdots & & \vdots & \vdots & & \vdots \\ 0 & 0 & \cdots & a'_{rr} & a'_{rr+1} & \cdots & a'_{rn} \\ 0 & 0 & \cdots & 0 & 0 & \cdots & 0 \\ \vdots & \vdots & & \vdots & \vdots & & \vdots \\ 0 & 0 & \cdots & 0 & 0 & \cdots & 0 \end{pmatrix} \tag{3-9}$$

其中，$a'_{ii}\neq 0$（$i=1, 2, \cdots, n$），则得方程组（3-8）的同解方程为

$$\begin{cases} a'_{11}x_1+a'_{12}x_2+\cdots+a'_{1r}x_r+a'_{1r+1}x_{r+1}+\cdots+a'_{1n}x_n=0 \\ \qquad a'_{22}x_2+\cdots+a'_{2r}x_r+a'_{2r+1}x_{r+1}+\cdots+a'_{2n}x_n=0 \\ \qquad \vdots \\ \qquad\qquad a'_{rr}x_r+a'_{rr+1}x_{r+1}+\cdots+a'_{rn}x_n=0 \end{cases}$$

（1）当$R(A)=R(\overline{A})=r=n$时，由克莱姆法则知，方程组只有零解．

（2）当$R(A)=R(\overline{A})=r<n$时，方程组除零解外，还有非零解．

通过简化这个方程，得到如下形式：

$$\begin{cases} x_1=-k_{1,r+1}x_{r+1}-\cdots-k_{1n}x_n \\ x_2=-k_{2,r+1}x_{r+1}-\cdots-k_{2n}x_n \\ \qquad \vdots \\ x_r=-k_{r,r+1}x_{r+1}-\cdots-k_{rn}x_n \end{cases} \tag{3-10}$$

取自由未知量$x_{r+1}=c_1$，$x_{r+2}=c_2$，$\cdots$，$x_n=c_{n-r}$，则方程组（3-8）有如下形式的无穷多解：

$$\begin{cases} x_1=-k_{1,r+1}c_1-\cdots-k_{1n}c_{n-r} \\ x_2=-k_{2,r+1}c_1-\cdots-k_{2n}c_{n-r} \\ \qquad \vdots \\ x_r=-k_{r,r+1}c_1-\cdots-k_{rn}c_{n-r} \end{cases} \tag{3-11}$$

这样，由定理3-2，关于齐次线性方程组，我们得到如下结论．

推论3 齐次线性方程组（3-8）仅有零解的充分必要条件是$R(A)=n$．

推论4 齐次线性方程组(3-8)有非零解的充分必要条件是$R(A)<n$．

特别地，当方程组（3-8）中，如果方程个数小于未知量个数，即$m<n$时，必有$R(A)<n$，因此方程组（3-8）一定有非零解．

【例3-9】 求a、b为何值时，方程组

$$\begin{cases} x_1+x_2+x_3+x_4=0 \\ x_2+2x_3+2x_4=1 \\ -x_2+(a-3)x_3-2x_4=b \\ 3x_1+2x_2+x_3+ax_4=-1 \end{cases}$$

有唯一解、无解、无穷多解？

解 对线性方程组增广矩阵 $\overline{\boldsymbol{A}}$ 施行初等行变换化为阶梯形矩阵.

$$\overline{\boldsymbol{A}}=\begin{pmatrix}1&1&1&1&0\\0&1&2&2&1\\0&-1&a-3&-2&b\\3&2&1&a&-1\end{pmatrix}\to\begin{pmatrix}1&1&1&1&0\\0&1&2&2&1\\0&-1&a-3&-2&b\\0&-1&-2&a-3&-1\end{pmatrix}$$

$$\to\begin{pmatrix}1&1&1&1&0\\0&1&2&2&1\\0&0&a-1&0&b+1\\0&0&0&a-1&0\end{pmatrix}$$

可知，

（1）当 $a-1\neq0$，即 $a\neq1$时，$R(\boldsymbol{A})=R(\overline{\boldsymbol{A}})=4$，原方程组有唯一解.

（2）当 $a-1=0$，即 $a=1$时，且 $b+1\neq0$，即 $b\neq-1$时，$R(\boldsymbol{A})=2$，$R(\overline{\boldsymbol{A}})=3$，原方程组无解.

（3）当 $a-1=0$,即 $a=1$时，且 $b+1=0$，即 $b=-1$时，$R(\boldsymbol{A})=R(\overline{\boldsymbol{A}})=2<4$，原方程组有无穷多解.

3.3.3 线性方程组解的结构

在解决线性方程组有解的判别条件之后，进一步来讨论线性方程组解的结构，所谓解的结构问题就是解与解之间的关系问题.

1. 齐次线性方程组解的结构

对于齐次线性方程组（3-8），它的解所成的集合具有下面两个重要性质.

（1）两个解的和还是方程组的解.

（2）一个解的倍数还是方程组的解.

综合以上两点即得，解的线性组合还是方程组的解. 这个性质说明了，如果方程组有几个解，那么这些解的所有可能的线性组合就给出了很多的解，而且齐次线性方程组的全部解都能通过它的有限的几个解的线性组合给出. 这有限的几个解可以按下述方法得到.

对于方程组（3-10），自由未知量为$(x_{r+1},x_{r+2},\cdots,x_n)$，给定$(x_{r+1},x_{r+2},\cdots,x_n)$一组值，就可唯一地确定出 x_1，x_2，…，x_r 的值，即得出了方程组的一个解. 现分别用 $n-r$ 组数$(1,0,\cdots,0)$，$(0,1,0\cdots,0)$，…，$(0,0,\cdots,1)$来取代自由未知量$(x_{r+1},x_{r+2},\cdots,x_n)$，就此可得出方程组的 $n-r$ 个解：

$$\boldsymbol{\eta}_1=\begin{pmatrix}x_1\\\vdots\\x_r\\x_{r+1}\\x_{r+2}\\\vdots\\x_n\end{pmatrix}=\begin{pmatrix}c_{11}\\\vdots\\c_{1r}\\1\\0\\\vdots\\0\end{pmatrix},\boldsymbol{\eta}_2=\begin{pmatrix}x_1\\\vdots\\x_r\\x_{r+1}\\x_{r+2}\\\vdots\\x_n\end{pmatrix}=\begin{pmatrix}c_{21}\\\vdots\\c_{2r}\\0\\1\\\vdots\\0\end{pmatrix},\cdots,\boldsymbol{\eta}_{n-r}=\begin{pmatrix}x_1\\\vdots\\x_r\\x_{r+1}\\x_{r+2}\\\vdots\\x_n\end{pmatrix}=\begin{pmatrix}c_{n-r,1}\\\vdots\\c_{n-r,r}\\0\\0\\\vdots\\1\end{pmatrix}$$

方程组（3-8）有无穷多个解，而且任一个解 $\boldsymbol{\eta}$ 都能表成 $\boldsymbol{\eta}_1$，$\boldsymbol{\eta}_2$，…，$\boldsymbol{\eta}_{n-r}$ 的线性组合，即

$$\boldsymbol{\eta}=k_1\boldsymbol{\eta}_1+k_2\boldsymbol{\eta}_2+\cdots+k_{n-r}\boldsymbol{\eta}_{n-r}(k_1,k_2\cdots,k_{n-r}\text{为任意实数}).$$

这样一组表达式称为方程组（3-8）的通解.

【例 3-10】 求下面齐次线性方程组的通解.

$$\begin{cases}3x_1+x_2-6x_3-4x_4+2x_5=0\\2x_1+2x_2-3x_3-5x_4+3x_5=0\\x_1-5x_2-6x_3+8x_4-6x_5=0\end{cases}$$

解 方程组中方程个数小于未知量的个数，所以方程组有无穷多解，对方程组的增广矩阵施以初等行变换：

$$\boldsymbol{A}=\begin{pmatrix}3&1&-6&-4&2\\2&2&-3&-5&3\\1&-5&-6&8&-6\end{pmatrix}\to\begin{pmatrix}1&-1&-3&1&-1\\2&2&-3&-5&3\\1&-5&-6&8&-6\end{pmatrix}\to\begin{pmatrix}1&-1&-3&1&-1\\0&4&3&-7&5\\0&-4&-3&7&-5\end{pmatrix}$$

$$\to\begin{pmatrix}1&-1&-3&1&-1\\0&1&\frac{3}{4}&-\frac{7}{4}&\frac{5}{4}\\0&0&0&0&0\end{pmatrix}\to\begin{pmatrix}1&0&-\frac{9}{4}&-\frac{3}{4}&\frac{1}{4}\\0&1&\frac{3}{4}&-\frac{7}{4}&\frac{5}{4}\\0&0&0&0&0\end{pmatrix}$$

同时得

$$\begin{cases}x_1=\frac{9}{4}x_3+\frac{3}{4}x_4-\frac{1}{4}x_5\\x_2=-\frac{3}{4}x_3+\frac{7}{4}x_4-\frac{5}{4}x_5\end{cases}$$

取自由未知量为 $\begin{pmatrix}x_3\\x_4\\x_5\end{pmatrix}$，分别给出3组数 $\begin{pmatrix}1\\0\\0\end{pmatrix}$，$\begin{pmatrix}0\\1\\0\end{pmatrix}$，$\begin{pmatrix}0\\0\\1\end{pmatrix}$，得原方程组3个解为

$$\boldsymbol{\eta}_1=\begin{pmatrix}x_1\\x_2\\x_3\\x_4\\x_5\end{pmatrix}=\begin{pmatrix}\frac{9}{4}\\-\frac{3}{4}\\1\\0\\0\end{pmatrix},\boldsymbol{\eta}_2=\begin{pmatrix}x_1\\x_2\\x_3\\x_4\\x_5\end{pmatrix}=\begin{pmatrix}\frac{3}{4}\\\frac{7}{4}\\0\\1\\0\end{pmatrix},\boldsymbol{\eta}_3=\begin{pmatrix}x_1\\x_2\\x_3\\x_4\\x_5\end{pmatrix}=\begin{pmatrix}-\frac{1}{4}\\-\frac{5}{4}\\0\\0\\1\end{pmatrix}$$

因此，方程组的通解为 $\boldsymbol{\eta}=k_1\boldsymbol{\eta}_1+k_2\boldsymbol{\eta}_2+k_3\boldsymbol{\eta}_3$（$k_1$，$k_2$，$k_3$ 为任意常数）.

2. 非齐次线性方程组解的结构

$$\begin{cases}a_{11}x_1+a_{12}x_2+\cdots+a_{1n}x_n=b_1\\a_{21}x_1+a_{22}x_2+\cdots+a_{2n}x_n=b_2\\\qquad\vdots\\a_{m1}x_1+a_{m2}x_2+\cdots+a_{mn}x_n=b_m\end{cases}$$

如果把非齐次线性方程组（3-3）的常数项换成0，就得到齐次线性方程组（3-8），齐

次线性方程组（3-8）称为方程组（3-3）的导出组. 方程组（3-3）的解与它的导出组(3-8)的解之间有密切的关系：

（1）线性方程组（3-3）的两个解的差是它的导出组（3-8）的解.

（2）线性方程组（3-3）的一个解与它的导出组（3-8）的一个解之和还是这个线性方程组的一个解.

为了找出线性方程组（3-3）的全部解，只要找出它的一个特殊的解以及它的导出组的全部解就行了. 如果 γ_0 是线性方程组（3-3）的一个特解，那么线性方程组（3-3）的任一个解 γ 都可以表成 $\gamma=\gamma_0+\boldsymbol{\eta}$，其中 $\boldsymbol{\eta}$ 是导出组（3-8）的一个解. 当 $\boldsymbol{\eta}$ 取遍它的导出组的全部解时，$\gamma=\gamma_0+\boldsymbol{\eta}$ 就给出了方程组（3-3）的全部解. 导出组是一个齐次线性方程组，一个齐次线性方程组的解的全体可以用通解表示出来，设导出组的通解为 $\boldsymbol{\eta}=k_1\boldsymbol{\eta}_1+k_2\boldsymbol{\eta}_2+\cdots+k_{n-r}\boldsymbol{\eta}_{n-r}$，那么方程组（3-3）的任一个解 γ 都可以表示成

$$\gamma=\gamma_0+k_1\boldsymbol{\eta}_1+k_2\boldsymbol{\eta}_2+\cdots+k_{n-r}\boldsymbol{\eta}_{n-r}(k_1,k_2,\cdots,k_{n-r}\text{为任意实数}).$$

【例 3-11】 求非齐次线性方程组的通解.

$$\begin{cases} x_1+3x_2+3x_3-2x_4+x_5=3 \\ 2x_1+6x_2+x_3-3x_4=2 \\ x_1+3x_2-2x_3-x_4-x_5=-1 \\ 3x_1+9x_2+4x_3-5x_4+x_5=5 \end{cases}$$

解 对方程组的增广矩阵施以初等行变换：

$$\overline{\boldsymbol{A}}=\begin{pmatrix} 1 & 3 & 3 & -2 & 1 & 3 \\ 2 & 6 & 1 & -3 & 0 & 2 \\ 1 & -3 & -2 & -1 & -1 & -1 \\ 3 & 9 & 4 & -5 & 1 & 5 \end{pmatrix}\to\begin{pmatrix} 1 & 3 & 3 & -2 & 1 & 3 \\ 0 & 0 & -5 & 1 & -2 & -4 \\ 0 & 0 & -5 & 1 & -2 & -4 \\ 0 & 0 & -5 & 1 & -2 & -4 \end{pmatrix}$$

$$\to\begin{pmatrix} 1 & 3 & 3 & -2 & 1 & 3 \\ 0 & 0 & 1 & -\frac{1}{5} & \frac{2}{5} & \frac{4}{5} \\ 0 & 0 & 0 & 0 & 0 & 0 \\ 0 & 0 & 0 & 0 & 0 & 0 \end{pmatrix}\to\begin{pmatrix} 1 & 3 & 0 & -\frac{3}{5} & -\frac{1}{5} & \frac{3}{5} \\ 0 & 0 & 1 & -\frac{1}{5} & \frac{2}{5} & \frac{4}{5} \\ 0 & 0 & 0 & 0 & 0 & 0 \\ 0 & 0 & 0 & 0 & 0 & 0 \end{pmatrix}$$

由最后一个矩阵，有 $R(\boldsymbol{A})=R(\overline{\boldsymbol{A}})$. 所以方程组有解，对应的同解方程组为

$$\begin{cases} x_1+3x_2-\frac{3}{5}x_4-\frac{1}{5}x_5=\frac{3}{5} \\ x_3-\frac{1}{5}x_4+\frac{2}{5}x_5=\frac{4}{5} \end{cases}$$

取 $\begin{pmatrix} x_2 \\ x_4 \\ x_5 \end{pmatrix}$为一组自由未知量,令 $\begin{pmatrix} x_2 \\ x_4 \\ x_5 \end{pmatrix}$ 取 $\begin{pmatrix} 0 \\ 0 \\ 0 \end{pmatrix}$, 得原方程组的一个特解 $\gamma_0=\begin{pmatrix} \frac{3}{5} \\ 0 \\ \frac{4}{5} \\ 0 \\ 0 \end{pmatrix}$，又原方程组

的导出组为$\begin{cases} x_1+3x_2-\frac{3}{5}x_4-\frac{1}{5}x_5=0 \\ x_3-\frac{1}{5}x_4+\frac{2}{5}x_5=0 \end{cases}$，令$\begin{pmatrix} x_2\\x_4\\x_5 \end{pmatrix}$分别取$\begin{pmatrix}1\\0\\0\end{pmatrix},\begin{pmatrix}0\\1\\0\end{pmatrix},\begin{pmatrix}0\\0\\1\end{pmatrix}$得导出组的3个解为

$$\boldsymbol{\eta}_1=\begin{pmatrix}-3\\1\\0\\0\\0\end{pmatrix},\boldsymbol{\eta}_2=\begin{pmatrix}\frac{3}{5}\\0\\\frac{1}{5}\\1\\0\end{pmatrix},\boldsymbol{\eta}_3=\begin{pmatrix}\frac{1}{5}\\0\\-\frac{2}{5}\\0\\1\end{pmatrix}$$

故原方程组的通解为$\begin{pmatrix}x_1\\x_2\\x_3\\x_4\\x_5\end{pmatrix}=\begin{pmatrix}\frac{3}{5}\\0\\\frac{4}{5}\\0\\0\end{pmatrix}+k_1\begin{pmatrix}-3\\1\\0\\0\\0\end{pmatrix}+k_2\begin{pmatrix}\frac{3}{5}\\0\\\frac{1}{5}\\1\\0\end{pmatrix}+k_3\begin{pmatrix}\frac{1}{5}\\0\\-\frac{2}{5}\\0\\1\end{pmatrix}$（$k_1$，$k_2$，$k_3$ 为任意常数）.

【例 3-12】 λ 为何值时，线性方程组

$$\begin{cases}\lambda x_1+x_2+x_3=\lambda-3\\x_1+\lambda x_2+x_3=-2\\x_1+x_2+\lambda x_3=-2\end{cases}$$

有唯一解，无解和有无穷多解？当方程组有无穷多解时求其通解.

解 对增广矩阵进行初等行变换：

$$\overline{A}=\begin{pmatrix}\lambda&1&1&\lambda-3\\1&\lambda&1&-2\\1&1&\lambda&-2\end{pmatrix}\to\begin{pmatrix}1&\lambda&1&-2\\1&1&\lambda&-2\\\lambda&1&1&\lambda-3\end{pmatrix}\to\begin{pmatrix}1&\lambda&1&-2\\0&1-\lambda&\lambda-1&0\\0&1-\lambda^2&1-\lambda&3\lambda-3\end{pmatrix}$$

$$\to\begin{pmatrix}1&\lambda&1&-2\\0&1-\lambda&\lambda-1&0\\0&0&(1-\lambda)(\lambda+2)&3(\lambda-1)\end{pmatrix}$$

① 当 $\lambda\neq1$ 且 $\lambda\neq-2$ 时，方程组有唯一解；

② 当 $\lambda=-2$ 时，$R(A)=2$，$R(\overline{A})=3$，方程组无解；

③ 当 $\lambda=1$ 时，方程组有无穷多组解。

原方程组与 $x_1+x_2+x_3=-2$ 同解，令 $x_2=0$，$x_3=0$，得它的特解为 $\eta=(-2,0,0)^T$.

又设 x_2，x_3为自由未知量，导出组的基础解系为 $\xi_1=(-1,1,0)^T,\xi_2=(-1,0,1)^T$，通解为 $X=\begin{pmatrix}-2\\0\\0\end{pmatrix}+c_1\begin{pmatrix}-1\\1\\0\end{pmatrix}+c_2\begin{pmatrix}-1\\0\\1\end{pmatrix}$（$c_1$，$c_2$为任意实数）.

3.4 小结

本章中应特别注意对矩阵的秩、线性方程组的通解等概念及方程组中未知量个数、方程个数及系数矩阵的秩三者之间关系的理解.

3.5 习题

一、单项选择题

1. 设矩阵 $\boldsymbol{A}=\begin{pmatrix}2&-1&2\\4&0&2\\0&-3&3\end{pmatrix}$,则 $R(\boldsymbol{A})=($　　$)$.

A. 1　　B. 2　　C. 3　　D. 0

2. 设矩阵 $\boldsymbol{A}=\begin{pmatrix}0&0&1&0\\0&1&0&0\\1&0&1&1\\0&1&0&1\end{pmatrix}$,则 $R(\boldsymbol{A})=($　　$)$.

A. 1　　B. 3　　C. 4　　D. 5

3. 设 $\boldsymbol{A}=(\boldsymbol{A}_{ij})_{s\times n}$ 与 $\boldsymbol{B}=\begin{pmatrix}\boldsymbol{E}_r&\boldsymbol{0}\\\boldsymbol{0}&\boldsymbol{0}\end{pmatrix}_{s\times n}$ 等价,则矩阵 $\boldsymbol{A}$ 的秩 $R(\boldsymbol{A})=($　　$)$.

A. s　　B. n　　C. r　　D. 1

4. 已知矩阵 $\boldsymbol{B}$ 与矩阵 $\boldsymbol{C}$ 等价，$\boldsymbol{C}$ 中有 3 个三阶子式不为 0，则矩阵 $\boldsymbol{B}$ 的秩 $R(\boldsymbol{B})$（　　）.

A. <3　　B. $=3$　　C. $\leqslant 3$　　D. $\geqslant 3$

5. 设 $\boldsymbol{A}$ 是 $m\times n$ 阶矩阵，则当（　　）时，齐次线性方程组 $\boldsymbol{Ax}=\boldsymbol{O}$ 必有非零解.

A. $R(\boldsymbol{A})=n$　　B. $\boldsymbol{A}$ 有两行的对应元素成比例

C. $\boldsymbol{A}$ 为非零矩阵　　D. $m<n$

6. $\begin{cases}a_{11}x_1+a_{12}x_2+\cdots+a_{1n}x_n=0\\a_{21}x_1+a_{22}x_2+\cdots+a_{2n}x_n=0\\\quad\vdots\\a_mx_1+a_{m2}x_2+\cdots+a_{mn}x_n=0\end{cases}$ 有非零解,只需满足下列条件中的(　　).

A. $m=n$　　B. $m>n$

C. 系数矩阵的秩 $<n$　　D. 系数矩阵的秩 $<m$

7. 设 $\boldsymbol{A}$ 和 $\overline{\boldsymbol{A}}$ 分别是线性方程组 $\boldsymbol{Ax}=\boldsymbol{b}$ 的系数矩阵和增广矩阵，则 $\boldsymbol{Ax}=\boldsymbol{b}$ 有解的充要条件是（　　）.

A. $R(\boldsymbol{A})<R(\overline{\boldsymbol{A}})$　　B. $R(\boldsymbol{A})>R(\overline{\boldsymbol{A}})$

C. $R(\boldsymbol{A})=R(\overline{\boldsymbol{A}})$　　D. $R(\boldsymbol{A})\neq R(\overline{\boldsymbol{A}})$

8. 设 n 元线性方程组 $\boldsymbol{Ax}=\boldsymbol{b}$ 有解，则当 $R(\boldsymbol{A})$(　　) n 时，$\boldsymbol{Ax}=\boldsymbol{b}$ 有无穷多解.

A. $>$　　B. $\geqslant$　　C. $<$　　D. $\leqslant$

9. 设 n 元线性方程组 $\boldsymbol{Ax}=\boldsymbol{O}$ 有解，则 $R(\boldsymbol{A})=n$ 是该线性性方程组有唯一解的（　　）条件.

A. 充分　　B. 必要　　C. 充要　　D. 无关

10. 齐次线性方程组 $\boldsymbol{Ax}=\boldsymbol{O}$，其中 $\boldsymbol{A}=(A_{ij})_{n\times n}$，$\boldsymbol{x}=\begin{pmatrix}x_1\\x_2\\\vdots\\x_n\end{pmatrix}$，则 $|\boldsymbol{A}|=0$ 是该方程组有非零解的（　　）.

A. 充分条件　　B. 必要条件　　C. 充要条件　　D. 无关条件

11. 设 $\boldsymbol{P}$ 为 m 阶非奇异矩阵，$\boldsymbol{Q}$ 为 n 阶非奇异矩阵，$\boldsymbol{A}$ 为 $m\times n$ 阶矩阵，则（　　）.

A. $R(\boldsymbol{PA})=R(\boldsymbol{A})$，$R(\boldsymbol{AQ})\neq R(\boldsymbol{A})$　　B. $R(\boldsymbol{PA})\neq R(\boldsymbol{A})$，$R(\boldsymbol{AQ})=R(\boldsymbol{A})$

C. $R(\boldsymbol{PA})=R(\boldsymbol{A})$，$R(\boldsymbol{AQ})=R(\boldsymbol{A})$　　D. $R(\boldsymbol{PA})\neq R(\boldsymbol{A})$，$R(\boldsymbol{AQ})\neq R(\boldsymbol{A})$

12. 已知 $\boldsymbol{A}=\begin{pmatrix}3&-3&-1&5\\1&-2&-1&2\\5&-1&5&3\\-2&2&3&-4\end{pmatrix}$，则 $R(\boldsymbol{A})$ 为（　　）.

A. 1　　B. 2　　C. 3　　D. 4

13. 线性方程组 $\begin{cases}x_1+x_2=a_1\\x_2+x_3=a_2\\x_3+x_4=a_3\\x_4+x_1=a_4\end{cases}$ 有解的充分必要条件是（　　）.

A. $a_1+a_2+a_3+a_4=0$　　B. $a_1-a_2-a_3-a_4=0$

C. $a_4-a_1+a_2-a_3=0$　　D. $a_1+a_2-a_3-a_4=0$

14. 设原方程组为 $\boldsymbol{Ax}=\boldsymbol{b}$，且 $R(\boldsymbol{A})=R(\boldsymbol{A},\ \boldsymbol{b})=r$，则和原方程组同解的方程组是（　　）.

A. $\boldsymbol{A}'\boldsymbol{x}=\boldsymbol{b}$　　B. $\boldsymbol{QAx}=\boldsymbol{b}$，$Q$ 是初等矩阵

C. $\boldsymbol{PAx}=\boldsymbol{Pb}$，$\boldsymbol{P}$ 是可逆矩阵　　D. 原方程组中的前 r 个方程组成的方程组

二、填空题

1. 已知一个非齐次线性方程组的增广矩阵，经初等行变换化为

$$\begin{pmatrix}1&-1&1&2&0&1\\0&\lambda&2&0&-1&\lambda\\0&0&0&3&0&\lambda-2\\0&0&0&0&\lambda+1&\lambda-1\end{pmatrix}$$

则当 λ 为__________时，方程组有无穷多解；当 λ 为__________时，方程组无解.

2. 设 $\boldsymbol{A}$ 是一个 n 阶方阵，则 $\boldsymbol{A}$ 非奇异的充分必要条件是 $R(\boldsymbol{A})=$____________.

3. 齐次线性方程组一定有____________解，非齐次线性方程组有解的充分必要条件是系数矩阵与增广矩阵的秩____________.

4. 设线性方程组$\begin{cases}x_1+2x_2-2x_3=0\\2x_1-x_2+tx_3=0\\3x_1+x_2-x_3=0\end{cases}$的系数矩阵为 $\boldsymbol{A}$，三阶矩阵 $\boldsymbol{B}\neq\boldsymbol{O}$ 且 $\boldsymbol{AB}=\boldsymbol{O}$，则$t=$ ________.

5. 设 r_1，r_2 是非齐次线性方程组 $\boldsymbol{Ax}=\boldsymbol{b}$ 的两个解，$\boldsymbol{\eta}$ 是齐次线性方程组 $\boldsymbol{Ax}=\boldsymbol{O}$ 的解，则 $r_1-\boldsymbol{\eta}$ 是____________的解，r_1-r_2 是____________的解，r_1+r_2 是____________的解.

6. 设 $\boldsymbol{Ax}=\boldsymbol{O}$ 是有 6 个方程、5 个未知数的齐次线性方程组，其系数矩阵 $\boldsymbol{A}$ 的秩为 2，则方程组 $\boldsymbol{Ax}=\boldsymbol{O}$ 有____________组解.

三、判断题

1. 方程组 $\boldsymbol{Ax}=\boldsymbol{b}$ 有唯一解时，必有方程的个数等于未知量的个数. （　）
2. 方程组 $\boldsymbol{Ax}=\boldsymbol{O}$ 只要有两个不同的解，则它就有无穷多个解. （　）
3. 若非齐次线性方程组 $\boldsymbol{A}_{m\times n}\boldsymbol{x}=\boldsymbol{b}$ 无解，则其增广矩阵的秩一定小于 n. （　）
4. 若齐次线性方程组的系数矩阵 $\boldsymbol{A}$ 的列数大于行数，则该方程组有非零解. （　）
5. 非齐次线性方程组中，若方程的个数大于未知量的个数，则该方程组必有无穷多解. （　）
6. 非齐次线性方程组的系数矩阵非奇异，则该方程组一定有解. （　）
7. 线性方程组 $\boldsymbol{Ax}=\boldsymbol{b}$ 有唯一解的充分必要条件是方程组 $\boldsymbol{Ax}=\boldsymbol{O}$ 仅有零解. （　）
8. 线性方程组 $\boldsymbol{Ax}=\boldsymbol{b}$ 有无穷多解的充分必要条件是方程组 $\boldsymbol{Ax}=\boldsymbol{O}$ 有非零解. （　）
9. 若线性方程组 $\boldsymbol{A}_{m\times n}\boldsymbol{x}=\boldsymbol{b}$ 有解，则必有 $\boldsymbol{x}=\boldsymbol{A}^{-1}\boldsymbol{b}$. （　）
10. 若线性方程组 $\boldsymbol{A}_{m\times n}\boldsymbol{x}=\boldsymbol{b}$ 有唯一解，则必有 $\boldsymbol{x}=\boldsymbol{A}^{-1}\boldsymbol{b}$. （　）
11. 若线性方程组 $\boldsymbol{b}+2\boldsymbol{x}=\boldsymbol{Ax}$ 有解，则有 $\boldsymbol{x}=(\boldsymbol{A}-2\boldsymbol{E})^{-1}\boldsymbol{b}$. （　）
12. 若线性方程组 $2\boldsymbol{b}-3\boldsymbol{x}=\boldsymbol{xA}$ 有解，则 $\boldsymbol{A}$ 可逆，则有 $\boldsymbol{x}=2\boldsymbol{b}(\boldsymbol{A}-3\boldsymbol{E})^{-1}$. （　）

四、计算题

1. 解方程组$\begin{cases}x_1+x_2+x_3+2x_4=0\\2x_1+3x_2-x_3+3x_4=0\\2x_1+5x_2-7x_3+x_4=0\end{cases}$

2. 求非齐次线性方程组$\begin{cases}x_1-x_2+2x_3+x_4=1\\2x_1-x_2+x_3+2x_4=3\\x_1-x_3+x_4=2\\3x_1-x_2+3x_4=5\end{cases}$的通解.

3. 设线性方程组为$\begin{cases}x_1+x_2+2x_3+3x_4=1\\x_1+3x_2+6x_3+x_4=3\\3x_1-x_2-k_1x_3+15x_4=3\\x_1-5x_2-10x_3+12x_4=k_2\end{cases}$，问 k_1 与 k_2 各取何值时，方程组无解、有唯一解、有无穷多解；有无穷多解时，求其一般解.

第 4 章　集合论初步

随着计算机科学的出现与广泛应用，人们发现利用计算机处理的对象与传统的研究对象有明显的区别，传统的分析研究问题的解决方案是连续的，微分、积分成为基本的运算；而计算机处理的对象是离散的，以研究离散变量的结构和相互关系为主要目标的数学分支称为“离散数学”. 集合论、图论、数理逻辑是离散数学的主要组成部分，本章主要讲解有关集合论的基本内容，集合不仅可以用来表示数及其运算，更可以用于非数值信息的表示和处理，如数据的增加、删除、修改、排序，以及数据间关系的描述. 有些很难用传统的数值计算来处理的问题也可以用集合运算来处理. 因此集合论在程序语言、数据结构、编译原理、数据库与知识库、形式语言和人工智能等领域都得到了广泛的应用.

4.1　集合的基本概念和运算

本章介绍有关集合的一些基本知识，从未经定义的“集合”和“元素”两个概念出发给出集合运算、关系、映射以及集合的基数等方面的知识. 这里所介绍的集合论通常称为“朴素的集合论”，这对大部分读者已经是足够的了.

4.1.1　集合的基本概念

1. 集合与元素

集合是指一些可确定的、可分辨的事物构成的整体，对于给定的集合和事物，可以明确地判定这个给定的事物是否属于这个集合. 属于给定集合的任何事物，称为该集合的成员或元素. 常用大写英文字母表示集合，用小写英文字母表示集合的元素. 若 a 为集合 S 的元素，则可将这种成员关系表示成 $a \in S$，读作 **a 属于集合 S**. 若 b 不是集合 S 的元素，则可记作 $b \notin S$，读作 **b 不属于集合 S**. 常见的集合表示符号有：$\mathbf{N}$ 表示自然数集（包括 0），$\mathbf{Z}$ 表示整数集，$\mathbf{Q}$ 表示有理数集，$\mathbf{R}$ 表示实数集，$\mathbf{C}$ 表示复数集.

集合 S 中不同的元素的数目，称为集合 S 的**基数**或**势**，通常记作 $|S|$ 或 $\#S$. 集合的基数可能是有限的，也可能是无限的. 若基数是有限的，则称 S 是**有限集**；例如，$S=\{x \mid x$ 是大于 1 小于 6 的质数$\}$，则 $|S|=3$. 若基数 $|S|$ 是无限的，则称 S 是**无限集**.

2. 集合的表示法

给出一个集合的方法有以下两种.

（1）列举法：通过列出集合中的所有元素来表示一个集合. 例如，集合 A 的元素为 1，3，5，7，9，则 A 可表示为 $A=\{1, 3, 5, 7, 9\}$.

（2）描述法：通过描述集合中元素具有共同性质来表示一个集合. 用 $P(a)$ 表示元素 a 满足特性 P，则 $A=\{a \mid P(a)\}$ 就表示集合 A 是所有使 $P(a)$ 成立的元素所构成的集合. 例如，$B=\{x \mid x=y^3,\ y \in \mathbf{Z}\}$，$C=\{x \mid -1<x<2,\ x \in \mathbf{R}\}$，$E=\{x \mid x$ 为年龄小于 20 岁的人$\}$.

上述两种表示方法都是常用的，前者用于元素个数较少的情况，后者用于元素个数较多

（或无限）且各对象具有共同性质的情况.

如果一个集合不含有任何元素，则称为空集，记作$\varnothing$. 例如，$A=\{x \mid x^2+1=0$，x为实数$\}$，A是空集$\varnothing$，则$|A|=0$. 但$\{\varnothing\}$不是空集，它是以$\varnothing$为元素的集合.

在集合中要注意以下几点.

（1）集合中的元素之间的次序是无关紧要的. 例如，$\{a, b, c\}$与$\{b, a, c\}$是完全相同的集合.

（2）集合中的元素是不能重复出现的，例如，$\{a, b, c, b, d\}$是不允许出现的.

（3）另外，可能会遇到这种情况，一个集合的元素，它本身又是一个集合，例如，$S=\{\{a, b\}, \{c\}, \{c, d\}\}$，其中$\{a, b\}$，$\{c\}$，$\{c, d\}$都是集合$S$的元素，但$\{a, b\}$本身又是集合，其元素是$a$，$b$.

3. 集合间的关系

相等与包含是集合间的两种基本关系.

定义 4-1 设A和B是两个集合，如果A中的每一元素都是B的元素，则称A是B的**子集**，记为$A \subseteq B$或$B \supseteq A$，分别读作***A*包含于*B***或***B*包含*A***. 若$A \subseteq B$，且A集合中至少有一个元素不在B集合中，则称集合A是集合B的**真子集**，记为$A \subset B$. 若存在元素$a \in A$，但$a \notin B$，则A不是B的子集.

根据定义不难得到，对于任何集合S都有$S \subseteq S$. 空集是任何集合的子集，如果A是B的子集，B是C的子集，那么A是C的子集.

定义 4-2 设A和B是两个集合，如果$A \subseteq B$，且$B \supseteq A$，则称***A*和*B*相等**，记作$A=B$；否则，称***A*和*B*不相等**，记作$A \neq B$.

例如，设$A=\{x \mid x(x-1)=0\}$与$B=\{0, 1\}$，于是有$A=B$. 又如，设$P=\{\{a, b\}, \{c\}\}$与$Q=\{a, b, c\}$，于是$P \neq Q$.

要注意将从属关系与包含关系区别开来. 从属关系是指集合中的元素与集合本身之间的关系，而包含关系是指集合与集合之间的关系.

在一个具体问题中，如果所涉及的集合都是某个集合的子集，则称这个集合为全集，记作E（或U）. 全集是一个相对的概念. 例如，在研究平面解析几何的问题时可以把整个坐标平面作为全集；在研究整数的问题时可以把整数集$\mathbf{Z}$作为全集.

4. 幂集

含有n个元素的集合简称$\boldsymbol{n}$**元集**，它的含有m个（$m \leqslant n$）元素的子集称作它的$\boldsymbol{m}$**元子集**，任给定n元集，怎样求出它的全部子集呢？举例说明如下.

【例 4-1】 设集合$A=\{1, 2, 3\}$，求A的全部子集.

解 将A的子集由小到大分类如下.

0 元素子集（即空集）只有一个：$\varnothing$；

1 元素子集有C_3^1个：$\{1\}$，$\{2\}$，$\{3\}$；

2 元素子集有C_3^2个：$\{1, 2\}$，$\{1, 3\}$，$\{2, 3\}$；

3 元素子集有C_3^3个：$\{1, 2, 3\}$.

这些子集全体也可构成集合，这个集合称为$A=\{1, 2, 3\}$的幂集.

定义 4-3 设 A 是任意集合，A 的所有子集所组成的集合，称为集合 A 的幂集，记作 $P(A)$，或 2^A，即 $P(A)=\{B \mid B\subseteq A\}$.

因此，在例 4-1 中，$A=\{1, 2, 3\}$ 的幂集为 $P(A)=\{\varnothing, \{1\}, \{2\}, \{3\}, \{1, 2\}, \{1, 3\}, \{2, 3\}, \{1, 2, 3\}\}$.

定理 4-1 如果有限集 A 有 n 个元素，则其幂集 $P(A)$ 有 2^n 个元素.

证明 A 的所有由 k 个元素组成的子集数为从 n 个元素中取 k 个的组合数.

$$C_n^k=\frac{n(n-1)(n-2)\cdots(n-k+1)}{k!}$$

另外，因 $\varnothing\subseteq A$，故 $P(A)$ 的元素个数 N 可表示为

$$N=1+C_n^1+C_n^2+\cdots+C_n^k+\cdots+C_n^n=\sum_{k=0}^{n}C_n^k$$

又因 $(x+y)^n=\sum\limits_{k=0}^{n}C_n^k x^k y^{n-k}$，令 $x=y=1$，得

$2^n=\sum\limits_{k=0}^{n}C_n^k$，故 $P(A)$ 的元素个数是 2^n.

人们常常给有限集 A 的子集编码，用以表示 A 的幂集的各个元素. 具体方法是：

设 $A=\{a_1, a_2, \cdots, a_n\}$，则 A 子集 B 按照含 a_i 记 1、不含 a_i 记 0（$i=1, 2, \cdots, n$）的规定依次写成一个 n 位二进制数，便得子集 B 的编码.

例如，若 $B=\{a_1, a_n\}$，则 B 的编码是 $100\cdots01$，当然还可将它换算成十进制数. 如果 $n=4$，那么这个十进制数为 9，此时特别记 $B=\{a_1, a_4\}$ 为 B_9.

4.1.2 集合的基本运算

1. 集合基本运算的定义

定义 4-4 设 A 和 B 是两个集合，E 是全集.

(1) A 与 B 的**并集**：$A\cup B=\{x \mid x\in A$ 或者 $x\in B\}$.

(2) A 与 B 的**交集**：$A\cap B=\{x \mid x\in A$ 并且 $x\in B\}$.

(3) A 与 B 的差集：$A-B=\{x \mid x\in A$ 并且 $x\notin B\}$（注意：定义中不要求 $B\subseteq A$）. 如果 E 是包含 A 的全集，那么 $E-A$ 称为 A **的补集**，记作 $\sim A$ 或 $\overline{A}$，即 $C_{E}A=\{x \mid x\notin A\}$.

(4) A 与 B 的**对称差**：$A\oplus B=\{x\in A\cup B$ 并且 $x\notin A\cap B\}$.

集合的并、交、差、补也分别称为集合的并运算、交运算、差运算、补运算.

例如，$A=\{1, 2, 3, 4, 5\}$，$B=\{1, 2, 4, 6\}$，$C=\{7, 8\}$，$E=\{1, 2, 3, 4, 5, 6, 7, 8, 9, 10\}$，则有

$A\cup B=\{1, 2, 3, 4, 5, 6\}=B\cup A$，$A\cap B=\{1, 2, 4\}=B\cap A$，$A\cap C=\varnothing$，

$A-B=\{3, 5\}$，$B-A=\{6\}$，$\overline{A}=\{6, 7, 8, 9, 10\}$，$A\oplus B=\{3, 5, 6\}$.

推广以上定义，可以得到多个集合的并集和交集，即

$A_1\cup A_2\cup\cdots\cup A_n=\{x \mid$ 至少有某个 i（$1\leqslant i\leqslant n$），$x\in A_i\}$；

$A_1\cap A_2\cap\cdots\cap A_n=\{x \mid$ 对于任意一个 i（$1\leqslant i\leqslant n$），都有 $x\in A_i\}$.

2. 运算的基本性质

任何代数运算都遵从一定的运算律，集合运算也不例外. 下面列出集合运算中的主要运算律，设 A，B，C 为任意集合，E 为全集.

交换律：$A\cup B=B\cup A$；$A\cap B=B\cap A$.

结合律：$(A\cup B)\cup C=A\cup(B\cup C)$；$(A\cap B)\cap C=A\cap(B\cap C)$.

分配律：$A\cup(B\cap C)=(A\cup B)\cap(A\cup C)$；$A\cap(B\cup C)=(A\cap B)\cup(A\cap C)$.

等幂律：$A\cup A=A$；$A\cap A=A$.

同一律：$A\cup\varnothing=A$；$A\cap E=A$.

零一律：$A\cup E=E$；$A\cap\varnothing=\varnothing$.

互补律：$A\cup\sim A=E$；$A\cap\sim A=\varnothing$.

双重否定律：$\overline{\overline{A}}=A$.

吸收律：$A\cup(A\cap B)=A$；$A\cap(A\cup B)=A$.

德摩根律：$\overline{A\cup B}=\overline{A}\cap\overline{B}$；$\overline{A\cap B}=\overline{A}\cup\overline{B}$.

注意：集合的并、交、差运算都不满足消去律. 例如，设 $A=\{1, 2, 3\}$，$B=\{3, 4, 5\}$，$C=\{4, 5\}$，显然 $B\neq C$，但 $A\cup B=A\cup C=\{1, 2, 3, 4, 5\}$. 所以，由 $A\cup B=A\cup C$ 不能得到 $B=C$. 又如，设 $A=\{1, 2, 3\}$，$B=\{3, 4, 5\}$，$C=\{3\}$，显然 $B\neq C$，但 $A\cap B=A\cap C=\{3\}$，所以由 $A\cap B=A\cap C$ 不能得到 $B=C$，且 $A-B=A-C=\{1, 2\}$，即由 $A-B=A-C$ 也不能得到 $B=C$.

【例 4-2】 设 A 和 B 为两个集合，证明 $P(A)\cap P(B)=P(A\cap B)$.

证明 ① 先证 $P(A)\cap P(B)\subseteq P(A\cap B)$

对任意 $x\in P(A)\cap P(B)$，有 $x\in P(A)$ 且 $x\in P(B)$，

所以 $x\subseteq A$ 且 $x\subseteq B$，即 $x\subseteq A\cap B$，

因此 $x\in P(A\cap B)$，

所以 $P(A)\cap P(B)\subseteq P(A\cap B)$.

② 再证 $P(A\cap B)\subseteq P(A)\cap P(B)$

对任意 $x\in P(A\cap B)$，

有 $x\subseteq A\cap B$，即 $x\subseteq A$ 且 $x\subseteq B$，

所以 $x\in P(A)$ 且 $x\in P(B)$，

因此 $x\in P(A)\cap P(B)$，

所以 $P(A\cap B)\subseteq P(A)\cap P(B)$.

总结以上两方面，故有 $P(A)\cap P(B)=P(A\cap B)$.

注意：$P(A)\cup P(B)\neq P(A\cup B)$. 例如，设 $A=\{1\}$，$B=\{2\}$，则 $P(A)=\{\varnothing, \{1\}\}$，$P(B)=\{\varnothing, \{2\}\}$，因此 $P(A)\cup P(B)=\{\varnothing, \{1\}, \{2\}\}$；又 $A\cup B=\{1, 2\}$，$P(A\cup B)=\{\varnothing, \{1\}, \{2\}, \{1, 2\}\}$，故 $P(A)\cup P(B)\neq P(A\cup B)$.

下面是重要的包含排斥定理.

定理 4-2 如果 A 和 B 是有限集，其中 $|A|$、$|B|$ 分别表示 A、B 的基数，那么有

$$|A\cup B|=|A|+|B|-|A\cap B|$$

证明 ① 当 A、B 不相交时，$A\cap B=\varnothing$，则

$$|A\cup B|=|A|+|B|=|A|+|B|-|A\cap B|$$

② 当 A、B 相交时，则

$$|A|=|A\cap\overline{B}|+|A\cap B|$$

$$|B| = |\overline{A}\cap B| + |A\cap B|$$

$$|A\cup B| = |A\cap\overline{B}| + |\overline{A}\cap B| + |A\cap B|$$

$$|A\cup B| = |A| - |A\cap B| + |B| - |A\cap B| + |A\cap B| = |A| + |B| - |A\cap B|$$

【例 4-3】 一个班级有 50 个学生，第 1 次考试有 23 人得优，第 2 次考试有 20 人得优，两次均未得优的有 15 人. 问多少人两次均得优.

解 设全班学生构成全集 E，$|E|=50$，第 1 次和第 2 次考试得优的同学分别组成集合 A，B，有 $|A|=23$，$|B|=20$，两次均未得优的同学组成集合 $\overline{A}\cap\overline{B}$，有 $|\overline{A}\cap\overline{B}|=15$，两次均得优的同学组成集合 $A\cap B$，要求 $|A\cap B|$.

由包含排斥原理有

$$|\overline{A}\cap\overline{B}| = |E| - |A\cup B| = |E| - (|A| + |B| - |A\cap B|)$$

即

$$|A\cap B| = |\overline{A}\cap\overline{B}| - |E| + |A| + |B| = 15 - 50 + 23 + 20 = 8$$

因此，有 8 人两次均得优.

可以将定理 4-2 推广到 3 个有限集的情况. 设 A，B，C 为有限集合，其元数分别为 $|A|$，$|B|$，$|C|$，则有 $|A\cup B\cup C| = |A| + |B| + |C| - |A\cap B| - |A\cap C| - |B\cap C| + |A\cap B\cap C|$.

4.2 二元关系和函数

关系是一种被广泛使用的概念，如日常生活中的父子关系、朋友关系、债主与债户关系，自然科学中的函数关系、相似关系、对称关系. 特别是计算机科学理论中关系理论的应用更为普遍，如关系数据库中数据特性关系、程序的输入与输出关系、计算机语言的字符关系、面向对象编程中的类继承关系、结构化程序设计中的函数或子程序调用关系、程序的串行与并行运算关系.

4.2.1 有序对与笛卡儿积

定义 4-5 两个对象 a，b 依一定次序组成一对，称为**有序对**，记为 $\langle a, b\rangle$. 两个有序对相等记为 $\langle a, b\rangle=\langle c, d\rangle$，当且仅当 $a=c$ 和 $b=d$ 同时成立.

对于集合有 $\{a, b\}=\{b, a\}$，而对于有序对，当 $a\neq b$ 时，有 $\langle a, b\rangle\neq\langle b, a\rangle$.

定义 4-6 对 n $(n>0)$ 个对象的序列形如 a_1，a_2，…，a_n 组成一组称为**有序 n 元组**，记为 $\langle a_1, a_2, \cdots, a_n\rangle$，其中 a_i 称为第 i 个**分量**. 两个有序 n 元组相等当且仅当它们的每个对应分量相等.

定义 4-7 设 A 和 B 是两个集合，则称集合 $\{\langle a, b\rangle \mid a\in A$ 且 $b\in B\}$ 是 **A 与 B 的笛卡儿积**，记作 $A\times B$，又称 **A 与 B 的直积**.

例如，设 $A=\{1, 2\}$，$B=\{x, y\}$，$C=\{a, b, c\}$，则

$A\times B=\{\langle 1, x\rangle, \langle 1, y\rangle, \langle 2, x\rangle, \langle 2, y\rangle\}$；

$B\times A=\{\langle x, 1\rangle, \langle x, 2\rangle, \langle y, 1\rangle, \langle y, 2\rangle\}$；

由于 $B\times A\neq A\times B$，可知 A 与 B 的笛卡儿积是不满足交换律的.

$A \times C = \{\langle 1, a\rangle, \langle 1, b\rangle, \langle 1, c\rangle, \langle 2, a\rangle, \langle 2, b\rangle, \langle 2, c\rangle\}$;

$A \times A = \{\langle 1, 1\rangle, \langle 1, 2\rangle, \langle 2, 1\rangle, \langle 2, 2\rangle\}$;

$A \times \varnothing = \varnothing \times A = \varnothing$.

定义 4-8 设A_1，A_2，…，A_n是任意n个集合，则称集合$\{\langle a_1, a_2, \cdots, a_n\rangle \mid a_i \in A_i, (i=1, 2, \cdots, n)\}$是$A_1$，$A_2$，…，$A_n$的**笛卡儿积**，记作$A_1 \times A_2 \times \cdots \times A_n$. 若$A = A_1 = A_2 = \cdots = A_n$，则记$A^n = A \times A \times \cdots \times A$.

例如，$A = \{a, b, c\}$为学生集合，$B = \{x, y, z, w\}$为课程集合，则笛卡儿积$A \times B$就是学生与课程所组成的有序对全体. $A \times B = \{\langle a, x\rangle, \langle a, y\rangle, \langle a, z\rangle, \langle a, w\rangle, \langle b, x\rangle, \langle b, y\rangle, \langle b, z\rangle, \langle b, w\rangle, \langle c, x\rangle, \langle c, y\rangle, \langle c, z\rangle, \langle c, w\rangle\}$. 如果用$\langle a, x\rangle$表示学生$a$选修课程$x$，假设$a$，$b$，$c$ 3 个学生选定课程的情况是：$\langle a, y\rangle$，$\langle a, w\rangle$，$\langle b, x\rangle$，$\langle b, y\rangle$，$\langle b, w\rangle$，而c什么课也没选，则这些有序对组成的集合$R = \{\langle a, y\rangle, \langle a, w\rangle, \langle b, x\rangle, \langle b, y\rangle, \langle b, w\rangle\}$反映了学生与课程的这种关系. $R \subseteq A \times B$，即R是$A \times B$的子集，也是集合A到集合B的关系.

4.2.2 关系的概念和表示

定义 4-9 设A和B是任意两个集合，$A \times B$的子集称为**从A到B的二元关系**. 当$A = B$时，称**R为A上的二元关系**. 若$\langle a, b\rangle \in R$，则称**$a$与$b$有关系$R$**，记为$a R b$. 若$\langle a, b\rangle \notin R$，则称**$a$与$b$没有关系$R$**，记为$a \overline{R} b$.

例如，上面的选修课程关系$R = \{\langle a, y\rangle, \langle a, w\rangle, \langle b, x\rangle, \langle b, y\rangle, \langle b, w\rangle\}$，在$R$中学生$a$选修课程$y$，可用$\langle a, y\rangle \in R$或$a R y$表示. 学生$a$没有选修课程$x$，因此记为$\langle a, x\rangle \notin R$或$a \overline{R} x$.

定义 4-10 设R是从A到B的二元关系，A的一个子集$\{a \mid$存在b，使得$\langle a, b\rangle \in R\}$称为**$R$的定义域**，记为$\mathrm{dom}\, R$. B的一个子集$\{b \mid$存在a，使得$\langle a, b\rangle \in R\}$称为**$R$的值域**，记为$\mathrm{ran}\, R$，并且有$\mathrm{dom}\, R \subseteq A$，$\mathrm{ran}\, R \subseteq B$.

例如，$A = \{1, 3, 5, 7\}$，$B = \{0, 2, 4, 6\}$，定义从A到B的小于关系$R_1 = \{\langle a, b\rangle \mid a \in A, b \in B$并且$a < b\}$，则$R_1 = \{\langle 1, 2\rangle, \langle 1, 4\rangle, \langle 1, 6\rangle, \langle 3, 4\rangle, \langle 3, 6\rangle, \langle 5, 6\rangle\}$，因为$3 < 4$，所以$\langle 3, 4\rangle \in R_1$；又$4 > 3$，所以$\langle 4, 3\rangle \notin R_1$. 定义域$\mathrm{dom}\, R_1 = \{1, 3, 5\}$，值域$\mathrm{ran}\, R_1 = \{2, 4, 6\}$.

通常集合A上的不同关系的数目依赖于A的基数. 如果$|A| = n$，那么$|A \times A| = n^2$. $A \times A$的子集有2^{n^2}个，每一个子集代表A上的一个关系，所以A上有2^{n^2}个不同的关系. 例如，$A = \{0, 1, 2\}$，则A上可定义$2^{3^2} = 512$个不同的关系. 当然，大部分的关系没有什么实际意义，我们主要讨论以下关系.

定义 4-11 对任何集合A，

(1) A上的**空关系$\varnothing$**：$\varnothing$是$A \times A$的子集，即$\varnothing$是A上的关系.

(2) A上的**全域关系E_A** $= \{\langle a, b\rangle \mid a \in A$并且$b \in A\} = A \times A$.

(3) A上的**恒等关系I_A** $= \{\langle a, a\rangle \mid a \in A\}$.

例如，设$A = \{1, 2, 3\}$，则A上的全域关系$E_A = \{\langle 1, 1\rangle, \langle 1, 2\rangle, \langle 1, 3\rangle, \langle 2, 1\rangle, \langle 2, 2\rangle, \langle 2, 3\rangle, \langle 3, 1\rangle, \langle 3, 2\rangle, \langle 3, 3\rangle\}$；$A$上的恒等关系$I_A = \{\langle 1, 1\rangle, \langle 2,$

2⟩, ⟨3, 3⟩}.

除了以上 3 种特殊的关系之外，还有以下一些常见关系.

(1) 设 A 为实数集 **R** 的某个子集，则 A 上的小于或等于关系 $L_A=\{\langle a, b\rangle \mid a, b\in A$ 并且 $a\leqslant b\}$；同理，还可定义 A 上的小于关系、大于或等于关系、大于关系. 例如，设 $A=\{1, 3, 5\}$，则 A 上的小于或等于关系 $L_A=\{\langle 1, 1\rangle, \langle 1, 3\rangle, \langle 1, 5\rangle, \langle 3, 3\rangle, \langle 3, 5\rangle, \langle 5, 5\rangle\}$.

(2) 设 A 为正整数集 $\mathbf{Z}^+$ 的某个子集，则 A 上的整除关系 $D_A=\{\langle a, b\rangle \mid a, b\in A$ 并且 $a\mid b\}$. 例如，设 $A=\{1, 2, 3, 6\}$，则 A 上的整除关系 $D_A=\{\langle 1, 1\rangle, \langle 1, 2\rangle, \langle 1, 3\rangle, \langle 1, 6\rangle, \langle 2, 2\rangle, \langle 2, 6\rangle, \langle 3, 3\rangle, \langle 3, 6\rangle, \langle 6, 6\rangle\}$.

(3) 设 A 为整数集 **Z** 的某个子集，给定正整数 m，若用 m 去除两个整数 a 和 b 所得余数相同，称 a 和 b 对模 m 同余，记作 $a\equiv b(\bmod m)$，并称该式为同余式；否则，称 a 和 b 对模 m 不同余，则 A 上的模 m 同余关系 $R=\{\langle a, b\rangle \mid (a-b)/m$ 为整数，$a, b\in A\}$. 例如，设 $A=\{1, 2, 3, 4, 5\}$，则 A 上的模 3 同余关系 $R=\{\langle a, b\rangle \mid (a-b)/3$ 为整数，$a, b\in A\}=\{\langle 1, 1\rangle, \langle 2, 2\rangle, \langle 3, 3\rangle, \langle 4, 4\rangle, \langle 5, 5\rangle, \langle 1, 4\rangle, \langle 4, 1\rangle, \langle 2, 5\rangle, \langle 5, 2\rangle\}$.

以上的关系都是用集合表达式来定义的. 对于有限集 A 上的关系 R，还可以用关系矩阵或关系图来表示.

定义 4-12 设有限集 $A=\{a_1, a_2, \cdots, a_n\}$，$R$ 是 A 上的二元关系，令

$$m_{ij}=\begin{cases}1 & 若(a_i,a_j)\in R\\ 0 & 若(a_i,a_j)\notin R\end{cases}\qquad (i,j=1,2,\cdots,n)$$

则称 $\boldsymbol{M}_R=(m_{ij})_{n\times n}$ 为 R 的**关系矩阵**.

关系矩阵的引入是为了在计算机上实现二元关系的表示、存储和运算. 例如，$A=\{1, 2, 3, 4\}$ 上模 3 同余关系 $R=\{\langle 1, 1\rangle, \langle 2, 2\rangle, \langle 3, 3\rangle, \langle 4, 4\rangle, \langle 1, 4\rangle, \langle 4, 1\rangle\}$，其关系矩阵为

$$\boldsymbol{M}_R=\begin{array}{c} \\ 1\\2\\3\\4\end{array}\!\!\begin{array}{c}\begin{array}{cccc}1&2&3&4\end{array}\\ \begin{pmatrix}1&0&0&1\\0&1&0&0\\0&0&1&0\\1&0&0&1\end{pmatrix}\end{array}$$

有限集 A 上的二元关系 R 除用方阵表示外，还可用关系图来表示.

定义 4-13 设 $A=\{a_1, a_2, \cdots, a_n\}$，$R$ 是 A 上的二元关系. A 中每个元素 a_i 用一个点表示，称该点为**顶点** a_i. 如果 $a_i\,R\,a_j$，则画一条从顶点 a_i 到顶点 a_j 的带箭头的线，称该线为**弧**. 如果 $a_i\,R\,a_i$，则画一条从顶点 a_i 到顶点 a_i 的带箭头的封闭弧，称该弧为**环**. 对于关系 R 中每个有序对都可对应地画一条带箭头的弧，从而得到关系 R 的图形，称为 R 的**关系图**.

例如，设 $A=\{1, 2, 3, 4, 5\}$，A 上的模 3 同余关系 $R=\{\langle 1, 1\rangle, \langle 2, 2\rangle, \langle 3, 3\rangle, \langle 4, 4\rangle, \langle 5, 5\rangle, \langle 1, 4\rangle, \langle 4, 1\rangle, \langle 2, 5\rangle, \langle 5, 2\rangle\}$，画出它的关系图，如图 4-1 所示.

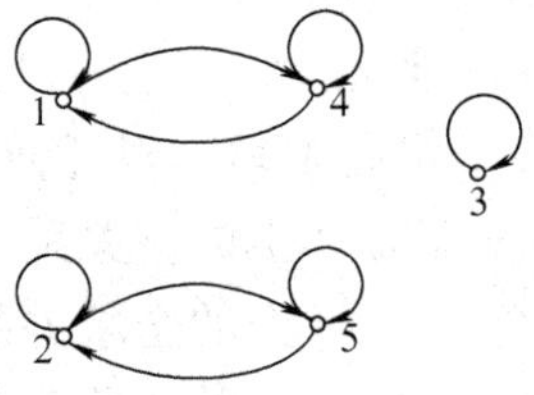

图 4-1

4.2.3 复合关系与逆关系

因为关系也是集合，所以集合中的所有运算都可以在关系中进行．此外，关系还可以进行逆运算、复合运算、幂运算以及闭包运算等．

1. 逆运算

定义 4-14 设 R 是从 A 到 B 的二元关系，则从 B 到 A 的二元关系记为 R^{-1}，$R^{-1}=\{\langle b, a\rangle \mid \langle a, b\rangle \in R\}$ 称为 R 的逆关系．

例如，设 $A=\{1, 2, 3\}$，A 上小于关系 R 的逆关系是大于关系，即有

$$R=\{\langle 1, 2\rangle, \langle 2, 3\rangle, \langle 1, 3\rangle\},$$

则

$$R^{-1}=\{\langle 2, 1\rangle, \langle 3, 2\rangle, \langle 3, 1\rangle\}.$$

注意：一般地，在数学上，小于关系的逆应该是大于或等于关系．

定理 4-3 设 R，R_1，R_2 是从 A 到 B 的二元关系，则

(1) $(R^{-1})^{-1}=R$；

(2) $(R_1\cup R_2)^{-1}=R_1^{-1}\cup R_2^{-1}$；

(3) $(R_1\cap R_2)^{-1}=R_1^{-1}\cap R_2^{-1}$．

2. 复合运算

定义 4-15 设 R_1 是从 A 到 B 的二元关系，R_2 是从 B 到 C 的二元关系，则 R_1 与 R_2 的**复合关系 $R_1\circ R_2$** 是一个从 A 到 C 的二元关系，定义为 $R_1\circ R_2=\{\langle a, c\rangle \mid a\in A, c\in C$，且存在 $b\in B$ 使 $\langle a, b\rangle\in R_1, \langle b, c\rangle\in R_2\}$．

注意：R_1 和 R_2 复合的前提是 R_1 是从 A 到 B 的二元关系，R_2 是从 B 到 C 的二元关系．

例如，设 $A=\{a_1, a_2\}$，$B=\{b_1, b_2, b_3, b_4\}$，$C=\{c_1, c_2, c_3\}$，R_1 是从 A 到 B 的关系，R_2 是从 B 到 C 的关系，有

$$R_1=\{\langle a_1, b_1\rangle, \langle a_1, b_2\rangle, \langle a_2, b_3\rangle\}$$
$$R_2=\{\langle b_4, c_1\rangle, \langle b_4, c_2\rangle, \langle b_2, c_2\rangle, \langle b_3, c_3\rangle\}$$
$$R_1\circ R_2=\{\langle a_1, c_2\rangle, \langle a_2, c_3\rangle\}$$

因为 $A\neq C$，根据定义 $R_2\circ R_1$ 不存在．

【例 4-4】 设 $A=\{a, b, c, d\}$，A 上的关系 $R_1=\{\langle a, a\rangle, \langle a, b\rangle, \langle b, d\rangle\}$，$R_2=\{\langle a, d\rangle, \langle b, c\rangle, \langle b, d\rangle, \langle c, b\rangle\}$，求 $R_1\circ R_2$，$R_2\circ R_1$．

解 $R_1\circ R_2=\{\langle a, d\rangle, \langle a, c\rangle, \langle a, d\rangle\}$ $R_2\circ R_1=\{\langle c, d\rangle\}$，

可见 $R_1\circ R_2\neq R_2\circ R_1$．因此，复合运算不满足交换律．

结合律是否成立呢？我们有如下定理．

定理 4-4 R_1 是从 A 到 B 的二元关系，R_2 是从 B 到 C 的二元关系，R_3 是从 C 到 D 的二元关系，则有 $R_1\circ(R_2\circ R_3)=(R_1\circ R_2)\circ R_3$．

证明 对任意 $\langle a, d\rangle\in R_1\circ(R_2\circ R_3)$，存在 $b\in B$，使得 $\langle a, b\rangle\in R_1$，$\langle b, d\rangle\in R_2\circ R_3$；而对于 $\langle b, d\rangle\in R_2\circ R_3$，存在 $c\in C$，使得 $\langle b, c\rangle\in R_2$，$\langle c, d\rangle\in R_3$．

现在有 $\langle a, b\rangle\in R_1$，$\langle b, c\rangle\in R_2$，$\langle c, d\rangle\in R_3$，

所以 $\langle a, c\rangle\in R_1\circ R_2$，即有 $\langle a, c\rangle\in R_1\circ R_2$，$\langle c, d\rangle\in R_3$，

因此有 $\langle a, d\rangle\in(R_1\circ R_2)\circ R_3$，即 $R_1\circ(R_2\circ R_3)\subseteq(R_1\circ R_2)\circ R_3$．

类似可以证明 $(R_1\circ R_2)\circ R_3\subseteq R_1\circ(R_2\circ R_3)$.

因此 $R_1\circ(R_2\circ R_3)=(R_1\circ R_2)\circ R_3$，即关系的复合运算满足结合律.

由于关系的复合运算满足结合律，因此可以用“幂”表示集合上同一个关系的复合.

定义 4-16 设 R 是 A 上的二元关系，$n\in\mathbf{N}$，R 的 n 次幂记为 R^n，则

(1) $R^0=\{\langle a, a\rangle \mid a\in A\}$;

(2) $R^{n+1}=R^n\circ R$，$n\geqslant 1$.

由定义 4-16 可知，R^0 是 A 上的恒等关系 I_A，不难证明等式 $R\circ I_A=I_A\circ R$ 成立.

【例 4-5】 设 $A=\{a, b, c, d\}$，R 为 A 上的关系且 $R=\{\langle a, b\rangle, \langle b, a\rangle, \langle b, c\rangle, \langle c, d\rangle\}$，求 R^0，R^2，R^3，R^4，R^5.

解

$$R^0=\{\langle a, a\rangle, \langle b, b\rangle, \langle c, c\rangle, \langle d, d\rangle\}=I_A$$

$$R^2=\{\langle a, a\rangle, \langle a, c\rangle, \langle b, b\rangle, \langle b, d\rangle\}$$

$$R^3=\{\langle a, b\rangle, \langle a, d\rangle, \langle b, a\rangle, \langle b, c\rangle\}$$

$$R^4=R^2$$

$$R^5=R^3$$

3. 复合关系的矩阵表示

因为关系可用矩阵表示，故复合关系也可用矩阵表示，并且可通过关系矩阵的乘法来求得.

已知从集合 $A=\{a_1, a_2, \cdots, a_m\}$ 到集合 $B=\{b_1, b_2, \cdots, b_n\}$ 的关系为 R 和关系矩阵 $\boldsymbol{M}_R=(u_{ij})_{m\times n}$，从集合 $B=\{b_1, b_2, \cdots, b_n\}$ 到集合 $C=\{c_1, c_2, \cdots, c_p\}$ 的关系 S 和关系矩阵 $\boldsymbol{M}_S=(v_{ij})_{n\times p}$，表示复合关系 $R\circ S$ 的矩阵 $\boldsymbol{M}_{R\circ S}$可构造如下：

若 $\exists b_j\in B$，使得 $\langle a_i, b_j\rangle\in R$ 且 $\langle b_j, c_k\rangle\in S$，则 $\langle a_i, c_k\rangle\in R\circ S$. 在集合 B 中能够满足这样条件的元素可能不止 b_j一个，例如另有 $b_{j'}$也满足 $\langle a_i, b_{j'}\rangle\in R$ 且 $<b_{j'}, c_k>\in S$. 在所有这样的情况下，$\langle a_i, c_k\rangle\in R\circ S$ 都是成立的. 这样，当我们扫描 $\boldsymbol{M}_{\mathrm{R}}$的第 i 行和 $\boldsymbol{M}_{\mathrm{S}}$的第 k 列时，若发现至少有一个这样的 j，使得第 i 行的第 j 个位置上的记入值和第 k 列的第 j 个位置上的记入值都是 1 时，则 $\boldsymbol{M}_{\mathrm{R}\circ\mathrm{S}}$的第 i 行和第 k 列上的记入值为 1，否则为 0. 因此 $\boldsymbol{M}_{\mathrm{R}\circ\mathrm{S}}$可以用类似于矩阵乘法的方法得到：

$$\boldsymbol{M}_{R\circ S}=\boldsymbol{M}_R\circ\boldsymbol{M}_S=(r_{ik})_{m\times p}$$

其中，$r_{ij}=u_{i1}\cdot v_{1j}+u_{i2}\cdot v_{2j}+\cdots+u_{in}\cdot v_{nj}$.

这里的加法“+”是逻辑加，即

$$0+0=0,\quad 0+1=0,\quad 1+0=0,\quad 1+1=1$$

从而保证 r_{ij}是 0 或 1，r_{ij}为 0 表示 $\langle a_i, c_j\rangle\notin R\circ S$；$r_{ij}$为 1 表示 $\langle a_i, c_j\rangle\in R\circ S$. 由 $M_{R\circ S}$可得到复合关系 $R\circ S$.

同理，若 R 和 S 都是 A 上的关系，R 和 S 的关系矩阵都是方阵，结论仍然成立.

例如，设 $A=\{1, 2, 3, 4, 5\}$，A 上的关系为

$R=\{\langle 1, 2\rangle, \langle 2, 2\rangle, \langle 3, 4\rangle\}$，

$S=\{\langle 1, 3\rangle, \langle 2, 5\rangle, \langle 3, 1\rangle, \langle 4, 2\rangle\}$，

故 R 的关系矩阵 $\boldsymbol{M}_R=\begin{pmatrix}0&1&0&0&0\\0&1&0&0&0\\0&0&0&1&0\\0&0&0&0&0\\0&0&0&0&0\end{pmatrix}$，$S$ 的关系矩阵 $\boldsymbol{M}_S=\begin{pmatrix}0&0&1&0&0\\0&0&0&0&1\\1&0&0&0&0\\0&1&0&0&0\\0&0&0&0&0\end{pmatrix}$

则 $\boldsymbol{M}_{R\circ S}=\boldsymbol{M}_R\times\boldsymbol{M}_S=\begin{pmatrix}0&1&0&0&0\\0&1&0&0&0\\0&0&0&1&0\\0&0&0&0&0\\0&0&0&0&0\end{pmatrix}\times\begin{pmatrix}0&0&1&0&0\\0&0&0&0&1\\1&0&0&0&0\\0&1&0&0&0\\0&0&0&0&0\end{pmatrix}=\begin{pmatrix}0&0&0&0&1\\0&0&0&0&1\\0&1&0&0&0\\0&0&0&0&0\\0&0&0&0&0\end{pmatrix}$

由 $\boldsymbol{M}_{R\circ S}$ 得到 $R\circ S=\{\langle 1,5\rangle,\langle 2,5\rangle,\langle 3,2\rangle\}$.

根据这个规则，关系的幂也可通过矩阵的幂运算来求得. 在例 4-5 的 R^2 的关系矩阵

$$\boldsymbol{M}_{R^2}=\boldsymbol{M}_R\times\boldsymbol{M}_R=(\boldsymbol{M}_R)^2=\begin{pmatrix}0&1&0&0\\1&0&1&0\\0&0&0&1\\0&0&0&0\end{pmatrix}\times\begin{pmatrix}0&1&0&0\\1&0&1&0\\0&0&0&1\\0&0&0&0\end{pmatrix}=\begin{pmatrix}1&0&1&0\\0&1&0&1\\0&0&0&0\\0&0&0&0\end{pmatrix}$$

所以有 $R^2=\{\langle a,a\rangle,\langle a,c\rangle,\langle b,b\rangle,\langle b,d\rangle\}$.

同理，R^3 的关系矩阵 $\boldsymbol{M}_{R^3}=(\boldsymbol{M}_R)^2\times\boldsymbol{M}_R=(\boldsymbol{M}_R)^3=\begin{pmatrix}0&1&0&1\\1&0&1&0\\0&0&0&0\\0&0&0&0\end{pmatrix}$

则有 $R^3=\{\langle a,b\rangle,\langle a,d\rangle,\langle b,a\rangle,\langle b,c\rangle\}$.

依此类推，通过 R^n 的关系矩阵 $\boldsymbol{M}_{R^n}=(\boldsymbol{M}_R)^n$（$n\geqslant 2$）可求得 R^n.

在例 4-5 中，如果继续求 R^n，就会发现：

$$R^2=R^4=R^6=\cdots$$

$$R^3=R^5=R^7=\cdots$$

可以证明对于有限集 A 和 A 上的关系 R，R 的不同的幂只有有限个.

关系的幂运算有以下定理.

定理 4-5 设 R 是 A 上的二元关系，设 $m, n\in\mathbf{N}$，则

（1）$R^m\circ R^n=R^{m+n}$；

（2）$(R^m)^n=R^{mn}$.

定理可用归纳法证明，留给读者完成.

【例 4-6】 设集合 $A=\{a,b\}$，R 是 $P(A)$ 上的包含关系，用描述法和列举法给出所有 R，并作出 R 的关系矩阵和关系图.

解 （1）用描述法表示：$R=\{<x,y>\mid x,y\in P(A)\wedge x\subseteq y\}$

（2）用列举法表示：

$\because P(A)=\{\varnothing,\{a\},\{b\},A\}$

$\therefore R=\{<\varnothing,\varnothing>,<\varnothing,\{a\}>,<\varnothing,\{b\}>,<\varnothing,A>,<\{a\},\{a\}>,<\{a\},A>,$

$<\{b\}, \{b\}>, <\{b\}, A>, <A, A>\}$

R 的关系矩阵为 $M_R = \begin{pmatrix} 1 & 1 & 1 & 1 \\ 0 & 1 & 0 & 1 \\ 0 & 0 & 1 & 1 \\ 0 & 0 & 0 & 1 \end{pmatrix}$, R 的关系图如图4-2 所示。

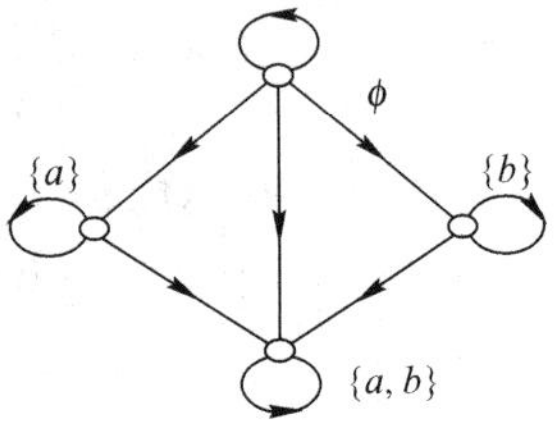

图 4-2

4.2.4 关系的性质

定义 4-17 设 R 是集合 A 上的二元关系.

(1) **自反性**: 如果对任意 $a \in A$, 有 $a\ R\ a$, 则称 R 是**自反的**.

(2) **反自反性**: 如果对任意 $a \in A$, 有 $\langle a, a \rangle \notin R$, 则称 R 是**反自反的**.

(3) **对称性**: 对任意 $a, b \in A$, 如果 $a\ R\ b$ 必有 $b\ R\ a$, 则称 R 是**对称的**.

(4) **反对称性**: 对任意 $a, b \in A$, 如果 $a\ R\ b$ 且 $b\ R\ a$, 必有 $a = b$, 则称 R 是**反对称的**.

该定义实际上表明: 当 $a \neq b$ 时, 若有 $\langle a, b \rangle \in R$, 则 $\langle b, a \rangle \notin R$.

(5) **传递性**: 对任意 $a, b, c \in A$, 如果 $a\ R\ b$ 且 $b\ R\ c$, 必有 $a\ R\ c$, 则称 R 是**传递的**.

注意, 传递性要求是: 只要有 $a\ R\ b$, $b\ R\ c$, 则必须有 $a\ R\ c$, 但若没有 $a\ R\ b$, $b\ R\ c$, 当然也就不需要讨论是否有 $a\ R\ c$.

例如, 设 $A = \{1, 2, 3, 4\}$, 令

$R_1 = \{\langle 1, 1 \rangle, \langle 1, 2 \rangle, \langle 2, 2 \rangle, \langle 3, 3 \rangle, \langle 4, 4 \rangle\}$

$R_2 = \{\langle 1, 2 \rangle, \langle 3, 2 \rangle\}$

$R_3 = \{\langle 1, 2 \rangle, \langle 3, 2 \rangle, \langle 3, 3 \rangle\}$

那么 R_1 是 A 上的自反关系; R_2 是 A 上的反自反关系; R_3 既不是 A 上的自反关系, 也不是反自反关系. 因此, A 上的关系可以是自反的, 反自反的, 或者既不是自反的, 也不是反自反的.

例如, 设 $A = \{1, 2, 3, 4\}$, 令

$S_1 = \{\langle 1, 2 \rangle, \langle 2, 1 \rangle, \langle 1, 3 \rangle, \langle 3, 1 \rangle, \langle 3, 3 \rangle\}$

$S_2 = \{\langle 1, 2 \rangle, \langle 1, 3 \rangle, \langle 2, 3 \rangle, \langle 3, 3 \rangle\}$

$S_3 = \{\langle 1, 1 \rangle, \langle 2, 2 \rangle\}$

$S_4 = \{\langle 1, 2 \rangle, \langle 2, 1 \rangle, \langle 1, 3 \rangle, \langle 3, 3 \rangle\}$

那么 S_1 是对称的, 不是反对称的; S_2 是反对称的, 不是对称的; S_3 既是对称的, 又是反对称的; S_4 既不是对称的, 又不是反对称的.

例如, 设 $A = \{1, 2, 3, 4\}$, 令

$T_1 = \{\langle 1, 2 \rangle, \langle 1, 3 \rangle\}$

$T_2 = \{\langle 1, 1 \rangle\}$

$T_3 = \{\langle 1, 2 \rangle, \langle 2, 3 \rangle, \langle 1, 3 \rangle\}$

$T_4 = \{\langle 1, 2 \rangle, \langle 2, 1 \rangle, \langle 1, 1 \rangle\}$

因为 T_1 中没有 $\langle a, b \rangle$, $\langle b, c \rangle$ 这样的有序对存在, 所以 T_1 是传递的. 同理, T_2 也是传递的. 对于 T_3, 有 $\langle 1, 2 \rangle \in T_3$, $\langle 2, 3 \rangle \in T_3$ 存在, 也有 $\langle 1, 3 \rangle \in T_3$, 因此 T_3 是传递的. 再看 T_4, 因为有 $\langle 2, 1 \rangle \in T_4$, $\langle 1, 2 \rangle \in T_4$, 而 $\langle 2, 2 \rangle \notin T_4$, 所以 T_4 不是传递的.

【例 4-7】 设 $A = \{1, 2, 3, 4, 5\}$, 在 A 上定义二元关系 R, $\langle a, b \rangle \in R$ 当且仅当 $a +$

$b \leqslant 6$.

（1）写出 R 和 R^{-1} 中的元素.

（2）R 是不是自反、对称、反对称、传递的？

解 （1）$R = \{\langle 1, 1\rangle, \langle 1, 2\rangle, \langle 1, 3\rangle, \langle 1, 4\rangle, \langle 1, 5\rangle, \langle 2, 1\rangle, \langle 2, 2\rangle, \langle 2, 3\rangle, \langle 2, 4\rangle, \langle 3, 1\rangle, \langle 3, 2\rangle, \langle 3, 3\rangle, \langle 4, 1\rangle, \langle 4, 2\rangle, \langle 5, 1\rangle\} = R^{-1}$

（2）因为 $\langle 4, 4\rangle \notin R$，所以 R 不是自反的.

因为 $a+b \leqslant 6$，则 $b+a \leqslant 6$，所以 R 是对称的，R 不是反对称的. 又因为 $\langle 4, 1\rangle \in R$，$\langle 1, 4\rangle \in R$，但 $\langle 4, 4\rangle \notin R$，故 R 也不是传递的.

【例 4-8】 设整数集 Z 中，任意两元素 a 和 b 之间有关系 R：$aRb \Leftrightarrow a^2+a=b^2+b$，则 R 是否是自反的、对称的、反对称的和传递的？

解 $\because a^2+a=a^2+a$，$\therefore$ 有自反性.

$\because a^2+a=b^2+b$ 可推出 $b^2+b=a^2+a$，$\therefore$ 有对称性.

若由 $a^2+a=b^2+b$ 和 $b^2+b=a^2+a$，可推得 $a=b$，才有反对称性；

而由 $a^2+a=b^2+b$ 可得 $(a^2-b^2)+(a-b)=0$，$(a-b)(a+b+1)=0$，当 $a+b+1=0$ 时，不一定有 $a=b$，

$\therefore$ 反对称性不一定成立.

$\because a^2+a=b^2+b$ 和 $b^2+b=c^2+c$，可推得 $a^2+a=c^2+c$，

$\therefore$ 有传递性.

【例 4-9】 设 R 和 S 是 $A=\{a, b, c, d, e\}$ 上的二元关系，确定下列各命题是真还是假. 如果命题为真，则证明之；如果命题为假，则给出一个反例.

（1）若 R 和 S 是传递的，则 $R \circ S$ 是传递的.

（2）若 R 是传递的，则 R^{-1} 是传递的.

（3）若 R 和 S 是对称的，则 $R \circ S$ 是对称的.

解 （1）错误. 如 $R=\{\langle a, b\rangle, \langle c, d\rangle\}$，$S=\{\langle b, c\rangle, \langle d, e\rangle\}$，$R$ 和 S 传递，$R \circ S=\{\langle a, c\rangle, \langle c, e\rangle\}$，因为 $\langle a, c\rangle$ 和 $\langle c, e\rangle \in R \circ S$，而 $\langle a, e\rangle \notin R \circ S$，所以 $R \circ S$ 不传递.

（2）正确. 对任意 $\langle a, b\rangle \in R^{-1}$，$\langle b, c\rangle \in R^{-1}$，关键证明 $\langle a, c\rangle \in R^{-1}$.

因为 $\langle b, a\rangle \in R$，$\langle c, b\rangle \in R$，且 R 传递，所以 $\langle c, b\rangle \in R$，$\langle b, a\rangle \in R$ 时，有 $\langle c, a\rangle \in R$，因此 $\langle a, c\rangle \in R^{-1}$，即 R^{-1} 是传递的.

（3）错误. 如设 $R=\{\langle a, b\rangle, \langle b, a\rangle\}$，$S=\{\langle b, c\rangle, \langle c, b\rangle\}$，它们都是对称的. 而 $R \circ S=\{\langle a, c\rangle\}$ 不对称.

【例 4-10】 设 R_1 和 R_2 是集合 A 上的二元关系，证明 $(R_1 \circ R_2)^{-1}=R_2^{-1} \circ R_1^{-1}$.

证明 对任意 $\langle a, b\rangle \in (R_1 \circ R_2)^{-1}$，有 $\langle b, a\rangle \in R_1 \circ R_2$，所以存在 $c \in A$，使得 $\langle b, c\rangle \in R_1$，$\langle c, a\rangle \in R_2$，即 $\langle a, c\rangle \in R_2^{-1}$，$\langle c, b\rangle \in R_1^{-1}$，所以 $\langle a, b\rangle \in R_2^{-1} \circ R_1^{-1}$. 因此 $(R_1 \circ R_2)^{-1} \subseteq R_2^{-1} \circ R_1^{-1}$.

类似可以证明 $R_2^{-1} \circ R_1^{-1} \subseteq (R_1 \circ R_2)^{-1}$.

所以有 $(R_1 \circ R_2)^{-1}=R_2^{-1} \circ R_1^{-1}$.

通过关系图和关系矩阵可以讨论关系的性质，具体情况见表 4-1.

表 4-1 关系矩阵和关系图的特点

名　称	关系矩阵特点	关系图特点
自反性	主对角线上元素全是 1	每个顶点都有环
反自反性	主对角线上元素全是 0	每个顶点都没有环
对称性	对称矩阵	边均成双出现
反对称性	若 $m_{ij}=1, i\neq j$，则 $m_{ji}=0$	边均为单边
传递性		若 a 到 b 有边，b 到 c 有边，则 a 到 c 有边

4.2.5 关系的闭包运算

在实际应用中，有时会遇到这样的问题，某一关系并不具有某种特性，但需要对它进行扩充，使它具有这种特性，而所进行的扩充又是最“经济”的．这种关系的扩充正是这里要讨论的关系特性闭包．例如，关系 $R=\{\langle a, b\rangle, \langle b, a\rangle, \langle a, c\rangle\}$ 是不对称的，若增加元素 $\langle c, a\rangle$，得到关系 $R'=\{\langle a, b\rangle, \langle b, a\rangle, \langle a, c\rangle, \langle c, a\rangle\}$，而且 R'是一个包含 R 的不可减少任何元素的对称关系．

1. 闭包的定义

从给定关系 R 出发构造一个新关系 R'，使得 R'包含 R，并且 R'是具有某种性质的关系，同时 R'又是包含 R 的最小关系．从关系 R 得到新关系 R'的运算通称为闭包运算．

定义 4-18 设 R 是 A 上的二元关系，如果有另一个 A 上的关系 R'满足下列 3 个条件：

（1）R'是自反的（对称的，传递的）；

（2）$R\subseteq R'$；

（3）对任一自反（对称，传递）关系 R''，若 $R\subseteq R''$，则 $R'\subseteq R''$，则称关系 R'为 R 的**自反闭包**（对**称闭包**，**传递闭包**），记作 $r(R)$（$s(R)$，$t(R)$）．

例如，设 $A=\{1, 2, 3\}$，A 上的关系 $R=\{\langle 1, 2\rangle, \langle 1, 3\rangle\}$，则

$r(R)=\{\langle 1, 1\rangle, \langle 2, 2\rangle, \langle 3, 3\rangle, \langle 1, 2\rangle, \langle 1, 3\rangle\}$，

$s(R)=\{\langle 1, 2\rangle, \langle 1, 3\rangle, \langle 2, 1\rangle, \langle 3, 1\rangle\}$，

$t(R)=\{\langle 1, 2\rangle, \langle 1, 3\rangle\}$．

定理 4-6 设 R 是 A 上的二元关系，则

（1）R 是自反的当且仅当 $r(R)=R$；

（2）R 是对称的当且仅当 $s(R)=R$；

（3）R 是传递的当且仅当 $t(R)=R$．

我们只证（2），其他的类似可证．

证明 注意到 R 对称，取 $R'=R$，则 R'对称且 $R\subseteq R'$．又对任何对称关系 R''，若 $R\subseteq R''$，则因为 $R'=R$，故有 $R'\subseteq R''$，即 $R'=R$ 满足闭包的 3 个条件，所以，若 R 对称，$s(R)=R$，反过来，若 $s(R)=R$，则由对称闭包的定义可知 R 对称；也就是说，R 对称当且仅当 $s(R)=R$．

【例 4-11】 设 R_1 和 R_2 是集合 A 上的二元关系，证明 $t(R_1)\cup t(R_2)\subseteq t(R_1\cup R_2)$．

证明 因为 $R_1 \subseteq R_1 \cup R_2$，$R_2 \subseteq R_1 \cup R_2$，所以 $t(R_1) \subseteq t(R_1 \cup R_2)$，$t(R_2) \subseteq t(R_1 \cup R_2)$，所以 $t(R_1) \cup t(R_2) \subseteq t(R_1 \cup R_2)$.

用反例说明 $t(R_1 \cup R_2) \neq t(R_1) \cup t(R_2)$. 设 $R_1 = \{\langle a, b\rangle\}$，$R_2 = \{\langle b, c\rangle\}$，$R_1$ 和 R_2 传递，所以 $t(R_1) = R_1$，$t(R_2) = R_2$. 而 $R_1 \cup R_2 = \{\langle a, b\rangle, \langle b, c\rangle\}$ $t(R_1 \cup R_2) = \{\langle a, b\rangle, \langle b, c\rangle, \langle a, c\rangle\}$，所以 $R_1 \cup R_2 \neq t(R_1 \cup R_2)$.

2. 确定闭包的方法

定理 4-7 设 R 是非空集合 A 上的二元关系，则有

(1) $r(R) = R \cup I_A$；

(2) $s(R) = R \cup R^{-1}$；

(3) $t(R) = \bigcup_{i=1}^{\infty} R^i$.

证明 (1) 令 $R' = R \cup I_A$.

$\forall x \in A$，因为 $\langle x, x\rangle \in I_A$，故 $\langle x, x\rangle \in R'$，于是 R' 在 A 上是自反的.

又 $R \subseteq R \cup I_A$ 即 $R \subseteq R'$. 若有自反关系 R'' 且 $R'' \supseteq R$，显然有 $R'' \supseteq I_A$，于是 $R'' \supseteq R \cup I_A = R'$，所以 $r(R) = R \cup I_A$.

(2) 令 $R' = R \cup R^{-1}$.

因为 $(R \cup R^{-1})^{-1} = R^{-1} \cup (R^{-1})^{-1} = R^{-1} \cup R = R \cup R^{-1}$，所以 R' 是对称的.

若 R'' 是对称的且 $R'' \supseteq R$，$\forall \langle x, y\rangle \in R'$，则 $\langle x, y\rangle \in R$ 或 $\langle x, y\rangle \in R^{-1}$.

当 $\langle x, y\rangle \in R$ 时，$\langle x, y\rangle \in R''$；

当 $\langle x, y\rangle \in R^{-1}$ 时，$\langle y, x\rangle \in R$，$\langle y, x\rangle \in R''$，$\langle x, y\rangle \in R''$.

因此 $R' \subseteq R''$，故 $s(R) = R \cup R^{-1}$.

(3) 令 $R' = \bigcup_{i=1}^{\infty} R^i$，先证 R' 是传递的.

$\forall \langle x, y\rangle \in R'$，$\langle y, z\rangle \in R'$，则存在自然数 k，l，有 $\langle x, y\rangle \in R^k$，$\langle y, z\rangle \in R^l$，

因此 $\langle x, z\rangle \in R^{k+l} \subseteq \bigcup_{i=1}^{\infty} R^i$，所以，$R'$ 是传递的. 显然，$R' \supseteq R$.

若有传递关系 R'' 且 $R'' \supseteq R$，$\forall \langle x, y\rangle \in R'$，则存在自然数 m，有 $\langle x, y\rangle \in R^m$，则 $\exists a_i \in A$ $(i = 1, 2, \cdots, m-1)$，使得 $\langle x, a_1\rangle$，$\langle a_1, a_2\rangle$，$\cdots$，$\langle a_{m-1}, y\rangle \in R$.
因此 $\langle x, a_1\rangle$，$\langle a_1, a_2\rangle$，$\cdots$，$\langle a_{m-1}, y\rangle \in R''$.

由于 R'' 是传递关系，则 $\langle x, y\rangle \in R''$，所以 $R'' \supseteq R'$，故 $t(R) = \bigcup_{i=1}^{\infty} R^i$.

【例 4-12】 $A = \{a, b, c, d\}$，$R = \{\langle a, b\rangle, \langle b, a\rangle, \langle b, c\rangle, \langle c, d\rangle\}$，求 $t(R)$.

解 $R = \{\langle a, b\rangle, \langle b, a\rangle, \langle b, c\rangle, \langle c, d\rangle\}$，

$R^2 = R \circ R = \{\langle a, a\rangle, \langle a, c\rangle, \langle b, b\rangle, \langle b, d\rangle\}$，

$R^3 = R^2 \circ R = \{\langle a, b\rangle, \langle a, d\rangle, \langle b, a\rangle, \langle b, c\rangle\}$，

$R^4 = R^3 \circ R = \{\langle a, a\rangle, \langle a, c\rangle, \langle b, b\rangle, \langle b, d\rangle\} = R^2$，

因此，$t(R) = R \cup R^2 \cup R^3 = \{\langle a, b\rangle, \langle b, a\rangle, \langle b, c\rangle, \langle c, d\rangle, \langle a, a\rangle, \langle a, c\rangle, \langle b, b\rangle, \langle b, d\rangle, \langle a, d\rangle\}$.

从以上例题中看到，若 A 有限，譬如含有 n 个元素，那么求取 A 上二元关系 R 的传递

闭包 $t(R)$ 不必计算到对 R 的无限次复合，而最多不超过 n 次复合.

定理 4-8 设 A 是含有 n 个元素的集合，R 是 A 上的二元关系，则存在一个正整数 $k\leqslant n$，使得 $t(R)=\bigcup\limits_{i=1}^{k}R^i$.

证明 设 x_i，$x_j\in A$，记 $t(R)=R^+$.

若 $x_iR^+x_j$，则存在整数 $p>0$，使得 $x_i\,R^p\,x_j$成立，

即存在序列 a_1，a_2，…，a_{p-1}，$a_i\in A(i=1,2,\cdots,p-1)$，有 x_iRa_1，a_1Ra_2，…，$a_{p-1}Rx_j$.

设满足上述条件的最小 p 大于 n，不妨设 $x_i=a_0$，$x_j=a_p$，则序列中必有 $0\leqslant t<q<s\leqslant p$，使得 $a_t=a_q$或 $a_q=a_s$. 不妨设 $a_t=a_q$，此时序列就成为

$$\underbrace{x_i\,R\,a_1,\ a_1\,R\,a_2,\ \cdots,\ a_{t-1}\,R\,a_t}_{t\text{个}},\ \underbrace{a_t\,R\,a_{q+1},\ \cdots,\ a_{p-1}\,R\,x_j}_{(p-q)\text{个}}$$

这表明 $x_i\,R^k\,x_j$存在，其中 $k=t+p-q=p-(q-t)<p$，这与 p 是最小的假设矛盾，所以，$p>n$ 不成立，即 $p\leqslant n$. 所以 $t(R)=\bigcup\limits_{i=1}^{k}R^i(k\leqslant n)$.

一般地，取 $t(R)=\bigcup\limits_{i=1}^{n}R^i$，式中的 n 给出了复合次数的上限.

定理 4-9 设 R 是 A 上的二元关系，那么

(1) 若 R 是自反的，则 $s(R)$ 和 $t(R)$ 都是自反的；

(2) 若 R 是对称的，则 $r(R)$ 和 $t(R)$ 都是对称的；

(3) 若 R 是传递的，则 $r(R)$ 是传递的.

证明略.

【例 4-13】 设集合 $A=\{a,b,c,d\}$，定义 $R=\{\langle a,b\rangle,\langle b,a\rangle,\langle b,c\rangle,\langle c,d\rangle\}$，求 $r(R)$，$s(R)$，$t(R)$.

解 根据闭包的性质来求闭包，其中下画线者为添加元素：

$r(R)=R\cup I_A=\{\underline{\langle a,a\rangle},\langle a,b\rangle,\langle b,a\rangle,\underline{\langle b,b\rangle},\langle b,c\rangle,\underline{\langle c,c\rangle},\langle c,d\rangle\}$

$s(R)=R\cup\{\langle c,b\rangle,\langle d,c\rangle\}=\{\langle a,b\rangle,\langle b,a\rangle,\langle b,c\rangle,\underline{\langle c,b\rangle},\langle c,d\rangle,\underline{\langle d,c\rangle}\}$

$t(R)=R\cup\{\langle a,a\rangle,\langle b,b\rangle,\langle a,c\rangle,\langle b,d\rangle,\langle a,d\rangle\}$

$\quad=\{\underline{\langle a,a\rangle},\langle a,b\rangle,\underline{\langle a,c\rangle},\underline{\langle a,d\rangle},\langle b,a\rangle,\underline{\langle b,b\rangle},\langle b,c\rangle,\underline{\langle b,d\rangle},\langle c,d\rangle\}$

4.2.6 等价关系

在集合的一般应用中，常常是把一个集合分成若干个子集，再对各个子集进行分门别类的研究. 例如，设 A 是某一所综合性大学本科学生全体组成的集合，S_i是对 A 的某种分类的集合（$i=1,2,3$）. 若按文理科分类，则有 $S_1=\{S_{11},S_{12}\}$，其中 S_{11}表示理科类学生全体，S_{12}表示文科类学生全体的集合；若按年级分类，则有 $S_2=\{S_{21},S_{22},S_{23},S_{24}\}$，其中 S_{2j}（$j=1,2,3,4$）分别表示该大学一年级、二年级、三年级和四年级学生全体的集合；若按系分，则有 $S_3=\{S_{31},S_{32},S_{33},S_{34},S_{35},S_{36}\}$，这说明这所大学只有 6 个系，下面将介绍集合的分类以及集合进行分类的一般原则——等价关系.

定义 4-19 设 R 是集合 A 上的二元关系，若 R 是自反的、对称的和传递的，则称 R 是

A 上的**等价关系**. 若 $a\ R\ b$，则称 ***a* 与 *b* 等价.**

下面来讨论前面提过的模 m 同余关系.

【例 4-14】 证明整数集 **Z** 上的模 m 同余关系 $R=\{\langle a,\ b\rangle \mid (a-b)/m$ 为整数，a、$b\in$ **Z**$\}$ 是 **Z** 上的等价关系.

证明 （1）对任意 $a\in\mathbf{Z}$，有 $a-a=0$，被 m 整除，故有 $a\ R\ a$，即 R 自反.

（2）对任意的 a，$b\in\mathbf{Z}$，若有 $a\ R\ b$，则 $a-b$ 被 m 整除，因此有 $b-a$ 能被 m 整除，所以 R 对称.

（3）对任意的 a，b，$c\in\mathbf{Z}$，若有 $a\ R\ b$，$b\ R\ c$，则 $a-b$ 被 m 整除，且 $b-c$ 被 m 整除，而 $a-c=(a-b)+(b-c)$，所以 $a-c$ 被 m 整除，即 R 传递.

综上，整数集 **Z** 上的模 m 同余关系 R 是 **Z** 上的等价关系. **Z** 上的模 m 同余关系 R 将 **Z** 划分成 m 个子集，每个子集中的元素除以 m 后余数相同. 例如，设整数集 **Z** 上的模 2 同余关系 R，把 **Z** 中与 0 有关系（即除以 2 后余数等于 0）的所有整数划分为一类，记为 E；把 **Z** 中除以 2 后余数等于 1 的所有整数划分为一类，记为 O，集合 **Z** 中的元素或者属于 E，或者属于 O，且它们互不相交. 由关系 R 把 **Z** 分为两个子集：E 和 O，组成的集合 $\{E,\ O\}$ 就是 **Z** 的一个划分，E 和 O 是 **Z** 的划分块.

定义 4-20 设 A 是非空集合，如果 $A_i\subseteq A$，$A_i\neq\varnothing$（$i=1,\ 2,\ \cdots,\ n$），若 $\bigcup\limits_{i=1}^{n}A_i=A$ 且 $A_i\cap A_j=\varnothing$（$i,\ j=1,\ 2,\ \cdots,\ n,\ i\neq j$），则称 $\Pi=\{A_1,\ A_2,\ \cdots,\ A_n\}$ 是 A 的一个**划分**，且每个 A_i 称为 Π 的一个**划分块**.

【例 4-15】 设 $A=\{a,\ b,\ c\}$，考察下列几个由 A 的子集所组成的集合：

$P=\{\{a,\ b\},\ \{c\}\}$，$S=\{\{a\},\ \{b\},\ \{c\}\}$，$T=\{\{a,\ b,\ c\}\}$，$U=\{\{a\},\ \{c\}\}$，$V=\{\{a,\ b\},\ \{b,\ c\}\}$，$W=\{\{a,\ b\},\ \{a,\ c\},\ \{c\}\}$.

对于 P，由于 $\{a,\ b\}\cup\{c\}=\{a,\ b,\ c\}$，$\{a,\ b\}\cap\{c\}=\varnothing$，$P$ 是 A 的划分；

对于 S，由于 $\{a\}\cup\{b\}\cup\{c\}=\{a,\ b,\ c\}$，$\{a\}\cap\{b\}=\{a\}\cap\{c\}=\{b\}\cap\{c\}=\varnothing$，$S$ 是 A 的划分；

对于 T，显然是 A 的划分；

对于 U，由于 $\{a\}\cup\{c\}\neq\{a,\ b,\ c\}$，所以不是 A 的划分；

对于 V，尽管 $\{a,\ b\}\cup\{b,\ c\}=\{a,\ b,\ c\}$，但 $\{a,\ b\}\cap\{b,\ c\}=\{b\}\neq\varnothing$，所以不是 A 的划分；

类似可知 W 也不是 A 的划分.

定义 4-21 设 R 是 A 上的等价关系，对于每个 $a\in A$，与 a 等价的元素全体所组成的集合称为由 a 生成的关于 R 的**等价类**，记为 $[a]_R$，即 $[a]_R=\{x\mid x\in A,\ x\ R\ a\}$.

例如，整数集 **Z** 上的模 2 同余关系 R_1，其等价类为：

$[0]=\{\cdots,\ -4,\ -2,\ 0,\ 2,\ 4,\ \cdots\}=[2]=[4]=[-2]=[-4]=\cdots$

$[1]=\{\cdots,\ -3,\ -1,\ 1,\ 3,\ \cdots\}=[3]=[-1]=[-3]=\cdots$

等价类组成的集合 $\{[0],\ [1]\}$ 就是 **Z** 的一个划分.

例如，整数集 **Z** 上的模 n 同余关系 R_2，其等价类为：

$[0]=\{\cdots,\ -2n,\ -n,\ 0,\ n,\ 2n,\ \cdots\}$

$[1]=\{\cdots,\ -2n+1,\ -n+1,\ 1,\ n+1,\ 2n+1,\ \cdots\}$

……

$[n-1]=\{\cdots, -n-1, -1, n-1, 2n-1, 3n-1, \cdots\}$

这些类又称 **Z** 上的模 n 同余类. 显然，等价类组成的集合 $\{[0], [1], \cdots, [n-1]\}$ 是 **Z** 的另一个划分.

定理 4-10 设 R 是 A 上的等价关系，则等价关系 R 对应的等价类组成的集合可确定 A 的一个划分.

证明 (1) 对任意 $a\in A$，因为 R 是 A 上的等价关系，即 R 是自反的，则有 $a\,R\,a$，所以 $a\in[a]\neq\varnothing$.

(2) 设 b 是 A 中任意一个与 a 有等价关系的元素，那么 $[a]=[b]$.

对任意 $x\in[a]$，有 $x\,R\,a$. 因为 $a\,R\,b$，而等价关系 R 是传递的，因而有 $x\,R\,b$，即有 $x\in[b]$，故 $[a]\subseteq[b]$.

对任意 $x\in[b]$，有 $x\,R\,b$. 因为 $a\,R\,b$，而等价关系 R 是对称的，所以有 $b\,R\,a$，现在有 $x\,R\,b$，$b\,R\,a$，又 R 是传递的，所以有 $x\,R\,a$. 因此有 $x\in[a]$，故 $[b]\subseteq[a]$.

综合以上两点得 $[a]=[b]$，即等价类与其代表元素的选取无关.

(3) 对于 a，$b\in A$，如果 $\langle a, b\rangle\notin R$，则 $[a]\cap[b]=\varnothing$.

假设 $[a]\cap[b]\neq\varnothing$，则至少存在 $x\in[a]\cap[b]$，因此有 $x\in[a]$ 且 $x\in[b]$，即有 $x\,R\,a$ 并且 $x\,R\,b$. 由于 R 是等价关系，即有 $a\,R\,x$，又由 $a\,R\,x$，$x\,R\,b$，且 R 传递，所以有 $a\,R\,b$，这与条件 $\langle a, b\rangle\notin R$ 矛盾，所以 $[a]\cap[b]=\varnothing$.

(4) 对任意的 $x\in\bigcup\limits_{a\in A}[a]$，必存在某个 $a\in A$，使得 $x\in[a]\subseteq A$，所以 $\bigcup\limits_{a\in A}[a]\subseteq A$，又对任意的 $x\in A$，有 $x\in[x]\subseteq\bigcup\limits_{a\in A}[a]$，所以 $A\subseteq\bigcup\limits_{a\in A}[a]$.

因此有 $\bigcup\limits_{a\in A}[a]=A$.

根据以上几点，A 中每个元素所产生的等价类是非空的，互相等价的元素属于同一个等价类，而不等价的元素其所对应的等价类之间没有公共元素，A 上等价关系 R 所对应的等价类的并集等于 A，由此 A 上等价关系 R 所对应的等价类集合是 A 的一个划分，即给定一个等价关系就唯一确定一个划分.

例如，设 $A=\{1, 2, 3, 4\}$，$R=\{\langle 1, 1\rangle, \langle 2, 2\rangle, \langle 3, 3\rangle, \langle 4, 4\rangle, \langle 1, 3\rangle, \langle 2, 4\rangle, \langle 3, 1\rangle, \langle 4, 2\rangle\}$ 是等价关系，其等价类为 $[1]=\{1, 3\}$，$[2]=\{2, 4\}$，$[3]=\{1, 3\}$，$[4]=\{2, 4\}$，等价类的集合为 $\{[1], [2]\}=\{\{1, 3\}, \{2, 4\}\}$ 是由等价关系 R 唯一确定的划分.

反过来，给定一个划分，也可唯一确定一个等价关系. 设非空集 A 上划分 $\Pi=\{A_1, A_2, \cdots, A_n\}$，定义 A 上二元关系 R：$a\,R\,b$ 当且仅当存在 A_i，使得 a，$b\in A_i$，即同一个划分块的元素之间具有关系 R，容易证明 R 是等价关系，并且一个划分块就是一个等价类，那么有如下定理.

定理 4-11 集合 A 上的任一划分可以确定 A 上的一个等价关系 R.

例如，设 $A=\{a, b, c\}$ 的一个划分 $\Pi=\{\{a, b\}, \{c\}\}$，由 Π 可唯一确定 A 上的一个等价关系 R，即在同一划分块的元素之间是等价的，故有 $R=\{\langle a, a\rangle, \langle a, b\rangle, \langle b, a\rangle, \langle b, b\rangle, \langle c, c\rangle\}$.

事实上，不同的划分构成不同的等价关系，不同的等价关系生成不同的划分. 因此，集合 A 上的等价关系与集合 A 上的划分是一一对应的.

【例 4-16】 设 $A=\{a, b, c\}$，求出 A 上所有的等价关系.

解 集合 A 的所有划分如图 4-3 所示.

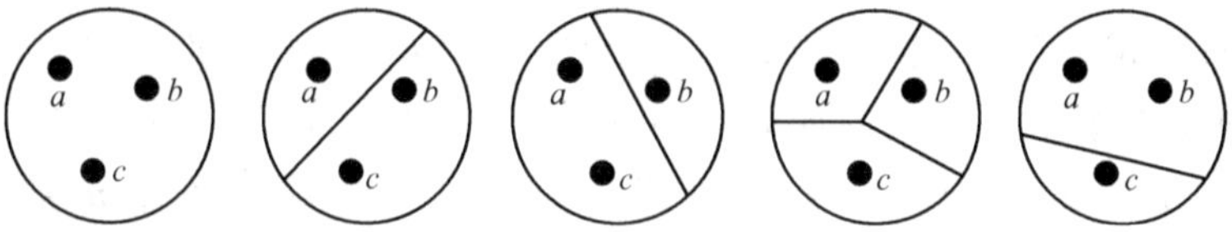

图 4-3

由以上 5 个划分可得 A 上所有的等价关系为：

$R_1=I_A\cup\{\langle a, b\rangle, \langle b, a\rangle, \langle a, c\rangle, \langle c, a\rangle, \langle b, c\rangle, \langle c, b\rangle\}$

$R_2=I_A\cup\{\langle b, c\rangle, \langle c, b\rangle\}$

$R_3=I_A\cup\{\langle a, c\rangle, \langle c, a\rangle\}$

$R_4=I_A$

$R_5=I_A\cup\{\langle a, b\rangle, \langle b, a\rangle\}$

【例 4-17】 设 $A=\{1, 2, 3, 4, 5\}$，试写出 A 上的一个等价关系 R，使其对应的划分为：$\Pi=\{\{1, 2, 3\}, \{4, 5\}\}$，并画出 R 的关系图.

解 $R=\{\langle 1, 1\rangle, \langle 1, 2\rangle, \langle 1, 3\rangle, \langle 2, 1\rangle, \langle 2, 2\rangle, \langle 2, 3\rangle, \langle 3, 1\rangle, \langle 3, 2\rangle, \langle 3, 3\rangle, \langle 4, 4\rangle, \langle 4, 5\rangle, \langle 5, 4\rangle, \langle 5, 5\rangle\}$

关系图如图 4-4 所示.

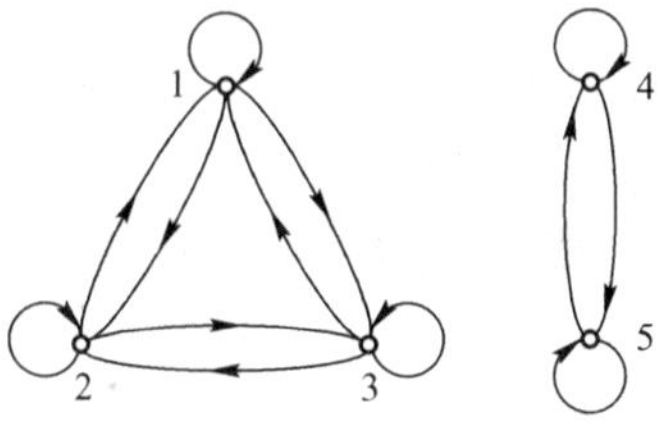

图 4-4

最后请大家思考：集合 A 上的等价关系能确定一个划分，那么集合 A 上的非等价二元关系能确定一个划分吗？

4.2.7 偏序关系

集合的元素之间除了等价关系之外，还有一种重要的关系——次序关系，如“先乘除，后加减”、“串行”与“并行”等. 它可用来比较集合中元素的次序，其中最常见的是偏序关系和全序关系.

1. 偏序关系的定义

定义 4-22 设 R 是集合 A 上的二元关系，若 R 是自反的，反对称的和传递的，则称 R 是 A 上的**偏序关系**，称带偏序关系 R 的集合 A 为**偏序集**，记作 $\langle A, R\rangle$.

【例 4-18】 在实数集 $\mathbf{R}$ 上，小于或等于关系“$\leqslant$”是偏序关系. 因为：

(1) 对于任何实数 $a\in\mathbf{R}$，有 $a\leqslant a$ 成立，故$\leqslant$是自反的；

(2) 对任何实数 $a, b\in\mathbf{R}$，如果 $a\leqslant b$ 且 $b\leqslant a$，则必有 $a=b$，故$\leqslant$是反对称的；

(3) 对任何实数 $a, b, c\in\mathbf{R}$，如果 $a\leqslant b$，$b\leqslant c$，那么必有 $a\leqslant c$，故$\leqslant$是传递的.

【例 4-19】 设 S 为任意非空集合，S 上的包含关系 $\subseteq=\{\langle A, B\rangle \mid A, B\in P(S), A\subseteq B\}$ 是偏序关系. 因为：

(1) 对于任意 $A\in P(S)$，有 $A\subseteq A$，所以“$\subseteq$”是自反的；

(2) 对任意A，$B\in P(S)$，若$A\subseteq B$且$B\subseteq A$，则$A=B$，所以“$\subseteq$”是反对称的；

(3) 对任意A，B，$C\in P(S)$，若$A\subseteq B$且$B\subseteq C$，则$A\subseteq C$，所以“$\subseteq$”是可传递的.

【例4-20】 正整数集$\mathbf{I}_+$上的整除关系$|=\{\langle a, b\rangle \mid a, b\in \mathbf{I}_+, a$整除$b\}$是偏序关系. 因为：

(1) 对于任何正整数$m\in\mathbf{I}_+$，有$m\mid m$成立，故“$|$”是自反的；

(2) 对任何正整数m，$n\in\mathbf{I}_+$，如果$m\mid n$且$n\mid m$，则必有$m=n$，故“$|$”是反对称的；

(3) 对任何正整数m，n，$k\in\mathbf{I}_+$，如果$m\mid n$且$n\mid k$，那么必有$m\mid k$，故“$|$”是传递的.

由于集合中的偏序关系是$\mathbf{Z}$、$\mathbf{R}$上的小于等于关系“$\leqslant$”、大于等于关系“$\geqslant$”的推广，故常用“$\leqq$”表示偏序关系，用$\langle A, \leqq\rangle$表示偏序集.

注意：

(1) 实数集$\mathbf{R}$上的小于关系“$<$”不是偏序关系.

(2) 任意非空集合S的幂集$P(S)$上的真包含关系“$\subset$”不是偏序关系.

(3) 同一集合上的两个不同的偏序关系，或不同集合上分别定义相同的偏序关系，构成的是不同的偏序集.

定义4-23 对于集合A上的偏序关系$\leqq$，如果A中两个元素a，b有$a\leqq b$或$b\leqq a$，则称a与b是**可比较的**.

设$A=\{1, 2\}$，在偏序集$\langle P(A), \subseteq\rangle$中，$\varnothing$与$\varnothing$，$\{1\}$与$\{1, 2\}$都是可以比较的，而$\{1\}$与$\{2\}$无包含关系，故是不可比较的. 但在偏序集$\langle R, \leqslant\rangle$中，对任意两个实数$x$，$y$，或者$x\leqslant y$，或者$y\leqslant x$，必有一个成立，故$x$和$y$是可以比较的.

由此可见，有的偏序集中任意两个元素不一定是可比较的，有的偏序集中任意两个元素一定是可比较的.

定义4-24 设偏序集$\langle A, \leqq\rangle$，如果对于A中任意两个元素a，$b\in A$，都有$a\leqq b$或$b\leqq a$，则称$\leqq$是A上的**全序关系**，称$\langle A, \leqq\rangle$为**全序集**.

整数集$\mathbf{Z}$上的小于或等于关系是全序关系，但$\mathbf{Z}$上的整除关系不是全序关系，因为不是任意两个整数之间都能整除. 同理，幂集$P(A)$上的包含关系也不是全序关系.

2. 哈斯图

偏序集$\langle A, \leqq\rangle$可以通过关系图表示，但根据偏序集的性质，通过对关系图经过下面的简化处理，得到的关系图叫**哈斯图**.

(1) 由于偏序关系是自反的，即对每个元素a，都有$a\leqq a$，因此在图上省去自环.

(2) 由于偏序关系是传递的，即若有$a\leqq b$，$b\leqq c$则必有$a\leqq c$，因此若存在这样的$b\in A$，一定要省去a与c之间的连线.

(3) 对于$a\leqq b$，规定b在a的上方，则可省去箭头.

哈斯图比关系图能更好地反映出偏序集的层次关系.

例如，$A=\{1, 2\}$的幂集$P(A)=\{\varnothing, \{1\}, \{2\}, \{1, 2\}\}$上的包含关系的哈斯图如图4-5所示；$A=\{2, 3, 6, 12, 24, 36\}$的偏序集$\langle A, |\rangle$的哈斯图如图4-6所示；$A=\{1, 2, 3, 4, 5, 6\}$的偏序集$\langle A, \leqslant\rangle$的哈斯图如图4-7所示.

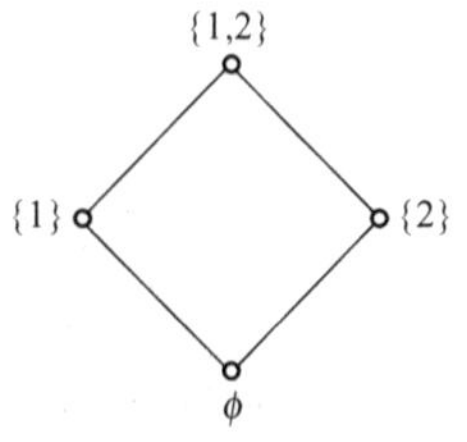

图 4-5

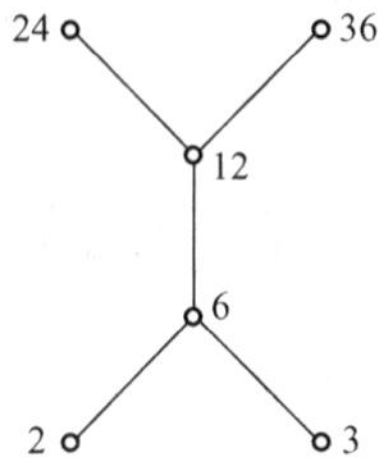

图 4-6

图 4-7

3. 偏序集中的几个特殊元素

定义 4-25 设 $\langle A, \leqq \rangle$ 是一个偏序集，$B \subseteq A$，若存在一个元素 $b \in B$，对所有 $x \in B$ 都有 $x \leqq b$，则称 b 是 B 的**最大元**；若都有 $b \leqq x$，则称 b 是 B 的**最小元**. 特别地，$B = A$ 时，称 b 为 A 的最大元或最小元.

【例 4-21】 设 $A_1 = \{1, 2, 3, 4, 5, 6\}$，对于偏序集 $\langle A_1, \leqslant \rangle$，$A_1$ 的最小元为 1，A_1 的最大元为 6；对于偏序集 $\langle A_1, | \rangle$，A_1 的最小元为 1，A_1 的最大元无. $B_1 = \{1, 2, 3, 6\}$，最小元为 1，最大元为 6. $C_1 = \{2, 3\}$，C_1 既无最小元，也无最大元. 这说明整体存在最小（大）元，子集不一定存在最小（大）元.

【例 4-22】 设 $A_2 = \{2, 3, 6, 12, 24, 36\}$，对于偏序集 $\langle A_2, | \rangle$，A_2 既无最小元，也无最大元. $B_2 = \{2, 6, 12\}$，最小元为 2，最大元为 12. 这说明整体不存在最小（大）元，子集不一定没有最小（大）元.

定理 4-12 在偏序集 $\langle A, \leqq \rangle$ 中，$B \subseteq A$，若 B 存在最大元（最小元），则必唯一.

证明 假设 B 有两个最大元 a_1，a_2，根据最大元定义，则必有 $a_1 \leqq a_2$ 和 $a_2 \leqq a_1$，由 $\leqq$ 的反对称性得 $a_1 = a_2$.

定义 4-26 设偏序集 $\langle A, \leqq \rangle$，$B \subseteq A$，若存在一个元素 $b \in B$，且在 B 中不存在元素 x 使 $b \neq x$，$b \leqq x$，则称 b 是 B 的**极大元**；若 B 中不存在元素 x 使 $b \neq x$，$x \leqq b$，则称 b 是 B 的**极小元**. 特别地，$B = A$ 时，称 b 为 A 的极大元（极小元）.

注意极大元与最大元的区别.

【例 4-23】 设 $A_1 = \{1, 2, 3, 4, 5, 6\}$，对于偏序集 $\langle A_1, \leqslant \rangle$，$A_1$ 的极小元为 1，A_1 的极大元为 6；对于偏序集 $\langle A_1, | \rangle$，A_1 的极小元为 1，A_1 的极大元为 4，5，6. 这是因为不存在 $a \in A_1$，使得 $4 | a$，$5 | a$，$6 | a$. $B_1 = \{1, 2, 3, 6\}$，极小元为 1，极大元为 6. $C_1 = \{2, 3\}$，C_1 极小元为 2，3，极大元为 2，3.

【例 4-24】 $A_2 = \{2, 3, 6, 12, 24, 36\}$，对于偏序集 $\langle A_2, | \rangle$，A_2 极小元为 2，3，极大元为 24，36.

这些说明，当 $B = A$ 时，则偏序集 $\langle A, \leqq \rangle$ 的极大元即是哈斯图中最顶层的元素，其极小元是哈斯图中最底层的元素，不同的极小元或不同的极大元之间是不可比较的.

定义 4-27 设 $\langle A, \leqq \rangle$ 是一个偏序集，$B \subseteq A$，若存在一个元素 $a \in A$，对所有 $x \in B$ 都有 $x \leqslant a$，则称 a 是 B 的**上界**；对所有 $x \in B$ 都有 $a \leqq x$，则称 a 是 B 的**下界**.

注意：最大元（最小元）与上界（下界）的区别，最大元（最小元）要求最大元（最小元）$\in B$，而上界（下界）无此要求.

【例 4-25】 $A_2 = \{2, 3, 6, 12, 24, 36\}$，对于偏序集 $\langle A_2, | \rangle$：

$P=\{2, 3, 6\}$，P 的上界为 6，12，24，36，其中 $6 \in P$，而 $12, 24, 36 \notin P$. P 无下界.

$B=\{2, 3\}$，B 的上界为 6，12，24，36，B 无下界.

上界（下界）可能存在，也可能不存在，而且不一定唯一，上界（下界）可以是 B 中的元素，也可以不是.

定义 4-28 设 $\langle A, \leq\rangle$ 是一个偏序集，$B \subseteq A$，若 $a \in A$ 是 B 的上界且对 B 中每个上界 x 都有 $a \leqq x$，则称 a 为 B 的**上确界**(或称最小上界)；若 $a \in A$ 是 B 的下界且对 B 中每个下界 x 都有 $x \leqq a$，则称 a 为 B 的**下确界**(或称最大下界).

【例 4-26】 $A_2=\{2, 3, 6, 12, 24, 36\}$，对于偏序集 $\langle A_2, |\rangle$：

$P=\{2, 3, 6\}$，P 的上界 $\{6, 12, 24, 36\}$ 中，$6|12$，$6|24$，$6|36$，所以 6 为 P 的最小上界，即上确界.

$B=\{2, 3\}$，同样可以知道 6 为 B 的最小上界（上确界）.

容易得到，如果存在上界或下界，上确界或下确界不一定存在. 如果上确界或下确界存在，一定是唯一的. 上确界（下确界）可以是 B 中的元素，也可以不是.

【例 4-27】 设集合 $A=\{1, 2, 3, 4, 5\}$，A 上的二元关系 R 为

$R=\{\langle 1, 1\rangle, \langle 2, 2\rangle, \langle 3, 3\rangle, \langle 3, 4\rangle, \langle 4, 4\rangle, \langle 5, 3\rangle, \langle 5, 4\rangle, \langle 5, 5\rangle\}$

（1）写出 R 的关系矩阵，画出 R 的关系图；

（2）证明 R 是 A 上的偏序关系，画出其哈斯图；

（3）若 $B \subseteq A$，且 $B=\{2, 3, 4, 5\}$，求 B 的最大元、最小元、极大元、极小元、最小上界和最大下界.

解 （1）R 的关系矩阵为

$$\boldsymbol{M}_R=\begin{pmatrix}1 & 0 & 0 & 0 & 0\\ 0 & 1 & 0 & 0 & 0\\ 0 & 0 & 1 & 1 & 0\\ 0 & 0 & 0 & 1 & 0\\ 0 & 0 & 1 & 1 & 1\end{pmatrix}$$

R 的关系图如图 4-8a 所示.

（2）因为 R 是自反的、反对称的和传递的，所以 R 是 A 上的偏序关系. $\langle A, R\rangle$ 为偏序集，$\langle A, R\rangle$ 的哈斯图如图 4-8b 所示.

（3）当 $B=\{2, 3, 4, 5\}$，B 的极大元为 2，4；极小元为 2，5；B 无最大元与最小元；B 也无上界与下界，更无最小上界与最大下界.

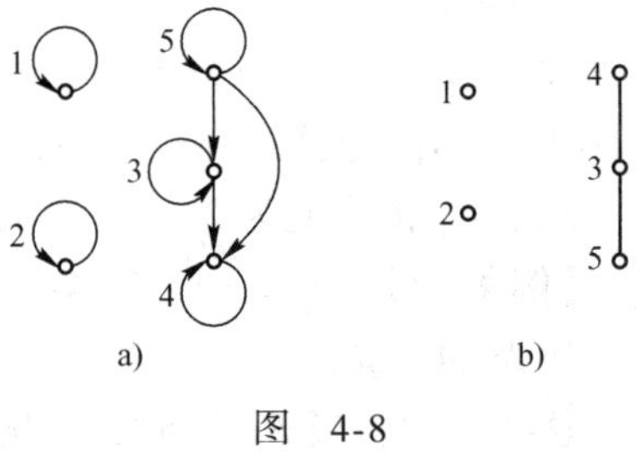

图 4-8

【例 4-28】 对下列集合中的整除关系，画出哈斯图，并指出哪些是全序集，写出下列集合中的最大元、最小元、极大元、极小元.

（1）$\{1, 2, 3, 4, 6, 8, 12, 14\}$；

（2）$\{2, 4, 8, 16\}$；

（3）$\{1, 3, 5, 9, 15, 45\}$.

解 各集合中的整除关系的哈斯图分别如图 4-9a、b、c 所示.

（1）不是全序集，因为2不能整除3，3不能整除2，即2，3不能比较.

最大元无，最小元为1，极大元为8，12，14，极小元为1.

（2）是全序集. 最大元为16，最小元为2，极大元为16，极小元为2.

（3）不是全序集，因为3，5不能比较. 最大元45，最小元为1，极大元为45，极小元为1.

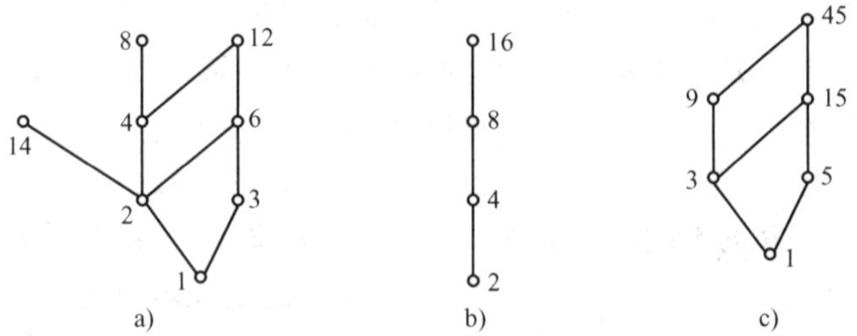

图 4-9

4.2.8 函数及其性质

函数是一个基本的数学概念，这里把函数作为一种特殊的关系进行研究. 例如，计算机中把输入、输出间的关系看成是一种函数. 类似地，在开关理论、自动机理论和可计算性理论等领域中函数都有着广泛的应用.

1. 函数的定义及其表示

定义 4-29 设 A 和 B 是两个任意集合，f 是从 A 到 B 的二元关系. 若 f 具有性质：

（1）f 的定义域 $\operatorname{dom} f=A$；

（2）如果 $\langle a, b\rangle, \langle a, b'\rangle \in f$，则有 $b=b'$.

则称关系 f 是从 A 到 B 的**函数**，记为 $f: A\to B$，称 b 为 a 的**象**，a 为 b 的**原象**，记为 $b=f(a)$，f 的值域记为 $\operatorname{ran} f$，又称 f 为从 A 到 B 的**映射**.

由于函数归结为关系，因而函数相等的概念、包含概念，也便归结为关系相等的概念及包含概念. 注意函数与关系的区别，关系的定义域 $\operatorname{dom} R\subseteq A$，函数的定义域 $\operatorname{dom} R=A$，对于关系允许 $\langle a, b\rangle, \langle a, b'\rangle \in R$，而函数则是不允许的，除非 $b=b'$.

例如，设 $A=\{1, 2, 3, 4\}$，$B=\{a, b, c\}$，从 A 到 B 的关系为：

$R_1=\{\langle 1, a\rangle, \langle 2, b\rangle, \langle 3, c\rangle\}$

$R_2=\{\langle 1, a\rangle, \langle 1, b\rangle, \langle 2, b\rangle, \langle 3, c\rangle, \langle 4, c\rangle\}$

$R_3=\{\langle 1, a\rangle, \langle 2, b\rangle, \langle 3, b\rangle, \langle 4, a\rangle\}$

其中，$\operatorname{dom} R_1=\{1, 2, 3\}\neq A$，$R_1$ 不是函数；$\operatorname{dom} R_2=\{1, 2, 3, 4\}=A$，但 $\langle 1, a\rangle, \langle 1, b\rangle\in R_2$，故 R_2 不是函数；R_3 满足定义的要求，是函数.

定义 4-30 （1）设函数 f：$A\to B$，若存在 $b\in B$，使得对所有 $a\in A$，有 $f(a)=b$，则称 f 为**常值函数**.

（2）设函数 f：$A\to A$，若对所有 $a\in A$，有 $f(a)=a$，则称 f 为 A 上的**恒等函数**，记为 I_A.

（3）设函数 $f: A\to B$，$A'\subseteq A$，定义：$f(A')=\{f(a)\mid a\in A\}$，称 $f(A')$ 是 **A' 在 f 下的象**. 当 $A'=A$ 时，称 $f(A')=f(A)=\operatorname{ran} f$ 是**函数的象**.

对任何 $x\in A$, $f(x)$ 与 $f(A)$ 是不一样的，$f(x)$ 是函数在 x 处的值，也可以被看做 x 在 f 下的象，它是象集 $f(A)$ 中的一个元素，即 $f(x)\in f(A)$.

例如，f: $R\to R$, $f(x)=\mathrm{e}^x$，那么有 $f(0)=\mathrm{e}^0=1$，$f(\{-1,0,1\})=\{\mathrm{e}^{-1},\mathrm{e}^0,\mathrm{e}^1\}=\{\mathrm{e}^{-1},1,\mathrm{e}^1\}$，$f(R)=\mathbf{R}^+$，$\mathbf{R}^+$ 为正实数集.

2. 不同函数的个数

下面我们来讨论从有限集 A 到有限集 B 可以定义多少个不同的函数.

先来看集合 A 到集合 B 可以定义多少个不同的二元关系. 根据关系的定义，$A\times B$ 的子集是从集合 A 到集合 B 的二元关系，$A\times B$ 的元素个数是 $|A\times B|=|A||B|$，$A\times B$ 不同子集的元素个数为 $2^{|A||B|}$，因此集合 A 到集合 B 的二元关系的个数是 $2^{|A||B|}$.

再看集合 A 到集合 B 的不同函数个数. 根据函数定义，$A\times B$ 的子集不一定是 A 到 B 的函数. 设 $|A|=m$，$|B|=n$，因为从 A 到 B 的任一函数的定义域都为 A，所以从 A 到 B 的函数中的有序对恰有 m 个. 另外，对任意元素 $a\in A$，可从 B 的元素中任取一个作为它的象，有 n 种选择方法，故从 A 到 B 有 n^m 个不同的函数.

例如，设 $A=\{a,b,c\}$，$B=\{0,1\}$，$|A|=3$，$|B|=2$，则 $|A\times B|=2\times3=6$，所以 $A\times B$ 的子集共有 $2^6=64$ 个，但是其中只有 $2^3=8$ 个子集可定义为从 A 到 B 的函数，即

$$f_0=\{\langle a,0\rangle,\langle b,0\rangle,\langle c,0\rangle\}$$
$$f_1=\{\langle a,0\rangle,\langle b,0\rangle,\langle c,1\rangle\}$$
$$f_2=\{\langle a,0\rangle,\langle b,1\rangle,\langle c,0\rangle\}$$
$$f_3=\{\langle a,0\rangle,\langle b,1\rangle,\langle c,1\rangle\}$$
$$f_4=\{\langle a,1\rangle,\langle b,0\rangle,\langle c,0\rangle\}$$
$$f_5=\{\langle a,1\rangle,\langle b,0\rangle,\langle c,1\rangle\}$$
$$f_6=\{\langle a,1\rangle,\langle b,1\rangle,\langle c,0\rangle\}$$
$$f_7=\{\langle a,1\rangle,\langle b,1\rangle,\langle c,1\rangle\}$$

3. 函数的性质

下面讨论函数的性质：满射，单射和双射.

定义 4-31 设函数 f: $A\to B$,

（1）若 $\operatorname{ran} f=B$，则称 f 为**满射**或**到上**的.

（2）若 a_1, $a_2\in A$, $a_1\neq a_2$ 有 $f(a_1)\neq f(a_2)$，则称 f 为**单射**或**内射**.

（3）若 f 是满射，且内射，则称 f 为**双射**或**一一对应**的.

【例 4-29】 设 **N** 是自然数集，确定下列函数中哪一个是双射？哪一个是满射？哪一个是单射？

（1）f: $N\to N$, $f(n)=n^2+2$；

（2）f: $N\to N$, $f(n)=n(\mathrm{mod}3)$；

（3）f: $N\to\{0,1\}$，$f(n)=\begin{cases}1 & (n\text{ 是奇数})\\0 & (n\text{ 是偶数})\end{cases}$

解 （1）f 是单射，不是满射. 因为对于 $n_1\neq n_2$，${n_1}^2+2\neq {n_2}^2+2$，即 $f(n_1)\neq f(n_2)$，所以 f 是单射. 又对于 5，不存在 n 使得 $f(n)=n^2+2=5$，所以 f 不是满射.

（2）f 不是满射，不是单射. 因为 $f(5)=5(\mathrm{mod}\ 3)=2(\mathrm{mod}\ 3)=f(2)$，所以 f 不是单射. 又对于 4，不存在 n 使得 $f(n)=4$. 实际上，此函数的值域为 $\{0,1,2\}$，所以 f 不是

满射.

(3) f是满射，不是单射. 因为$f(2)=f(4)=0$.

4. 复合函数与反函数

作为关系，函数合成的讨论是顺理成章的. 设f: $A \to B$, g: $B \to C$, 那么$f \circ g$是A到B的一个关系，但它是否是A到B的函数呢？下述定理作了肯定的回答.

定理 4-13 设函数f: $A \to B$, g: $B \to C$, 则A到C的复合关系$f \circ g$是A到C的函数.

定义 4-32 设函数f: $A \to B$, g: $B \to C$, 称复合关系$f \circ g$是从A到C的**复合函数**，记为$f \circ g$: $A \to C$.

注意：只有当两个函数中一个的定义域与另一个的值域相同时，它们的合成才有意义.

例如，$A=\{1, 2, 3\}$, f, g是集合A到A的函数.

$f=\{\langle 1, 2\rangle, \langle 2, 3\rangle, \langle 3, 1\rangle\}$

$g=\{\langle 1, 2\rangle, \langle 2, 1\rangle, \langle 3, 3\rangle\}$

$f \circ g=\{\langle 1, 1\rangle, \langle 2, 3\rangle, \langle 3, 2\rangle\}$

$g \circ f=\{\langle 1, 3\rangle, \langle 2, 2\rangle, \langle 3, 1\rangle\}$

一般地，$f \circ g \neq g \circ f$.

复合函数具有如下基本性质.

定理 4-14 设函数f: $A \to B$, g: $B \to C$, $f \circ g$: $A \to C$, 则

(1) 若f和g是满射，则$f \circ g$是满射；

(2) 若f和g是单射，则$f \circ g$是单射；

(3) 若f和g是双射，则$f \circ g$是双射.

注意，定理4-14的逆不一定成立.

我们再来讨论反函数，函数作为关系可以求取它的逆. 例如，$A=\{1, 2, 3\}$, $B=\{a, b\}$, f: $A \to B$, $f=\{\langle 1, a\rangle, \langle 2, b\rangle, \langle 3, b\rangle\}$ 是函数，但其逆关系$f^{-1}=\{\langle a, 1\rangle, \langle b, 2\rangle, \langle b, 3\rangle\}$ 不符合函数的定义，f不是双射时，无法满足$\mathrm{dom}\, f^{-1}=B$或单值性，f^{-1}就不再是一个函数了.

定理 4-15 若函数f: $A \to B$为双射函数，则f的逆关系是B到A的函数，记为f^{-1}, f^{-1}: $B \to A$显然也是双射函数.

定义 4-33 当f为一双射函数时，称f^{-1}为f的**逆函数**，也叫**反函数**.

定理 4-16 若f: $A \to B$是可逆的，那么

(1) $(f^{-1})^{-1}=f$;

(2) $f^{-1} \circ f=I_B$, $f \circ f^{-1}=I_A$.

【例 4-30】 设$A=\{1, 2, 3, 4\}$, $B=\{x, y, z, w\}$, 决定下列(1)~(5)的每个关系是不是从A到B的一个函数. 如果是一个函数，找出其定义域和值域，并确定它是不是单射的或满射的. 如果它既是单射的又是满射的，那么给出用有序对的集合描述的反函数，并给出该反函数的定义域和值域.

(1) $R_1=\{\langle 1, x\rangle, \langle 2, x\rangle, \langle 3, z\rangle, \langle 4, y\rangle\}$;

(2) $R_2=\{\langle 1, z\rangle, \langle 2, x\rangle, \langle 3, y\rangle, \langle 4, z\rangle, \langle 2, w\rangle\}$;

(3) $R_3=\{\langle 1, z\rangle, \langle 2, w\rangle, \langle 3, x\rangle, \langle 4, y\rangle\}$;

(4) $R_4=\{\langle 1, w\rangle, \langle 2, w\rangle, \langle 4, x\rangle\}$

(5) $R_5=\{\langle 1, y\rangle, \langle 2, y\rangle, \langle 3, y\rangle, \langle 4, y\rangle\}$.

解 (1) R_1 是函数，但不是单射也不是满射. dom $R_1=A$，ran $R_1=\{x, y, z\}$

(2) R_2 不是函数，因为出现了 $\langle 2, x\rangle$ 和 $\langle 2, w\rangle$.

(3) R_3 是函数，是双射. dom $R_3=A$，ran $R_3=B$，逆函数为 $R_3^{-1}=\{\langle z, 1\rangle, \langle w, 2\rangle, \langle x, 3\rangle, \langle y, 4\rangle\}$.

(4) R_4 不是函数. 因为 $3\in A$，但没有 B 中元素与它对应.

(5) R_5 是函数. 既不是单射也不是满射. dom $R_5=A$，ran $R_5=\{y\}$.

4.3 小结

集合的概念一般在中学阶段已经学过，这里只多了一个幂集概念，重点是幂集的构成和幂集元素个数的计算.

应特别注意对关系性质的理解和掌握，因为关系的性质既是对关系概念的加深理解与掌握，又是关系的闭包、等价关系、偏序关系的基础. 对于关系的 4 种性质（自反性、对称性、反对称性、传递性）的判定，可以依据其定义，也可以依据教材中总结的关于关系矩阵和关系图的规律. 这里要注意只要不破坏关系性质的定义，就可认为具有此性质. 掌握偏序关系的判别及其哈斯图的画法，会求偏序集中给定集合的极大（小）元、上（下）界、上（下）确界、最大（小）元.

要认识和掌握一些重要的函数，如满射函数、单射函数、双射函数等，明确函数与二元关系间的联系和区别.

4.4 习题

一、单项选择题

1. 设 $A=\{a, b, c\}$，$B=\{a, b\}$，则下列命题不正确的是（　　）.

A. $A\cup B=\{a, b\}$　　B. $B\subseteq A$　　C. $A-B=\{c\}$　　D. $B-A=\varnothing$

2. 设集合 $X=\{x, y\}$，则 $P(X)=$（　　）.

A. $\{\{x\}, \{y\}\}$　　B. $\{\varnothing, \{x\}, \{y\}\}$

C. $\{\varnothing, \{x\}, \{y\}, \{x, y\}\}$　　D. $\{\{x\}, \{y\}, \{x, y\}\}$

3. 集合 $A=\{a, b, c\}$，A 上的关系 $R=\{\langle a, b\rangle, \langle a, c\rangle, \langle b, a\rangle, \langle b, c\rangle, \langle c, a\rangle, \langle c, b\rangle, \langle c, c\rangle\}$，则 R 具有关系的（　　）性质.

A. 自反　　B. 对称　　C. 传递　　D. 反对称

4. 设集合 $A=\{1, 2, 3\}$，A 上的关系 $R=\{\langle 1, 1\rangle, \langle 1, 2\rangle, \langle 2, 2\rangle, \langle 3, 3\rangle, \langle 3, 2\rangle\}$，则 R 不具备（　　）.

A. 自反性　　B. 传递性　　C. 对称性　　D. 反对称性

5. 设 R_1，R_2 是集合 $A=\{a, b, c, d\}$ 上的两个关系，其中 $R_1=\{\langle a, a\rangle, \langle b, b\rangle, \langle b, c\rangle, \langle d, d\rangle\}$，$R_2=\{\langle a, a\rangle, \langle b, b\rangle, \langle b, c\rangle, \langle c, b\rangle, \langle d, d\rangle\}$，则 R_2 是 R_1 的（　　）闭包.

A. 自反　　B. 对称　　C. 传递　　D. 以上都不是

6. 设集合 $A=\{1, 2, 3\}$，下列关系 R 中不是等价关系的是（　　）.

A. $R=\{\langle 1, 1\rangle, \langle 2, 2\rangle, \langle 3, 3\rangle\}$

B. $R=\{\langle 1, 1\rangle, \langle 2, 2\rangle, \langle 3, 3\rangle, \langle 3, 2\rangle, \langle 2, 3\rangle\}$

C. $R=\{\langle 1, 1\rangle, \langle 2, 2\rangle, \langle 3, 3\rangle, \langle 1, 3\rangle\}$

D. $R=\{\langle 1, 1\rangle, \langle 2, 2\rangle, \langle 3, 3\rangle, \langle 1, 2\rangle, \langle 2, 1\rangle, \langle 1, 3\rangle, \langle 3, 1\rangle, \langle 2, 3\rangle, \langle 3, 2\rangle\}$

7. 设 $\langle A, \leqslant\rangle$ 是偏序集，则 A（　　）.

A. 必有最大元和极大元

B. 不一定有最大元，肯定有极大元

C. 不一定有极大元，肯定有最大元

D. 不一定有最大元，也不一定有极大元

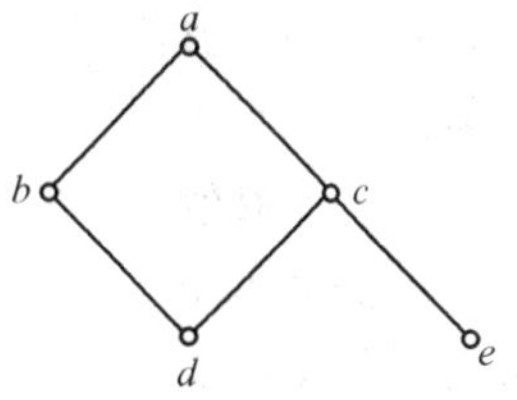

图　4-10

8. 集合 $A=\{a, b, c, d, e\}$，偏序关系 R 的哈斯图如图 4-10 所示，若 A 的子集 $B=\{c, d, e\}$，则元素 c 为 B 的（　　）.

A. 下界　　B. 最大下界

C. 最小上界　　D. 以上答案都不对

二、填空题

1. 设 A，B 是两个集合，$A=\{x \mid 1\leqslant x\leqslant 100, x \text{ 被 4 整除}, x\in \mathbf{Z}\}$，$B=\{x \mid 1\leqslant x\leqslant 100, x \text{ 被 6 整除}, x\in \mathbf{Z}\}$，则 $A\cap B=$__________，$A\cap B$ 中的元素个数为__________.

2. 设 $A=\{a, d\}$，$B=\{a, b, c\}$，则 $P(A)\cap P(B)=$__________.

3. 设 $A=\{1, 2, 3\}$ 上的关系 $R=\{\langle 1, 1\rangle, \langle 1, 2\rangle, \langle 1, 3\rangle, \langle 3, 3\rangle\}$，则关系 R 具备________、________性.

4. 设 $A=\{1, 2, 3\}$ 上的关系 $R=\{\langle 1, 1\rangle, \langle 1, 2\rangle, \langle 2, 1\rangle, \langle 2, 2\rangle, \langle 3, 3\rangle\}$ 则 R 满足__________、__________.

5. 设 R 为非空集合 A 上的二元关系，如果 R 具有__________、__________和__________，则称 R 是 A 上的等价关系.

6. 设 R 为非空集合 A 上的二元关系，如果 R 具有__________、__________和__________，则称 R 是 A 上的偏序关系.

7. 设 R_1、R_2 是集合 $A=\{a, b, c\}$ 上的二元关系，其中 $R_1=\{\langle b, a\rangle, \langle a, b\rangle, \langle c, c\rangle\}$，$R_2=\{\langle a, c\rangle, \langle b, c\rangle, \langle c, c\rangle\}$，则 $R_1\circ R_2=$__________，$R_1^2=$__________，$R_2^2=$__________.

8. $A=\{a, b\}$，$B=\{1, 2\}$，则从 A 到 B 的所有映射是__________.

9. 设 $A=\{1, 3, 5, 9, 15, 45\}$，R 是 A 上的整除关系，则 A 的最大元是__________，最小元是__________.

10. 设函数 $f: A\rightarrow B$ 有逆函数 $f^{-1}: B\rightarrow A$，则 $f^{-1}\circ f=$__________，$f\circ f^{-1}=$__________.

三、判断题

1. 如果 $a\notin A\cup B$，则 $a\notin A$ 或 $a\notin B$.　　（　　）

2. 设集合 $A=\{a_1, a_2, a_3\}$，$B=\{b_1, b_2, b_3\}$，则 $A\times B=\{\langle a_1, b_1\rangle, \langle a_2, b\rangle,$

$\langle a_3, b_3\rangle\}$. ( )

3. 设集合 $A=\{0, 1\}$，则 $R=\{\langle\varnothing, 0\rangle, \langle\varnothing, 1\rangle, \langle\{0\}, 0\rangle, \langle\{0\}, 1\rangle\}$ 是 2^A 到 A 的关系. ( )

4. 关系的复合运算满足交换律. ( )

5. 一个关系可以既不满足自反性，也不满足反自反性. ( )

6. 一个关系可以既不满足对称性，也不满足反对称性. ( )

7. 一个关系可以既满足对称性，同时也满足反对称性. ( )

8. 设 R 是集合 A 上的等价关系，则当 $\langle a, b\rangle\in R$ 时，有 $[a]_R=[b]_R$. ( )

9. 设 A、B 都是有限集，$|A|=m$，$|B|=n$，则总共可以定义 n^m 个不同的 A 到 B 的映射. ( )

四、计算题

1. 设集合 $A=\{1, 2, 3, 4\}$，A 上的二元关系 $R=\{\langle x, y\rangle\mid x, y\in A 且 x\geqslant y\}$，求 R 的关系图与关系矩阵.

2. $A=\{a, b, c, d\}$，R_1，R_2 是 A 上的关系，其中

$R_1=\{\langle a, a\rangle, \langle a, b\rangle, \langle b, a\rangle, \langle b, b\rangle, \langle c, c\rangle, \langle c, d\rangle, \langle d, c\rangle, \langle d, d\rangle\}$

$R_2=\{\langle a, b\rangle, \langle b, a\rangle, \langle a, c\rangle, \langle c, a\rangle, \langle b, c\rangle, \langle c, b\rangle, \langle a, a\rangle, \langle b, b\rangle, \langle c, c\rangle\}$

(1) 画出 R_1 和 R_2 的关系图；

(2) 判断它们是否为等价关系，是等价关系的求 A 中各元素的等价类.

3. 集合 $A=\{a, b, c\}$，R 是集合 A 上的关系，$R=\{\langle a, b\rangle, \langle b, a\rangle, \langle b, c\rangle\}$，求 $r(R)$，$s(R)$，$t(R)$ 并分别画出它们的关系图.

4. 设集合 $A=\{2, 3, 4, 6, 8, 12, 24\}$，$R$ 为 A 上的整除关系.

(1) 画出偏序集 $\langle A, R\rangle$ 的哈斯图；

(2) 写出集合 A 中的最大元、最小元、极大元、极小元；

(3) 写出 A 的子集 $B=\{2, 3, 6, 12\}$ 的上界、下界、最小上界、最大下界.

5. 下列二元关系中哪一个能构成函数？

(1) $\{\langle x_1, x_2\rangle\mid x_1, x_2\in\mathbf{N} 且 x_1+x_2<10\}$，这里 $\mathbf{N}$ 是自然数集；

(2) $\{\langle y_1, y_2\rangle\mid y_1, y_2\in\mathbf{R} 且 y_2={y_1}^2\}$，这里 $\mathbf{R}$ 是实数集；

(3) $\{\langle y_1, y_2\rangle\mid y_1, y_2\in\mathbf{R} 且 {y_2}^2=y_1\}$；

(4) $\{\langle x_1, x_2\rangle\mid x_1, x_2\in\mathbf{N}$ 且 x_2 为小于 x_1 的质数个数$\}$.

五、证明题

1. 设 R 和 S 是二元关系，证明 $(R\cup S)^{-1}=R^{-1}\cup S^{-1}$.

2. R 是 A 上的二元关系，试证 R 是传递的当且仅当 $R^2\subseteq R$，其中 R^2 表示 $R\circ R$.

第5章　图　　论

图论是数学的一个分支，它以图为研究对象. 图论中的图是由若干给定的点及连接两点的线所构成的图形，这种图形通常用来描述某些事物之间的某种特定关系，用点代表事物，用连接两点的线表示相应两个事物间所具有的关系.

近年来由于计算机的广泛应用，图论在理论上和应用上都得到了很大的发展，在计算机科学、运筹学、化学、物理和社会科学等方面都取得了不少成果。图论在计算机学科中的操作系统、编译技术、人工智能和计算机网络等方面都有广泛的应用.

本章主要讨论图的一些基本概念和算法，为今后的专业课学习和研究打下基础.

5.1　图的基本概念

5.1.1　无向图及有向图

1. 图的定义

在给出无向图的定义之前，先来介绍有关无序积的概念.

集合$\{a, b\}=\{b, a\}$,称$\{a, b\}$为无序对,记为(a, b). $(a, b)=(b, a)$.

定义 5-1　设A、B为集合，则称$\{(a, b)\mid a\in A, b\in B\}$为$A$、$B$的**无序积**，记为$A\&B$.

例如，$A=\{a_1, a_2\}$，$B=\{b_1, b_2\}$，则

$A\&B=\{(a_1,b_1),(a_1,b_2),(a_2,b_1),(a_2,b_2)\}=\{(b_1,a_1),(b_2,a_1),(b_1,a_2),(b_2,a_2)\}=B\&A$

$A\&A=\{(a_1, a_1), (a_1, a_2), (a_2, a_2)\}$

定义 5-2　(1) 一个**无向图**G是一个二元组$\langle V, E\rangle$，即$G=\langle V, E\rangle$，其中，$V=\{v_1, v_2, \cdots, v_n\}$是非空集合，称为$G$的**顶点集**，$V$中元素称为**顶点**或**结点**；$E=\{e_1, e_2, \cdots, e_n\}$是无序积$V\&V$的一个多重子集，称$E$为$G$的**边集**，$E$中的元素称为**无向边**或简称**边**.

(2) 若图G的边e是V的两个元素v_i，v_j的无序对(v_i, v_j)，即$e=(v_i, v_j)$，称v_i，v_j是e的**端点**.

(3) 若$e=(v_i, v_j)$，顶点v_i（或v_j）**关联于**边e.

(4) 与一条边相关联的两个顶点称为**邻接的**或**相邻的**.

(5) 没有边关联的结点称为**孤立点**.

(6) 关联结点v的边数（当边为环时，以两条边计算）为v的**度数**，记为$\deg(v)$.

(7) 度数为1的顶点为**悬挂顶点**.

(8) 若几条边关联于一公共顶点，称这些**边是邻接的**或**相邻的**.

(9) 若$e=(v_i, v_j)$，当$v_i=v_j$时，称e为**环**.

(10) 由于E是多重集合，因此，G的两个结点之间的边数可能多于一条，称这些边为**平行边**.

（11）平行边的边数称为**重数**.

（12）悬挂顶点所对应的边为**悬挂边**.

以上给出的是一个无向图的数学定义.

在实际应用中，用小圆圈表示 V 中顶点，若 $(a, b)\in E$，则就在 a，b 之间连线表示边 (a, b)，即可画出图形来.

例如，设 $G=\langle V, E\rangle$，$V=\{v_1, v_2, v_3, v_4, v_5\}$，$E=\{(v_1, v_2), (v_2, v_2), (v_2, v_3), (v_1, v_3), (v_1, v_3), (v_1, v_4)\}$，$G$ 的图形如图 5-1 所示.

其中，e_2为环，e_4，e_5为平行边.

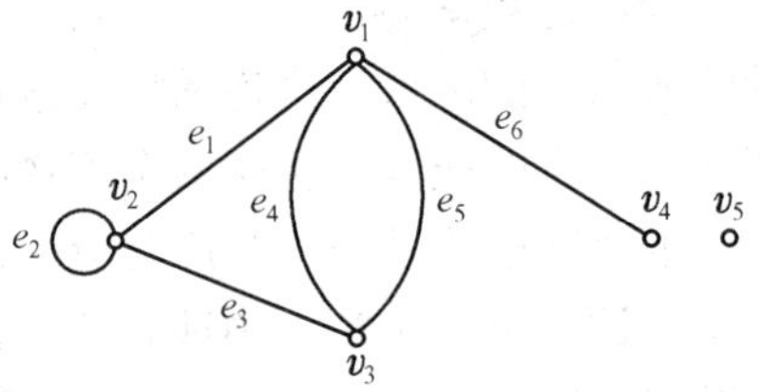

图 5-1

例如，在图 5-1 中，$\deg(v_1)=4$，$\deg(v_2)=4$，$\deg(v_3)=3$，$\deg(v_4)=1$，$\deg(v_5)=0$，v_5为孤立点，v_4为悬挂点，e_6为悬挂边. 所以顶点的度数之和为 12，恰好是边数的 2 倍.

下面给出图中顶点度数与边数之间的关系.

定理 5-1 （握手定理） 设 v_1，v_2，…，v_n是含有 m 条边的图 G 的结点，则

$$\sum_{i=1}^{n}\deg(v_i) = 2m$$

证明 在计算图 G 的各个结点的度数时，对每条边来讲，有 2 个端点，在计算顶点度数时，每条边被计算了 2 次（环的端点同样算了 2 次），所以图中所有顶点度数之和为边数的 2 倍.

$$\sum_{i=1}^{n}\deg(v_i) = 2m$$

一个由自然数构成的序列如恰好是一个度数序列，那么此序列的各项和必为偶数.

【例 5-1】 （1）(3，3，2，3)，(5，2，3，1，4) 能成为图的度数序列吗？为什么？

（2）已知图 G 中有 10 条边，4 个 3 度顶点，其余顶点的度数均小于或等于 2. 问 G 中至少有多少个顶点，为什么？

解 （1）这两个序列中，奇数个数均为奇数. 由握手定理的推论可知，它们都不能称为图的度数序列.

（2）若 G 图中的顶点度数均为 2 度时 G 图的顶点数最少. 设 G 图至少有 x 个顶点. 由握手定理可知，$3\times4+2\times(x-4)=2\times10$，解得 $x=8$，所以 G 至少有 8 个顶点.

定义 5-3 （1）设 $G=\langle V, E\rangle$ 为无向图，若 V，E 都是有限集合，则称 G 是**有限图**（下面只研究有限图）.

（2）若 $|V|=n$，则称 **G 为 n 阶图**.

（3）若 $E=\varnothing$，则称 G 为**零图**.

（4）若 $|V|=1$，且 $E=\varnothing$，则称 G 为**平凡图**.

例如，有 m 条边的 n 阶图也称 (n, m) 图，因此 $(n, 0)$ 图为零图，$(1, 0)$ 图为平凡图.

（5）既不含环，也不含平行边的图称为**简单图**.

（6）设 $G=\langle V, E\rangle$ 为 n 阶无向简单图，若 G 中任意两个结点都有边相连的简单图称为 **n 阶无向完全图**，记作 K_n.

n 阶无向完全图共有$\frac{1}{2}n(n-1)$ 条边，每个结点的度数为 $n-1$. 图 5-2a 所示为 K_4，图 5-2b 所示为 K_5.

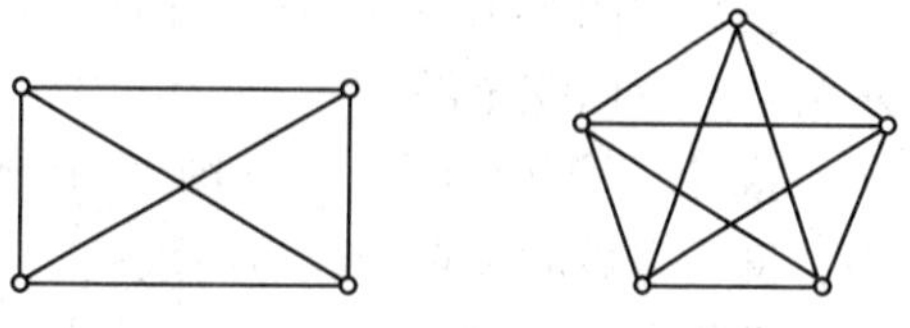
a)　　b)

图　5-2

对于无向图，边集中的元素都是无序对，若改成有序对，则就是下面介绍的有向图.

定义 5-4　(1) 一个**有向图**D 是一个二元组 $D=\langle V, E\rangle$，其中，集合 $V\neq\varnothing$，称为 D 的顶点集，V 中元素为顶点；E 是 $V\times V$ 的多重子集，其元素为有向边（或弧）.

(2) 有向图的边 e 是有序对 $\langle v_i, v_j\rangle$，称 v_i为 e 的**始点**，v_j为 e 的**终点**.

(3) 有向图的边 e 是有序对 $\langle v_i, v_j\rangle$，当 $v_i=v_j$时，称 e 为**环**. 它是 v_i到自身的有向边.

(4) 两个顶点若有同方向的有向边不止一条，称它们为**平行边**.

(5) 平行边的边数称为平行边的**重数**.

(6) 有 m 条边的 n 阶有向图称为**(n, m) 有向图**.

例如，设 $D=\langle V, E\rangle$，$V=\{v_1, v_2, v_3, v_4\}$，$E=\{\langle v_1, v_3\rangle, \langle v_2, v_1\rangle, \langle v_2, v_1\rangle, \langle v_2, v_3\rangle, \langle v_3, v_2\rangle, \langle v_3, v_3\rangle\}$，则 D 的图形如图 5-3 所示.

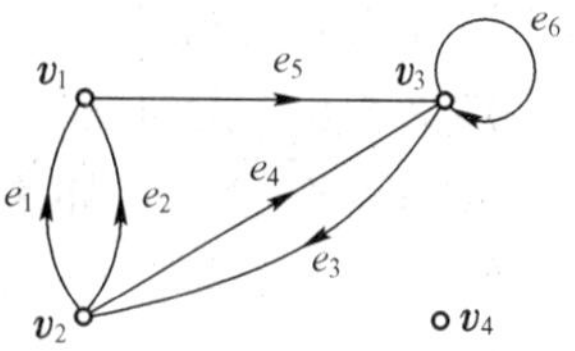

图　5-3

其中，e_1，e_2为平行边；$e_6=\langle v_3, v_3\rangle$ 为环.

(7) 与一条弧相关联的两个顶点称为**邻接的**或**相邻的**. 设 $e=\langle v_i, v_j\rangle$ 是有向图 D 的边，则称**结点 v_i邻接结点 v_j**.

(8) 一顶点关联于几条弧，称这些弧是**弧邻接**或**弧相邻**.

(9) 设 $D=\langle V, E\rangle$ 为一有向图，称以 v_j作为边的始点的次数之和为**v_j的出度**，记作 $\deg^+(v_j)$.

(10) 设 $D=\langle V, E\rangle$ 为一有向图，称以 v_j作为边的终点的次数之和为**v_j的入度**，记作 $\deg^-(v_j)$.

(11) 设 $D=\langle V, E\rangle$ 为一有向图，称以 v_j作为边的端点的次数之和为**v_j的度数**，记作 $\deg(v_j)$. 显然 $\deg(v_j)=\deg^+(v_j)+\deg^-(v_j)$.

在图 5-3 中，$\deg^+(v_1)=1$，$\deg^-(v_1)=2$，$\deg^+(v_2)=3$，$\deg^-(v_2)=1$，$\deg^+(v_3)=2$，$\deg^-(v_3)=3$，$\deg^+(v_4)=\deg^-(v_4)=0$，有 $\sum_{i=1}^{4}\deg^+(v_i)=\sum_{i=1}^{4}\deg^-(v_i)=6=|E|$.

定理 5-2　设 $v_1, v_2, \cdots, v_n$是 (n, m) 有向图 D 的结点，所有顶点的入度之和等于所有顶点的出度之和，即

$$\sum_{i=1}^{n}\deg^+(v_i)=\sum_{i=1}^{n}\deg^-(v_i)=m$$

证明略.

定义 5-5　(1) 不含环及平行边的有向图称为**简单有向图**.

(2) 设 D 是 n 阶简单有向图，如果任两个结点都有方向相反的一对边，则称 D 是**n 阶完全有向图**，n 阶完全有向图共有 $n(n-1)$ 条有向边，每个结点的出度与入度相等，同为 $n-1$.

例如，图 5-4a 所示为 3 阶有向完全图，5-4b 所示为 4 阶有向完全图.

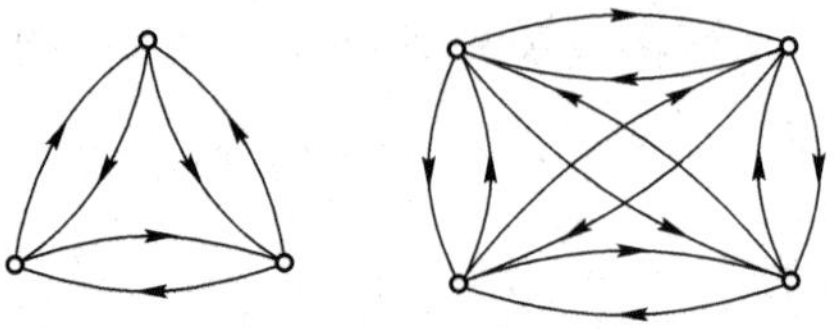

a)　　b)

图　5-4

推论　任何（n，m）图（无向的或有向的）中，度为奇数的顶点个数为偶数.

证明　设 G 为任一（n，m）图，V_1 和 V_2 分别是图 G 中奇数度数和偶数度数的顶点集，则

$$\sum_{v \in V_1} \deg(v) + \sum_{v \in V_2} \deg(v) = \sum_{v \in V} \deg(v) = 2m$$

由于 $\sum\limits_{v \in V_2} \deg(v)$ 是偶数之和，必为偶数，而 $2m$ 为偶数，所以 $\sum\limits_{v \in V_1} \deg(v)$ 也为偶数. 可是对于每个 $v \in V_1$，$\deg(v)$ 为奇数，偶数个奇数之和才能为偶数，所以奇数顶点的个数为偶数.

2. 同构

由于图形的结点位置和连线长度都可任意选择，同一个图可能画出不同的形状来，因而引出图同构的概念.

定义 5-6　无向图同构　设两个图 $G = \langle V, E \rangle$，$G' = \langle V', E' \rangle$，如果存在双射函数 f: $V \to V'$，使得对于任意的 $e = (v_i, v_j) \in E$，当且仅当 $e' = (f(v_i), f(v_j)) \in E'$，并且 e 与 e' 的重数相同，则称 ***G* 与 *G'* 同构**，记为 $G \cong G'$.

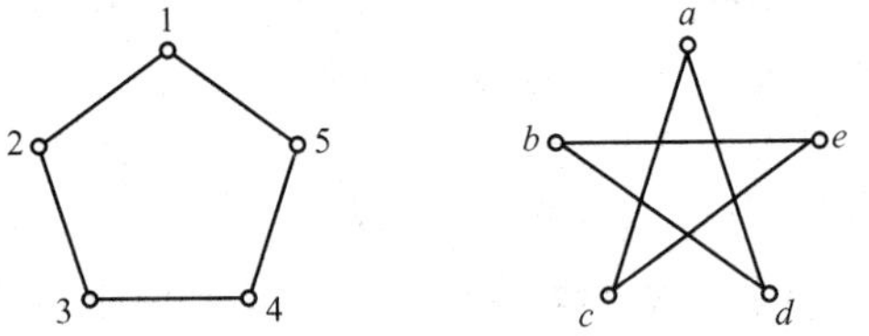

a)　　b)

图　5-5

例如，图 5-5a 和图 5-5b 同构. 在图 5-5a 的 V 和图 5-5b 的 V' 之间找一个双射函数 f: $1 \leftrightarrow a$，$2 \leftrightarrow c$，$3 \leftrightarrow e$，$4 \leftrightarrow b$，$5 \leftrightarrow d$，使得边之间也能一一对应，即图 5-5a 的 E 和图 5-5b 的 E' 之间存在双射函数 φ：$(1, 2) \leftrightarrow (a, c)$，$(2, 3) \leftrightarrow (c, e)$，$(3, 4) \leftrightarrow (e, b)$，$(4, 5) \leftrightarrow (b, d)$，$(5, 1) \leftrightarrow (d, a)$，因此图 5-5a 和图 5-5b 同构.

图 5-6 中两个图同构，即是著名的彼得森图.

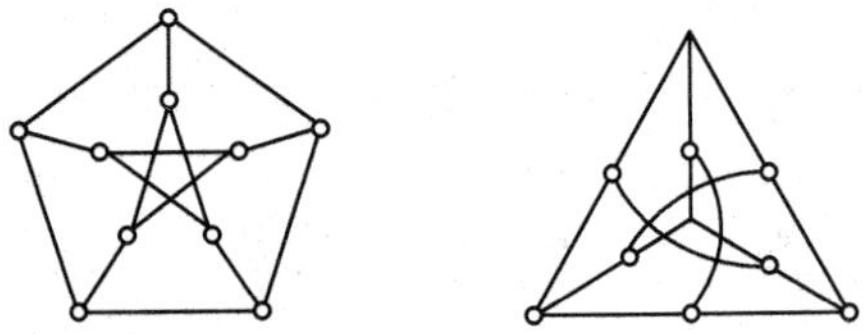

a)　　b)

图　5-6

到目前为止，判断两图同构还只能从定义出发，判断过程中不要将两图同构的必要条件当成充分条件. 研究同构的好处是，对于几个同构的图只要研究其中一个图的性质，其他几个图的性质也就知道了. 同构关系是一种等价关系.

可以类似地定义两个有向图的同构. 但要注意有向边的方向.

定义 5-7　有向图同构　设 $D_1 = \langle V_1, E_1 \rangle$ 和 $D_2 = \langle V_2, E_2 \rangle$ 都是有向图，如果存在双射 f: $V_1 \to V_2$，使得对任意 $\langle v_i, v_j \rangle \in E_1$，当且仅当 $\langle f(v_i), f(v_j) \rangle \in E_2$，且重数相同，则称 **$D_1$，$D_2$ 同构**，记为 $D_1 \cong D_2$.

【例 5-2】（1）画出 4 个顶点 3 条边的所有可能非同构的无向简单图；

（2）画出 3 个顶点 2 条边的所有可能非同构的有向简单图.

解　（1）直观上容易看出，4 个顶点 3 条边的所有非同构的无向简单图只有 3 个图，如图 5-7a ~ c 所示.

（2）3 个顶点 2 条边的所有非同构的有向简单图只有 4 个图，如图 5-7d ~ g 所示. 3 个顶点 2 条边的非同构的无向简单图只有 1 个，由它可派生出如图 5-7d ~ f 所示的 3 个非同构的有向简单图.

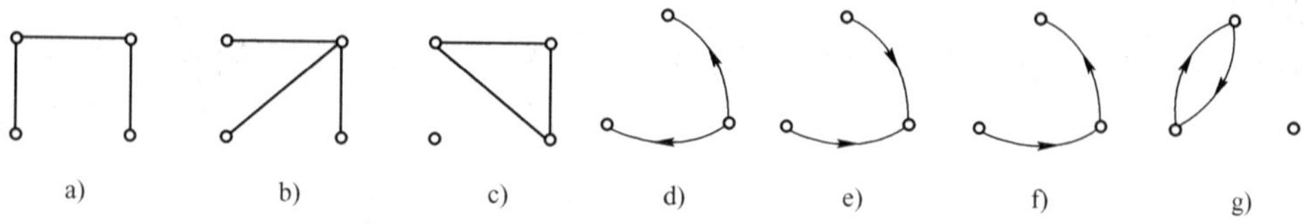

图 5-7

【例 5-3】 在图 5-8 中图 G_1 和 G_2 同构吗？为什么？

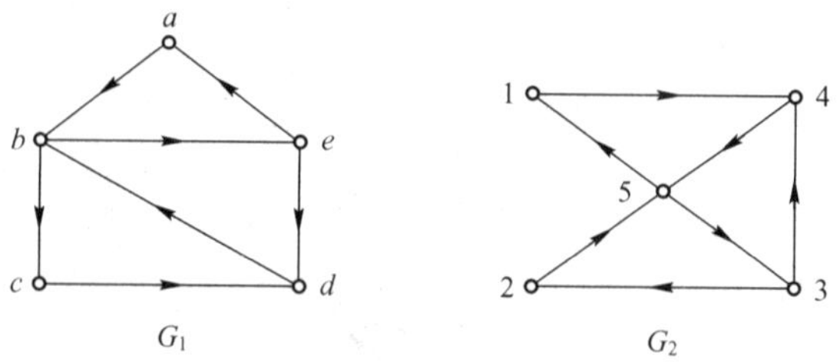

图 5-8

解 $G_1 \cong G_2$. 因 G_1 和 G_2 的结点间存在一一对应关系且保持关联关系，边的方向一致，其结点和边的对应关系如下.

结点之间的双射函数 f：$a \to 2$；$b \to 5$；$c \to 1$；$d \to 4$；$e \to 3$.

对应的边之间的双射函数 φ：$\langle a, b\rangle \to \langle 2, 5\rangle$；$\langle b, c\rangle \to \langle 5, 1\rangle$；$\langle c, d\rangle \to \langle 1, 4\rangle$；$\langle d, b\rangle \to \langle 4, 5\rangle$；$\langle b, e\rangle \to \langle 5, 3\rangle$；$\langle e, a\rangle \to \langle 3, 2\rangle$；$\langle e, d\rangle \to \langle 3, 4\rangle$.

【例 5-4】 在图 5-9 中，图 G_1 和图 G_2 同构吗？若同构，写出结点和边之间的对应关系. 若不同构，说明理由.

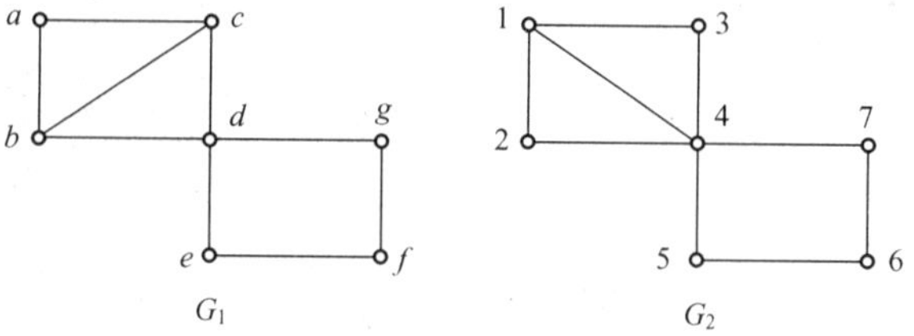

图 5-9

解 G_1 和 G_2 不同构. 因为结点间不存在一一对应关系使其保持关联关系. 如图 5-9 中，G_2 中 4 为 5 度结点，而图 G_1 中不含有 5 度结点. 故 $G_1 \ncong G_2$.

3. 子图

在讨论图的性质时研究图的局部结构是相当重要的. 现在介绍子图的概念，所述定义一般既适合无向图，也适合有向图；否则，将分开说明或分开定义.

定义 5-8 （1）设图 $G = \langle V, E\rangle$，$G_0 = \langle V_0, E_0\rangle$，如果非空集合 $V_0 \subseteq V$ 或 $E_0 \subseteq E$，则称 G_0 是 G 的**子图**.

(2) 设图 $G=\langle V, E\rangle$，$G_0=\langle V_0, E_0\rangle$，如果非空集合 $V_0\subset V$ 或 $E_0\subset E$，则称 G_0 是 G 的**真子图**.

(3) 设图 $G=\langle V, E\rangle$，$G_0=\langle V_0, E_0\rangle$，如果非空集合 $V_0=V$，且 $E_0\subseteq E$，则称 G_0 是 G 的**生成子图**.

例如，在图5-10中，图b、c均为图a的子图，图c是生成子图. 图e、f均为图d的子图，图f是生成子图.

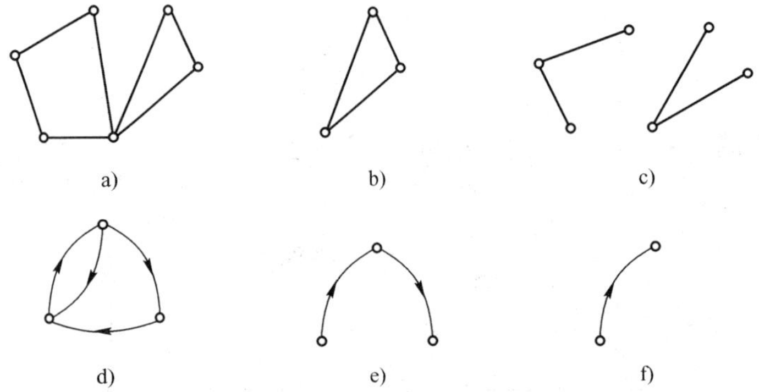

图 5-10

(4) 设图 $G=\langle V, E\rangle$，$E'\subseteq E$，以 E' 为边集，E' 中边的端点全体为顶点集，构成的子图称为由 E' 导出的 G 的子图，记为 $G(E')$，又称为 G 的**边集导出子图**.

(5) 设图 $G=\langle V, E\rangle$，$V'\subseteq V$，以 V' 为顶点集，端点均在 V' 中所有边的全体为边集，构成的子图称为由 V' 导出的 G 的子图，记为 $G(V')$，又称为 G 的**点集导出子图**.

例如，在图5-11中，图b是由图a的边子集 $\{(v_1, v_2), (v_2, v_4), (v_4, v_5)\}$ 导出的子图，图c是由图a的点子集 $\{v_1, v_2, v_4, v_5\}$ 导出的子图.

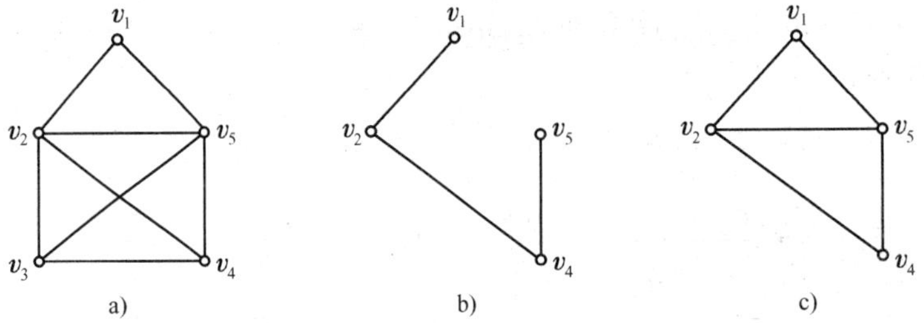

图 5-11

(6) 设 $G=\langle V, E\rangle$ 是 n 个顶点的任意简单图，从完全图 K_n 中删去 G 的所有边，但保留顶点集 V 所得到的图称为 G 的**补图**，记为 $\overline{G}$.

例如，在图5-12中，图a是图b的补图，当然，图b也是图a的补图. 就是说，图a、b互为补图. 同样，图c、d互为补图.

(7) 如果一个图同构于它的补图，则称此图为**自补图**.

例如，图5-12中图a、b互为补图，并且同构，因此是自补图.

另外，从图 G 中删去一个顶点 v 及其关联的边得到的子图，记为 $G-v$ 或 $G-\{v\}$. 从图 G 中删去一边 e 得到的子图记为 $G-e$，如图5-13所示.

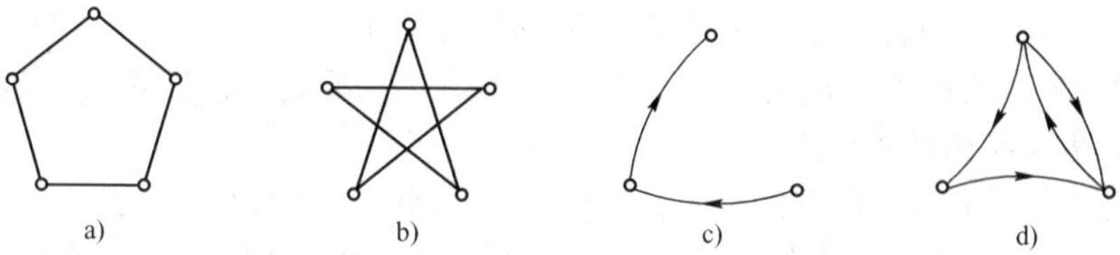

图　5-12

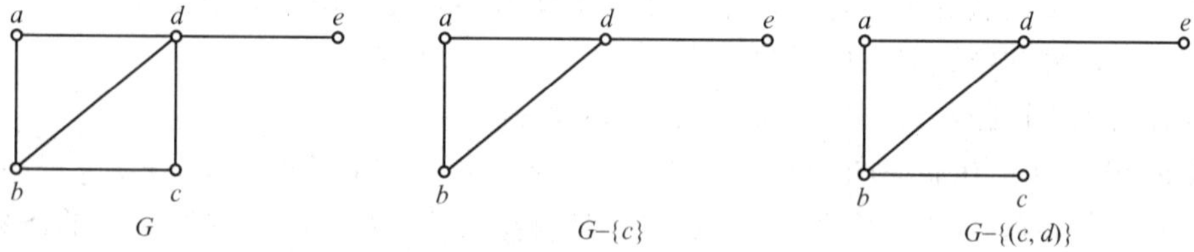

图　5-13

5.1.2　通路、回路、图的连通性

1. 通路与回路

我们先来看无向图中通路与回路的定义.

定义 5-9　(1) 给定图 $G=\langle V, E\rangle$，设 G 中顶点和边的交替序列 $\Gamma=v_0e_1v_1e_2\cdots e_lv_l$ 满足：v_{i-1} 和 v_i 是 e_i 的端点，$i=1, 2, \cdots, l$，则称 Γ 为顶点 v_0 到 v_l 的**通路**，v_0 和 v_l 分别称为此通路的**起点**和**终点**，Γ 中边的数目 l 称为 Γ 的**长度**.

(2) 若通路 Γ 中，$v_0=v_l$ 时，称 Γ 为**回路**.

(3) 若 Γ 中的所有边 $e_1, e_2, \cdots, e_l$ 互不相同，则称 Γ 为**简单通路**.

(4) 若回路中所有的边互不相同，则称此回路为**简单回路**.

(5) 若通路的所有顶点 $v_0, v_1, \cdots, v_l$ 互不相同（从而所有的边互不相同），则称此通路为**初级通路**.

(6) 如果初级通路 Γ 的长度大于 2，且 $v_0=v_l$，则称 Γ 为**初级回路**. 初级通路一定是简单通路，初级回路一定是简单回路，但反之不然.

(7) 设 v_i，v_j 是两个不同结点，若存在从 v_i 到 v_j 的通路，则称 $\boldsymbol{v_i}$，$\boldsymbol{v_j}$ **是连接的**.

(8) 连接 v_i，v_j 的所有通路中长度最小者为 v_i，v_j 的**短程**.

(9) 短程的长度称为 $\boldsymbol{v_i}$，$\boldsymbol{v_j}$ **之间的距离**，记为 $d(v_i, v_j)$. 若不存在连接 v_i，v_j 的通路时，定义 $d(v_i, v_j)=\infty$.

为了简单起见，通路（回路）常用结点序列表示. 例如，将 $v_0e_1v_1e_2\cdots e_lv_l$ 简记为 $v_0v_1\cdots v_l$，但是若不能简记时，要适当写一些边.

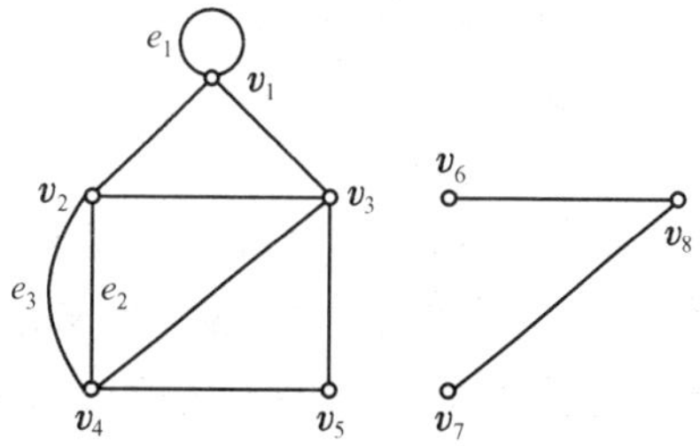

图　5-14

【例 5-5】　如图 5-14 所示，$v_1(e_1)v_1v_2v_3v_5v_3v_4$ 是 v_1，v_4 之间的通路，但不是简单通路；$v_1(e_1)v_1v_2v_3v_5v_4$ 是 v_1，v_4 之间的简单通路，但不是初级通路；$v_1v_2v_3v_5v_4$ 是 v_1，v_4 之间的初级通路，但不是短程；$v_1v_2(e_2)v_4$ 是 v_1，v_4 之间的短程，且 $d(v_1, v_4)=2$，v_1，v_4 之间的短

程还有 $v_1v_2(e_3)v_4$，$v_1v_3v_4$；v_1，v_6是不连接的，$d(v_1, v_6)=\infty$.

定理 5-3　在一个图中，若从结点 v_i到结点 v_j存在一条通路（或回路），则必有一条从 v_i 到 v_j的初级通路（或初级回路）.

推论　在一个具有 n 个结点的图中，任何初级通路的长度均不大于 $n-1$.

定理 5-4　在一个具有 n 个结点的图中，若从结点 v_i 到自身存在一条回路，则必有一条从 v_i到自身的长度小于 n 的回路.

推论　在一个具有 n 个结点的图中，任何初级回路的长度均不大于 n.

以上两个定理和推论对有向图也成立.

注意有向图中通路与回路的定义与无向图的区别.

定义 5-10　（1）在有向图 $D=\langle V, E\rangle$ 中，结点和边的交替序列 $\Gamma=v_0e_1v_1e_2\cdots e_lv_l$为 D 的 v_0到 v_l的**有向通路**，称 v_0可达 v_l. 规定结点到自身可达. Γ 中包含的有向边的条数称为 Γ 的**长度**.

（2）若有向通路 Γ 中，$v_0=v_l$时，则称有向通路 Γ 为 D 的**有向回路**.

（3）在有向图中，若有向通路（回路）Γ 的所有有向边互不相同，则称 Γ 为 D 的**简单有向通路（回路）**.

（4）若有向通路 Γ 的所有结点互不相同，则称 Γ 为 D 的**初级有向通路**.

（5）若除了 Γ 的起点和终点相同外，其他的结点互不相同，则称 Γ 为 D 的**初级有向回路**. 初级有向通路（回路）一定是简单有向通路（回路），但反之不对.

（6）设 v_i，v_j是有向图 D 的两个不同结点，如果 v_i可达 v_j，则从 v_i到 v_j的所有有向通路中，长度最小者称为 v_i到 v_j的**有向短程**.

（7）有向短路的长度称为 **v_i 到 v_j 的距离**，记为 $d\langle v_i, v_j\rangle$，当 v_i 到 v_j 不可达时，规定 $d\langle v_i, v_j\rangle=\infty$.

为了简单起见，常用结点序列表示有向通路.

有向图 D 如图 5-15 所示，则 a 到 d 的有向通路有

$$ag(e_2)d,\ agbd,\ ag(e_2)d(e_1)gbd,$$

上述的 3 个通路均为简单有向通路，前 2 个通路也是初级有向通路，则第 3 个不是初级有向通路.

a 到 d 的有向短程为 $ag(e_2)d$，$d\langle a,d\rangle=2$，d 到 a 的有向短程为 $d(e_1)gba$，$d\langle d, a\rangle=3$，c 到 a 不可达，$d\langle c, a\rangle=\infty$.

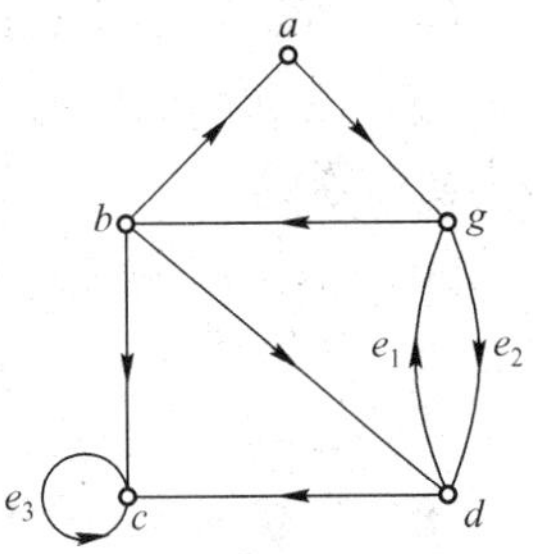

图　5-15

2. 连通性

先讨论无向图的连通性.

定义 5-11　（1）设 $G=\langle V, E\rangle$ 为无向图，若它的任意两个不同结点之间都存在通路，则称**G 是连通的**.

（2）若有 $\rho=\{\langle u, v\rangle \mid u, v\in V$ 且 u，v 之间存在通路$\}$，且 ρ 是自反的、对称的和传递的，则 ρ 是 V 上的等价关系. 设 ρ 将 V 分成的等价类为 V_1，V_2，…，V_k，则称 G 的子图$G_i=\langle V_i, E_i\rangle$（其中 E_i是 E 的两个端点都位于 V_i中的边的全体）为**G 的连通分支**（$i=1, 2, \cdots, k$）.

用 $p(G)$ 表示 G 的连通分支个数，则 G 是连通的$\Leftrightarrow p(G)=1$（G 不连通$\Leftrightarrow p(G)\geq 2$）.

删除图 G 的一些结点或边可能改变连通性. 删除结点时，要将关联该结点的边一起去掉.

【例 5-6】 设 G 如图 5-16 所示，则 $G-\{v_3\}$，$G-\{e_5\}$ 都不是连通图，并且 $p(G-\{v_3\})=2$，$p(G-\{e_5\})=2$.

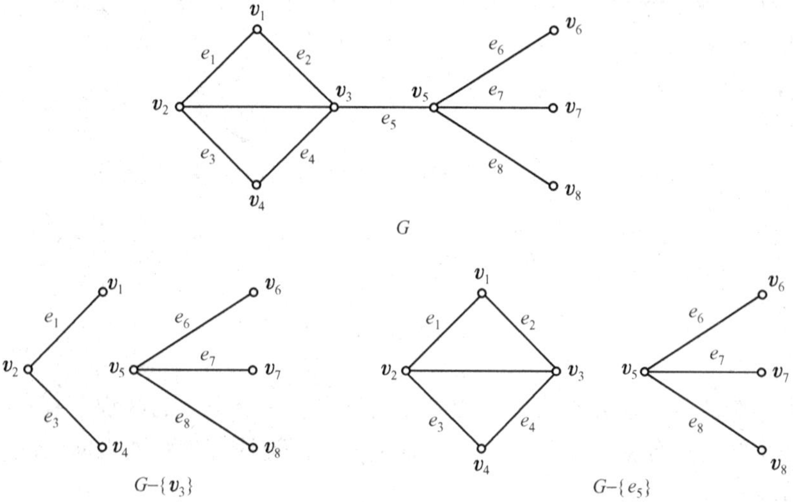

图 5-16

定义 5-12 （1）改变原图连通性的点称为**割点**.

（2）改变原图连通性的边称为**桥**.

图 5-14 中，v_3，v_5 都是割点，e_5 是桥.

下面讨论有向图的连通性.

定义 5-13 （1）对 D 是有向图，如果略去 D 中各边的方向所得的无向图 G 是连通的，则称 D 是弱连通图，简称**连通图**.

（2）设 D 是有向图，如果 D 的任意两个不同结点至少有一个可达另一个，则称 D 是**单向连通图**.

（3）设 D 是有向图，如果 D 的任意两个不同结点都是互相可达的，则称 D 是**强连通图**.

强连通图一定是单向连通图，单向连通图一定是弱连通图，但反之不对. 如果有向图 D 中存在经过每个结点至少一次的有向通路，则 D 是单向连通图. 如果有向图 D 中存在经过每个结点至少一次的有向回路，则 D 是强连通的.

在图 5-17 中，图 a 是强连通图，$adbcdba$ 是经过每个结点至少一次的有向回路；图 b 是单向连通图，$adbc$ 是经过每个结点至少一次的有向通路；图 c 是弱连通图，a 到 c 不可达，c 到 a 也不可达，不是单向连通的.

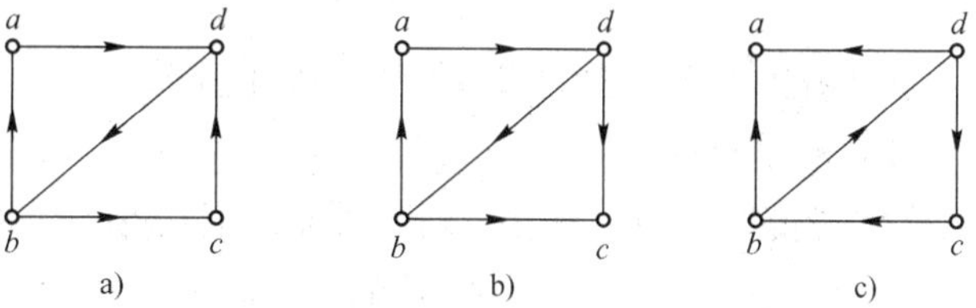

图 5-17

对 V 作划分，将 V 划分为非空子集 V_1，V_2，…，V_ω，使得两个顶点 u 和 v 属于同一子集 V 当且仅当 u 和 v 是互相可达的.

（4）每个顶点子集 V_i 导出的子图 $G(V_i)$ 是强连通的，记为 G_i，称为 G 的一个**强连通分**

支. G 中有 ω 个强连通分支：G_1，G_2，…，G_ω.

在图 5-18 中，图 a 不是强连通图，在顶点集 $V=\{v_1, v_2, v_3, v_4, v_5, v_6, v_7, v_8\}$ 上将 V 划分为 3 个子集，$V_1=\{v_1, v_7, v_8\}$，$V_2=\{v_2, v_3, v_5, v_6\}$，$V_3=\{v_4\}$，对应得到 3 个强连通分支：$G(V_1)$，$G(V_2)$，$G(V_3)$，如图 b 所示.

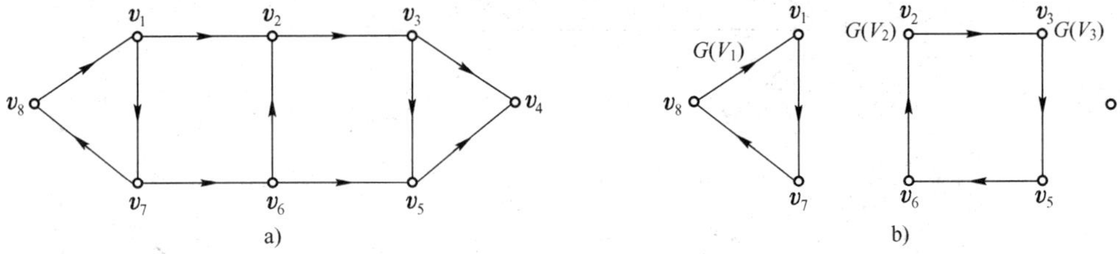

图 5-18

注意：有向图的强连通分支与无向图的连通分支有一个很大的区别. 有向图的每一条弧不一定属于一个强连通分支，而每个顶点恰属于一个强连通分支；而无向图的每一条边恰属于一个连通分支.

5.1.3 图的矩阵表示

图的矩阵表示法使得可以用线性代数理论和计算机工具研究图的性质.

1. 无向图的邻接矩阵

定义 5-14 设 v_1，v_2，…，v_n是无向图 G 的所有结点，则称矩阵 $\boldsymbol{A}=(a_{ij})_{n\times n}$为 G 的**邻接矩阵**，其中 a_{ij}为结点 v_i，v_j之间的边数（$i\neq j$），当（v_i，v_j）是环时，$a_{ii}=2$；否则，$a_{ii}=0$.

$$a_{ij}=\begin{cases}\text{边数} & \text{如果存在连接 } v_i \text{ 和 } v_j \text{ 的边}\\ 0 & \text{如果不存在连接 } v_i \text{ 和 } v_j \text{ 的边}\end{cases}$$

设图 G 如图 5-19 所示，它的邻接矩阵为 $\boldsymbol{A}$.

$$\boldsymbol{A}=\begin{matrix} & v_1 & v_2 & v_3 & v_4 & v_5 \\ v_1 & 0 & 2 & 1 & 0 & 0 \\ v_2 & 2 & 0 & 1 & 2 & 1 \\ v_3 & 1 & 1 & 2 & 1 & 0 \\ v_4 & 0 & 2 & 1 & 0 & 1 \\ v_5 & 0 & 1 & 0 & 1 & 0 \end{matrix}$$

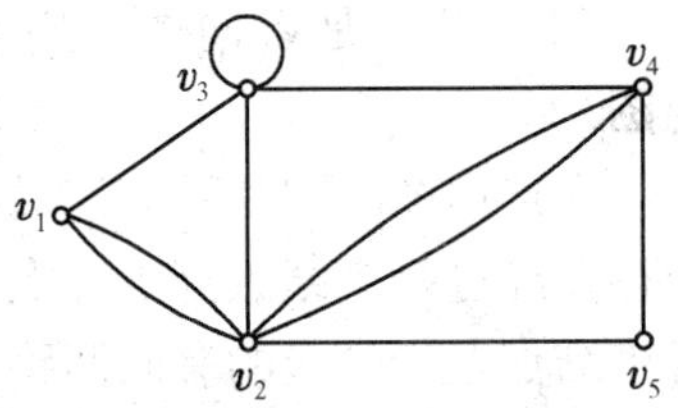

图 5-19

不难看出，无向图的邻接矩阵有如下性质.

(1) $\boldsymbol{A}$ 是对称矩阵.

(2) $\boldsymbol{A}$ 的第 i 行（或第 i 列）元素之和为结点 v_i的度数（$i=1, 2, \cdots, n$）.

(3) 设简单图的邻接矩阵 $\boldsymbol{A}$ 的 l 次幂 $\boldsymbol{A}^l=(a_{ij}^{(l)})$（$l$ 为正整数），则

① 当 $i\neq j$ 时，$a_{ij}^{(l)}$ 的值表示连接结点 v_i，v_j的长度为 l 的通路条数（$i=1, 2, \cdots, n$）；

② $a_{ii}^{(l)}$ 的值表示从点 v_i到点 v_i的长度为 l 的回路条数（$i=1, 2, \cdots, n$）.（$l>2$，G 中无平行边）.

证明略.

【例 5-7】 设图 G 的邻接矩阵为 $\boldsymbol{A}$. 则按邻接矩阵画出的图形如图 5-20 所示，可通过 $\boldsymbol{A}^2$，$\boldsymbol{A}^3$ 讨论图中长度为 2 和 3 的通路和回路的数目.

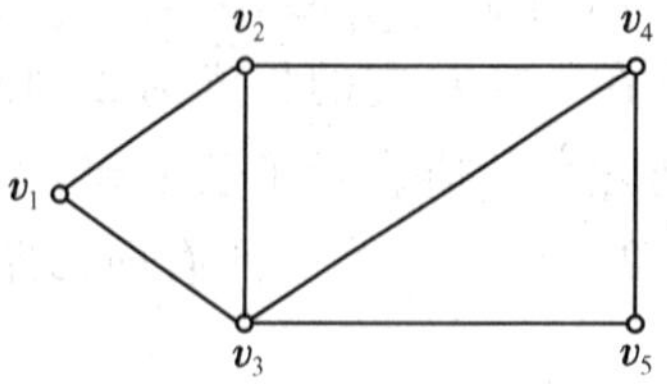

图 5-20

$$\boldsymbol{A}=\begin{array}{c} \\ v_1\\ v_2\\ v_3\\ v_4\\ v_5\end{array}\begin{array}{c}\begin{array}{ccccc} v_1 & v_2 & v_3 & v_4 & v_5\end{array}\\ \begin{pmatrix}0&1&1&0&0\\1&0&1&1&0\\1&1&0&1&1\\0&1&1&0&1\\0&0&1&1&0\end{pmatrix}\end{array}$$

$$\boldsymbol{A}^2=\begin{array}{c} \\ v_1\\ v_2\\ v_3\\ v_4\\ v_5\end{array}\begin{array}{c}\begin{array}{ccccc} v_1 & v_2 & v_3 & v_4 & v_5\end{array}\\ \begin{pmatrix}2&1&1&2&1\\1&3&2&1&2\\1&2&4&2&1\\2&1&2&3&1\\1&2&1&1&2\end{pmatrix}\end{array}\qquad \boldsymbol{A}^3=\begin{array}{c} \\ v_1\\ v_2\\ v_3\\ v_4\\ v_5\end{array}\begin{array}{c}\begin{array}{ccccc} v_1 & v_2 & v_3 & v_4 & v_5\end{array}\\ \begin{pmatrix}2&5&6&3&3\\5&4&7&7&3\\6&7&6&7&6\\3&7&7&4&5\\3&3&6&5&2\end{pmatrix}\end{array}$$

由此可见，v_1，v_4不邻接，但是连接的，且 $d(v_1, v_4)=2$.

连接 v_1，v_5的长度为 3 的通路有 3 条：$\Gamma_1=v_1v_3v_4v_5$，$\Gamma_2=v_1v_2v_3v_5$，$\Gamma_3=v_1v_2v_4v_5$.

从 v_3到 v_3的长度为 3 的回路有 6 条：$X_1=v_3v_1v_2v_3$，$X_2=v_3v_2v_1v_3$，$X_3=v_3v_2v_4v_3$，
$X_4=v_3v_4v_2v_3$，$X_5=v_3v_4v_5v_3$，$X_6=v_3v_5v_4v_3$.

2. 有向图的邻接矩阵表示

定义 5-15 设 v_1，v_2，…，v_n是有向图 D 的结点，则称矩阵 $\boldsymbol{A}=(a_{ij})_{n\times n}$为**有向图 D 的邻接矩阵**，其中 a_{ij}是以 v_i为始点，v_j为终点的边的条数.

$$a_{ij}=\begin{cases}1 & \text{如果从 } v_i \text{ 到 } v_j \text{ 有一条弧}\\ 0 & \text{如果从 } v_i \text{ 到 } v_j \text{ 没有弧}\end{cases}$$

设有向图 D 如图 5-21 所示，则它的邻接矩阵为 A.

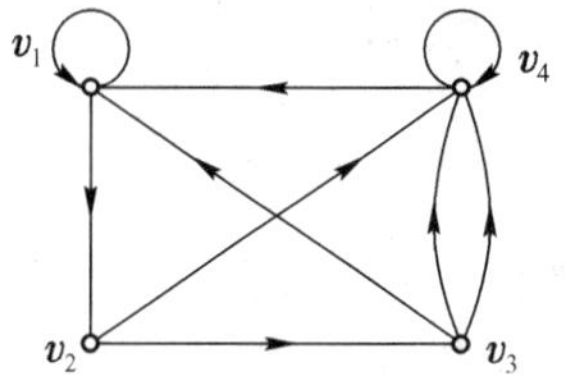

图 5-21

$$\boldsymbol{A}=\begin{array}{c} \\ v_1\\ v_2\\ v_3\\ v_4\end{array}\begin{array}{c}\begin{array}{cccc} v_1 & v_2 & v_3 & v_4\end{array}\\ \begin{pmatrix}1&1&0&0\\0&0&1&1\\1&0&0&2\\1&0&0&1\end{pmatrix}\end{array}$$

有向图的邻接矩阵具有如下性质.

(1) $\boldsymbol{A}$ 不一定是对称矩阵.

(2) $\boldsymbol{A}$ 的第 i 行元素之和为 $\deg^+(v_i)$，$\boldsymbol{A}$ 的第 i 列元素之和为 $\deg^-(v_i)(i=1, 2, \cdots, n)$.

(3) 设 $\boldsymbol{A}^l=(a_{ij}^{(l)})$ $(l\geqslant 1)$，则

① 当 $i\neq j$ 时，$a_{ij}^{(l)}$的值是 v_i到 v_j的长度为 l 的有向通路的条数（$i, j=1, 2, \cdots, n$）.

② $a_{ii}^{(l)}$的值是 v_i到自身的长度为 l 的有向回路的条数（$i=1, 2, \cdots, n$）.

性质（3）证明如下.

当 $l=1$ 时，性质（3）显然成立.

对于 $\boldsymbol{A}^2=(a_{ij}^{(2)})_{n\times n}$，由矩阵的乘法知道，$a_{ij}^{(2)}=\sum_{k=1}^{n}a_{ik}a_{kj}$，如果 $a_{ij}^{(2)}=1$，则只存在一

个 $k\in n$ 使得 $a_{ik}=1=a_{kj}$，它对应于 $\langle v_i, v_k\rangle\in E$ 且 $\langle v_k, v_j\rangle\in E$，从而 $a_{ik}\cdot a_{kj}=1$，即存在一条对应的长度为 2 的有向通路 $\Gamma=v_iv_kv_j$. 如果不只有一个 $k\in n$ 使得 $a_{ik}=1=a_{kj}$，则 $a_{ij}^{(2)}$ 的值表示了从 v_i 到 v_j 的长度为 2 的有向通路的数目. 特别地，$a_{ii}^{(2)}$ 的值表示了从 v_i 到 v_i 的长度为 2 的有向回路的数目.

对于 $\boldsymbol{A}^3=(a_{ij}^{(3)})_{n\times n}$，可得 $a_{ij}^{(3)}=\sum_{k=1}^{n}a_{ij}^{(2)}a_{kj}$，其中 $a_{ij}^{(2)}$ 是 $\boldsymbol{A}^2$ 的元素，如果 $a_{ij}^{(2)}a_{kj}>0$，表明 D 中存在从 v_i 到 v_k 的长度为 2 的有向通路而且 $\langle v_k, v_j\rangle\in E$，即存在由 v_i 到 v_j 的长度为 3 的有向通路，则 $a_{ij}^{(3)}$ 的值就是 v_i 到 v_j 的长度为 3 的有向通路的数目. $l>3$ 时可依此类推.

对图 5-19 中的邻接矩阵，计算 $\boldsymbol{A}^2$，$\boldsymbol{A}^3$，$\boldsymbol{A}^4$ 如下：

$$\boldsymbol{A}^2=\begin{array}{c}\\ v_1\\ v_2\\ v_3\\ v_4\end{array}\begin{array}{c}\begin{array}{cccc}v_1 & v_2 & v_3 & v_4\end{array}\\ \begin{pmatrix}1 & 1 & 1 & 1\\ 2 & 0 & 0 & 3\\ 3 & 1 & 0 & 2\\ 2 & 1 & 0 & 1\end{pmatrix}\end{array}\quad \boldsymbol{A}^3=\begin{array}{c}\\ v_1\\ v_2\\ v_3\\ v_4\end{array}\begin{array}{c}\begin{array}{cccc}v_1 & v_2 & v_3 & v_4\end{array}\\ \begin{pmatrix}3 & 1 & 1 & 4\\ 5 & 2 & 0 & 3\\ 5 & 3 & 1 & 3\\ 3 & 2 & 1 & 2\end{pmatrix}\end{array}\quad \boldsymbol{A}^4=\begin{array}{c}\\ v_1\\ v_2\\ v_3\\ v_4\end{array}\begin{array}{c}\begin{array}{cccc}v_1 & v_2 & v_3 & v_4\end{array}\\ \begin{pmatrix}8 & 3 & 1 & 7\\ 8 & 5 & 2 & 5\\ 9 & 5 & 3 & 8\\ 6 & 3 & 2 & 6\end{pmatrix}\end{array}$$

观察各矩阵发现，$a_{32}^{(2)}=1$，$a_{32}^{(3)}=3$，$a_{32}^{(4)}=5$，于是图中从 v_3 到 v_2 的长度为 2 的通路有 1 条，长度为 3 的通路有 3 条，长度为 4 通路有 5 条. 由 $a_{33}^{(2)}=0$，$a_{33}^{(3)}=1$，$a_{33}^{(4)}=3$ 可知，从 v_3 到自身的长度为 2 的回路没有，长度为 3 的回路有 1 条，长度为 4 的回路有 3 条.

$$B_4=A^1+A^2+A^3+A^4=\begin{pmatrix}13 & 6 & 3 & 12\\ 15 & 7 & 3 & 12\\ 18 & 9 & 4 & 15\\ 12 & 6 & 3 & 10\end{pmatrix}$$，b_{ij} 表示从结点 v_i 到 v_j 有长度分别为 1，2，3，4 的不同路径总数. 此时，$b_{ij}\neq 0$，表示从 v_i 到 v_j 是可达的. 可以定义一个 $n\times n$ 的矩阵 P，它的元素为：

$$p_{ij}=\begin{cases}1 & \text{若 } v_i \text{ 到 } v_j \text{ 至少存在一条路径}\\ 0 & \text{若 } v_i \text{ 到 } v_j \text{ 不存在任何路径}\end{cases}$$

则 P 称为图 G 的可达性矩阵. 由 B_n 矩阵可计算出可达性矩阵，其方法是：若 B_n 中第 i 行第 j 列是非“0”元素，则对应的 $P_{ij}=1$，否则 $P_{ij}=0$.

【例 5-8】 试用矩阵法判断有向图 $G=\langle V, E\rangle$ 的连通性，其中 $V=\{a, b, c, d\}$，$E=\{\langle a, b\rangle, \langle a, d\rangle, \langle c, b\rangle, \langle c, d\rangle\}$.

解 依题可求图 G 邻接矩阵与可达矩阵分别为

$$A=\begin{pmatrix}0 & 1 & 0 & 1\\ 0 & 0 & 0 & 0\\ 0 & 1 & 0 & 1\\ 0 & 0 & 0 & 0\end{pmatrix} \quad \text{和} \quad P=\begin{pmatrix}1 & 1 & 0 & 1\\ 0 & 1 & 0 & 0\\ 0 & 1 & 1 & 1\\ 0 & 0 & 0 & 1\end{pmatrix}$$

由可达矩阵知，G 不是强连通图.

由 P 及其转置矩阵 $P^{\mathrm{T}}=\begin{pmatrix}1 & 0 & 0 & 0\\ 1 & 1 & 1 & 0\\ 0 & 0 & 1 & 0\\ 1 & 0 & 1 & 1\end{pmatrix}$，得 $P+P^{\mathrm{T}}=\begin{pmatrix}1 & 1 & 0 & 1\\ 1 & 1 & 1 & 0\\ 0 & 1 & 1 & 1\\ 1 & 0 & 1 & 1\end{pmatrix}$，故 G 不是单侧连通图.

令 $B=A+A^{\mathrm{T}}=\begin{pmatrix}0&1&0&1\\1&0&1&0\\0&1&0&1\\1&0&1&0\end{pmatrix}$，将 B 看作是有向图 G 略去方向后的无向图的邻接矩阵，

得 B 的可达矩阵 $P(B)=\begin{pmatrix}1&1&1&1\\1&1&1&1\\1&1&1&1\\1&1&1&1\end{pmatrix}$，故图 G 为弱连通的.

5.1.4 权图中的最短路径问题

定义 5-16 （1）对于有向图或无向图 G 的每条边附加一个实数 $w(e)$，则称为边 e 上的**权**. G 连同附加在各边上的实数称为**带权图**.

常记带权图为 $G=\langle V, E, W\rangle$，其中 V 为顶点集，E 为边集，W 为边上权组成的集合.

例如，图 5-22 就是边上带权的图 $G=\langle V, E, W\rangle$.

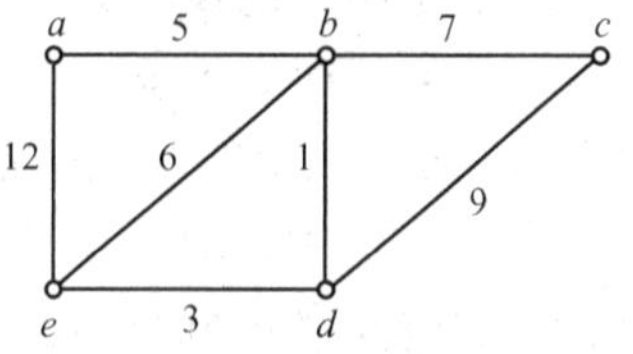

图 5-22

（2）设 $G=\langle V, E, W\rangle$ 是一个边带权连通简单图，则把从顶点 v_i 到顶点 v_j 的路径上所经过边的权值之和定义为该路径的**带权路径长度**.

（3）一个边带权连通简单图中，从顶点 v_i 到顶点 v_j 可能不止一条路径，我们把带权路径长度最短（即其值最小）的那条路径称作从 v_i 到 v_j 的**最短路径**.

（4）最短路径的权值也称**作最短路径长度或最短距离**.

例如，在图 5-23 中，从 v_0 到 v_4 共有 3 条路径：$\{v_0, v_4\}$，$\{v_0, v_1, v_3, v_4\}$ 和 $\{v_0, v_1, v_2, v_4\}$，其带权路径长度分别为 30，23 和 38，可知最短路径为 $\{v_0, v_1, v_3, v_4\}$，最短距离为 23.

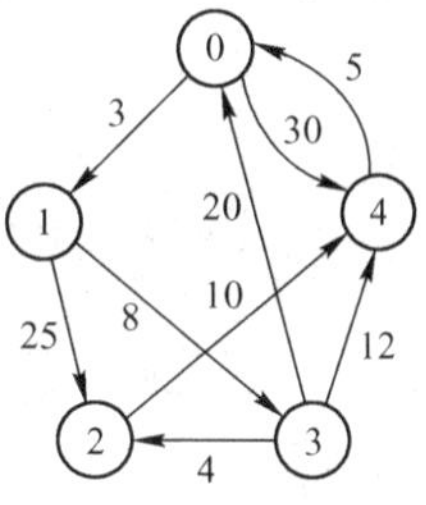

a)

$$
\begin{array}{ccccc|c}
0 & 1 & 2 & 3 & 4 & \\
\hline
0 & 3 & \infty & \infty & 30 & 0\\
\infty & 0 & 25 & 8 & \infty & 1\\
\infty & \infty & 0 & \infty & 10 & 2\\
20 & \infty & 4 & 0 & 12 & 3\\
5 & \infty & \infty & \infty & 0 & 4
\end{array}
$$

b)

图 5-23 带权图和对应的邻接矩阵

求图的最短路径问题用途很广. 例如，若用一个图表示城市之间的运输网，图的顶点代表城市，图上的边表示两端点对应城市之间存在着运输线，边上的权表示该运输线上的运输时间或单位重量的运费，考虑到两城市间的海拔高度不同，流水方向不同等因素，将造成来回运输时间或运费的不同，所以这种图通常是一个有向图.

如何能够使从一城市到另一城市的运输时间最短或者运费最省呢？这就是一个求两城市间的最短路径问题.

现在，我们讨论图中一顶点到其余各顶点的最短路径的问题.

确定 v_i 到 v_j 的距离的较好方法是迪克斯特拉（E. W. Dijkstra）在 1959 年提出的一个算法，这一算法至今仍是解这个问题的最好算法，对于带权连通有向图和无向图都可用此算法.

迪克斯特拉算法（按路径长度递增次序产生最短路径算法）思想的描述如下.

把 V 分成两组：

第一组为 S：S 是已求出最短路径的顶点的集合.

第二组为 $T=V-S$：T 是尚未确定最短路径的顶点集合.

将 T 中顶点按最短路径递增的次序加入到 S 中，保证：

（1）从源点 v_0 到 S 中各顶点的最短路径长度都不大于从 v_0 到 T 中任何顶点的最短路径长度.

（2）每个顶点对应一个距离值.

S 中顶点：从 v_0 到此顶点的最短路径长度.

T 中顶点：从 v_0 到此顶点的只包括 S 中顶点作中间顶点的最短路径长度.

依据：可以证明 v_0 到 T 中顶点 v_k 的最短路径，或是从 v_0 到 v_k 的直接路径的权值，或是从 v_0 经 S 中顶点到 v_k 的路径权值之和.

求最短路径的步骤如下.

（1）初始时令 $S=\{v_0\}$，$T=\{$其余顶点$\}$，T 中顶点对应的距离值，若存在 $\langle v_0, v_i\rangle$，为 $\langle v_0, v_i\rangle$ 弧上的权值，若不存在 $\langle v_0, v_i\rangle$，为 ∞.

（2）从 T 中选取一个其距离值为最小的顶点 w，加入 S，对 T 中顶点的距离值进行修改，若加进 w 作中间顶点，从 v_0 到 v_i 的距离值比不加 w 的路径要短，则修改此距离值.

（3）重复上述步骤，直到 S 中包含所有顶点，即 $S=V$ 为止.

将图 5-21 中求从 v_0 到其余顶点最短路径的过程用表表示出来，见表 5-1.

表 5-1

	v_1	v_2	v_3	v_4	S 集合状态	T 集合状态	v_0 到各点的最短路径
v_0	3	∞	∞	30	$\{v_0\}$	$\{v_1, v_2, v_3, v_4\}$	$v_0 \to v_1$:3
v_1		28	11	30	$\{v_0, v_1\}$	$\{v_2, v_3, v_4\}$	$v_0 \to v_3$:11
v_3		15		23	$\{v_0, v_1, v_3\}$	$\{v_2, v_4\}$	$v_0 \to v_2$:15
v_2				23	$\{v_0, v_1, v_3, v_2\}$	$\{v_4\}$	$v_0 \to v_4$:23
v_4					$\{v_0, v_1, v_3, v_2, v_4\}$	$\{\ \}$	

由于图中有 5 个顶点，只需运算 3 次，即 $n-2$ 次，当 T 中只剩一个顶点时，直接将此顶点加入到 S 中，使得 $S=V$，$T=\varnothing$，从源点 v_0 到每个顶点的最短路径及最短距离已经最后确定，所以整个运算结束.

如果用图形表示上述过程中每次运算的结果，则对应的图形分别如图 5-24b ~ e 所示. 其中，实线有向边所指向的顶点为集合 S 中的顶点，虚线有向边所指向的顶点为集合 S 外的顶点；S 集合中的顶点上所标数值为从源点 v_0 到该顶点的最短路径长度，从源点 v_0 到该顶点所经过的有向边为从 v_0 到该顶点的最短路径；S 集合外的顶点上所标数值为从源点 v_0 到该顶点的目前最短路径长度，从 v_0 到该顶点所经过的有向边为从 v_0 到该顶点的目前最短路径. 为了便于对照分析，把图 5-23a 重画于图 5-24a 中.

【例 5-9】 设带权连通图 G 如图 5-25 所示，计算从 a 到其余顶点的最短路径及其距离.

解 可以用表 5-1 解题，也可以用表 5-2 解题. 两个表格的解题过程相同，都符合迪克斯特拉算法.

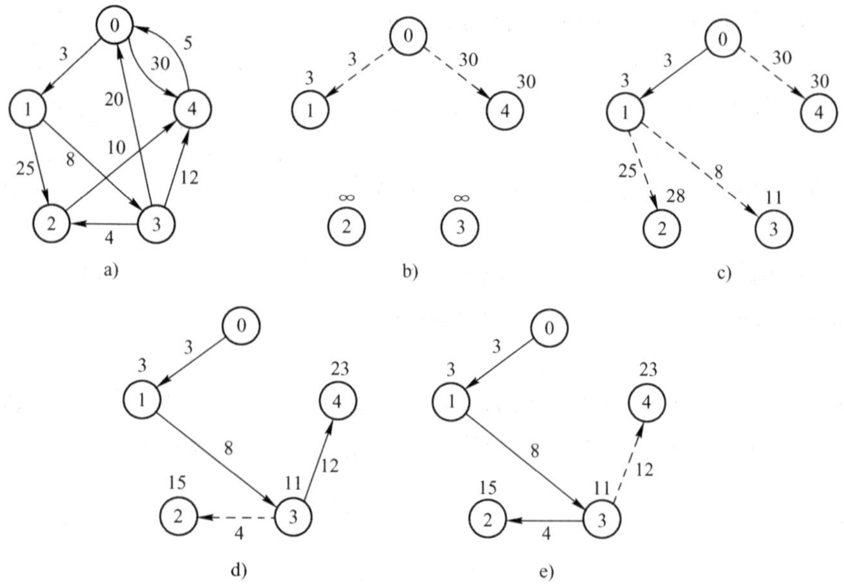

图 5-24　利用迪克斯特拉算法求最短路径的图形说明

表　5-2

终点	从 a 到各终点的最短路径及其长度						
b	5 $\langle a,b\rangle$	5 $\langle a,b\rangle$					
c	2 $\langle a,c\rangle$						
d	∞	14 $\langle a,c,d\rangle$	14 $\langle a,c,d\rangle$	14 $\langle a,c,d\rangle$	13 $\langle a,c,g,e,d\rangle$	13 $\langle a,c,g,e,d\rangle$	
e	∞	∞	12 $\langle a,b,e\rangle$	11 $\langle a,c,g,e\rangle$			
f	∞	∞	13 $\langle a,b,f\rangle$	13 $\langle a,b,f\rangle$	12 $\langle a,c,g,e,f\rangle$		
g	∞	8 $\langle a,c,g\rangle$	8 $\langle a,c,g\rangle$				
z	∞	∞	∞	15 $\langle a,c,g,z\rangle$	14 $\langle a,c,g,e,z\rangle$	13 $\langle a,c,g,e,f,z\rangle$	13 $\langle a,c,g,e,f,z\rangle$
S	$\{a\}$	$\{a,c\}$	$\{a,c,b\}$	$\{a,c,b,g\}$	$\{a,c,b,g,e\}$	$\{a,c,b,g,e,f\}$	$\{a,c,b,g,e,f,d\}$
T	$\{b,c,d,e,f,g,z\}$	$\{b,d,e,f,g,z\}$	$\{d,e,f,g,z\}$	$\{d,e,f,z\}$	$\{d,f,z\}$	$\{d,z\}$	$\{z\}$

得出：

a 到 b 的最短路径为（a，b），距离为 5.

a 到 c 的最短路径为（a，c），距离为 2.

a 到 d 的最短路径为（a，c，g，e，d），距离为13.

a 到 e 的最短路径为（a，c，g，e），距离为11.

a 到 f 的最短路径为（a，c，g，e，f），距离为12.

a 到 g 的最短路径为（a，c，g），距离为8.

a 到 z 的最短路径为（a，c，g，e，f，z），距离为13.

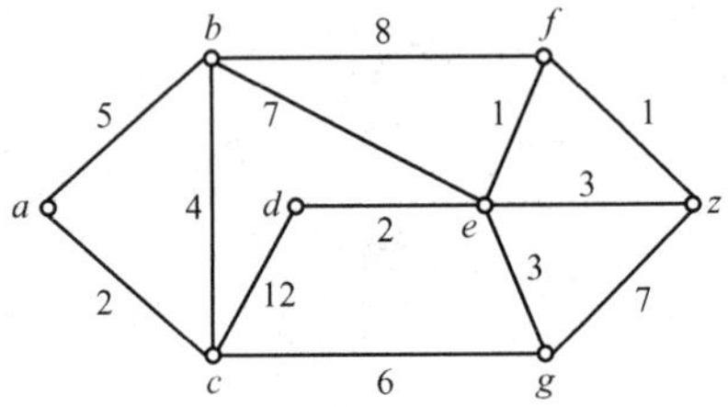

图 5-25

由上可知，从 a 到 z 的最短路径为（a，c，g，e，f，z），则（a，c），（a，c，g），（a，c，g，e），（a，c，g，e，f）分别是从 a 到 c，g，e，f 的最短路径.

5.2 树

5.2.1 无向树及生成树

1. 无向树及其性质

应用于计算机科学的树，它的许多名词术语都来源于自然界的树.

定义 5-17 （1）不包含回路的无向连通图称为**无向树**，简称**树**，记为 T.

（2）两棵以上的树称为**森林**.

（3）设 T 是树，则 T 的边称为**树枝**.

（4）树中度数为 1 的结点称为**树叶**.

（5）树中度数大于或等于 2 的结点称为**分枝点**.

设 T 是树，则它具有以下几点性质.

（1）设 v_1，v_2 是 T 的两个不同结点，则连接 v_1，v_2 有且仅有一条通路，而且这条通路是初级通路.

证明 由 T 是连通的得知，存在连接 v_1，v_2 的通路 Γ. 如果 Γ 上有结点重复出现，则表明 T 中有回路，这与 T 是树的假设矛盾. 因此，Γ 上的结点不会出现重复. 这一事实表明 Γ 是初级通路.

如果存在两条这样的初级通路，则构成回路，这又与 T 是树的假设矛盾. 因此，连接 v_1，v_2 有且仅有一条通路，而且这条通路是初级通路.

（2）设 v_1，v_2 是 T 的两个结点. 如果 v_1，v_2 不邻接，则在 T 中添加边（v_1，v_2）后所得的图有且仅有一条回路，而且这条回路是初级回路.

证明 由性质（1）知，T 中有唯一一条连接 v_1，v_2 的初级通路，记为

$$v_1 v_{i_1} v_{i_2} \cdots v_{i_l} v_2$$

因此，添上边（v_1，v_2）后所得的图中有且仅有一条回路

$$v_1 v_{i_1} v_{i_2} \cdots v_{i_l} v_2 v_1$$

显然，它是初级回路.

(3) 从树 T 中删除任意一条边后所得的图是不连通的.

证明 用反证法. 设删除 T 的边 (v_1, v_2) 后所得的图 T_1 是连通的. 设 T_1 中连接 (v_1, v_2) 的通路为

$$v_1 v_{i_1} v_{i_2} \cdots v_{i_l} v_2$$

则将删除的边 (v_1, v_2) 添加上去得到 T 的回路

$$v_1 v_{i_1} v_{i_2} \cdots v_{i_l} v_2 v_1$$

这与 T 是树的假设矛盾. 所以，从 T 中删除任意一条边后所得的图是不连通的.

(4) 设 T 是 (n, m) 树，则 $m = n - 1$.

证明 用数学归纳法.

当 $n = 2$ 时，结论显然成立.

假设 $n = 3, 4, \cdots, k$ 时结论为真. 当 $n = k + 1$ 时，设 (v_1, v_2) 是一条边，由性质 (1) 知 (v_1, v_2) 是连接 v_1, v_2 的唯一通路. 因此，删除边 (v_1, v_2) 后 T 成为两棵树，记为 T_1, T_2.

设 T_1 是 (n_1, m_1) 树，T_2 是 (n_2, m_2) 树，则

$$n_1, n_2 \leqslant k \quad (n_1 + n_2 = k + 1).$$

于是，由归纳法假设知，$m_1 = n_1 - 1$, $m_2 = n_2 - 1$，从而

$$T\text{ 的边数} = m_1 + m_2 + 1 = (n_1 - 1) + (n_2 - 1) + 1 = (n_1 + n_2) - 1 = n - 1.$$

因此，由数学归纳法知，对任何结点数为 n 的树 T，其边数为 $n - 1$.

(5) 设树 T 的结点数为 n $(n > 2)$，则 T 至少有两片树叶.

证明 因为 T 是树，所以它的边数 $m = n - 1$. 如果 T 的树叶数为 k，则度数大于或等于 2 的结点数为 $n - k$. 于是有

$$1k + 2(n - k) \leqslant 2m$$

将 $m = n - 1$ 代入得

$$k + 2(n - k) \leqslant 2(n - 1)$$

即

$$k + 2n - 2k \leqslant 2n - 2$$

由此得

$$k \geqslant 2$$

所以，T 至少有两片树叶.

【例 5-10】 设树 T 中有 7 片树叶，3 个 3 度结点，其余都是 4 度结点，问 T 中有几个 4 度结点，给出 T 的图解.

解 设 T 已有 x 个 4 度结点，则

$$1 \times 7 + 3 \times 3 + 4 \times x = 2(7 + 3 + x - 1)$$

解此方程得 $x = 1$，即 T 的 4 度结点只有 1 个，其图解如图 5-26 所示.

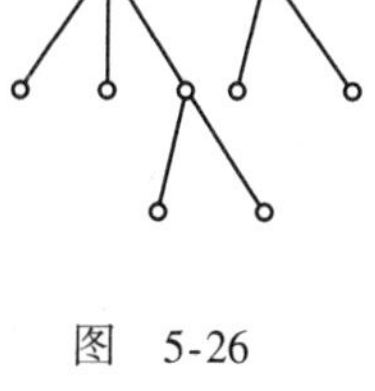

图 5-26

【例 5-11】 画出所有 6 个顶点非同构的无向树.

解 顶点数 $n = 6$, $m = 6 - 1 = 5$，总度数为

$$\sum_{i=1}^{6} d(v_i) = 2m = 10, \quad 1 \leqslant d(v_i) \leqslant 5$$

因而顶点数分配情况可为：

(1) 1 1 1 1 1 5；　　(2) 1 1 1 1 2 4；

(3) 1 1 1 1 3 3；　　(4) 1 1 1 2 2 3；

(5) 1 1 2 2 2 2.

根据每种度数的分配情况，将非同构的树都画出来：(1)，(2)，(3)，(5) 各画 1 棵，而 (4) 有 2 棵非同构的，共 6 棵非同构的树，如图 5-27 所示.

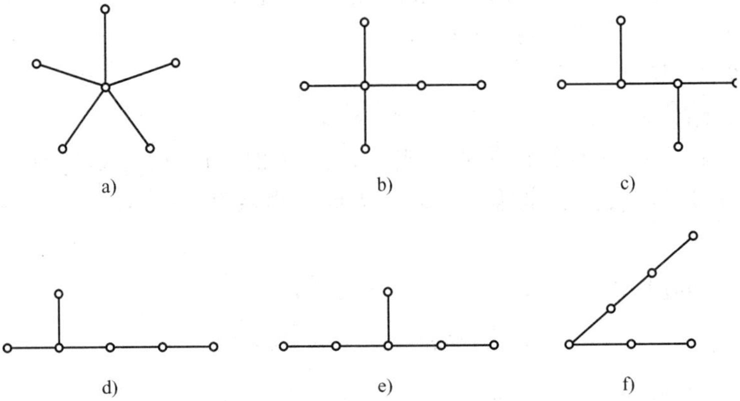

图 5-27

a）由（1）给出　b）由（2）给出　c）由（3）给出

d）由（4）给出　e）由（4）给出　f）由（5）给出

2. 生成树

定义 5-18 (1) 设 G 是连通图，如果 T 是 G 的生成子图，且是树，则称 T 是 G 的**生成树**，G 在 T 中的边称为 T 的**树枝**.

(2) G 的不在 T 中的边称为 T 的**弦**.

定理 5-5 G 是连通图当且仅当 G 有生成树.

证明 (1) G 有生成树证明 G 是连通图. 因为生成树是连通图，生成子图连通，则原图一定连通.

(2) G 是连通图证明 G 有生成树.

设 G 是连通图，若 G 没有回路，则 G 本身就是生成树；

若 G 只有一条回路，从这条回路中删去一条边，仍保持连通，得到一棵生成树；

若 G 中有多条回路，则重复上述过程，直到得到一棵生成树为止.

定理 5-6 不仅从理论上肯定了任何一个连通图 G 都有生成树，而且给出了如何得到 G 的生成树的具体做法——破圈法.

【例 5-12】 设连通图 G 如图 5-28 所示，求它的所有的非同构的生成树.

解 5 个顶点非同构的无向树有 3 棵，如图 5-29a ~ c 所示，G 中没有 4 度顶点，故 G 没有与图 a 同构的生成树，分别与图 b、c 同构的生成树如图 d、e 所示.

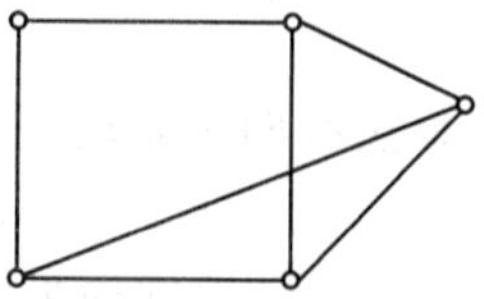

图 5-28

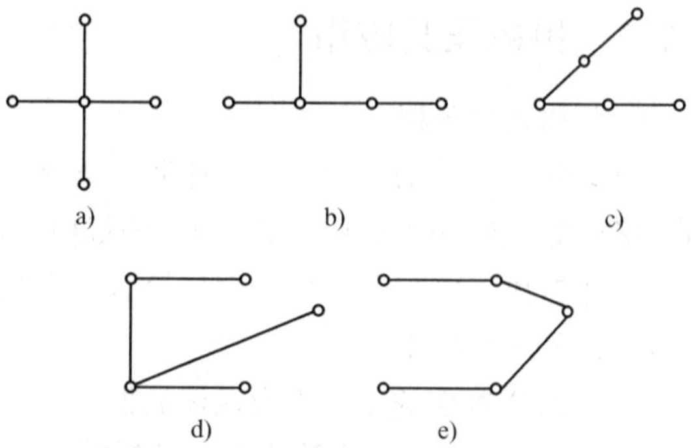

图 5-29

3. 最小生成树

定义 5-19 设 $G=\langle V, E, W\rangle$ 是带权连通简单图，W 是边上权的集合. 又设 T 是 G 的一棵生成树，T 中所有树枝的权之和称为 T 的**权**，记为 $W(T)$. 具有最小权的生成树称为**最小生成树**.

这个问题是具有实际意义的. 例如，G 的顶点表示城市，G 的边表示城市间的道路，边的权表示对应道路的长度，现在沿着道路架设通信线路，将这些城市联系起来，要求架设的线路最短，这个问题就是求一棵最小生成树的问题.

求一棵最小生成树的算法很多，在这里只介绍克鲁斯卡尔算法.

设无向带权图 $G=\langle V, E, W\rangle$，有 m 条边 $e_1, e_2, \cdots, e_m$，它们带的权分别为 $a_1, a_2, \cdots, a_m$，不妨设 $a_1 \leqslant a_2 \leqslant \cdots \leqslant a_m$.

(1) 一开始取权最小的边 e_1，且 $w(e_1)=a_1$，取 e_1 在 T 中.

(2) 若 e_2 不与 e_1 构成回路，取 e_2 在 T 中；否则，放弃 e_2，再查 e_3，继续这一过程，直到得到的子图就是所求的一棵最小生成树 T 为止.

例如，带权图 G 如图 5-30a 所示，利用克鲁斯卡尔算法求最小生成树的过程如图 5-30 b ~ g 所示，最小生成树不唯一.

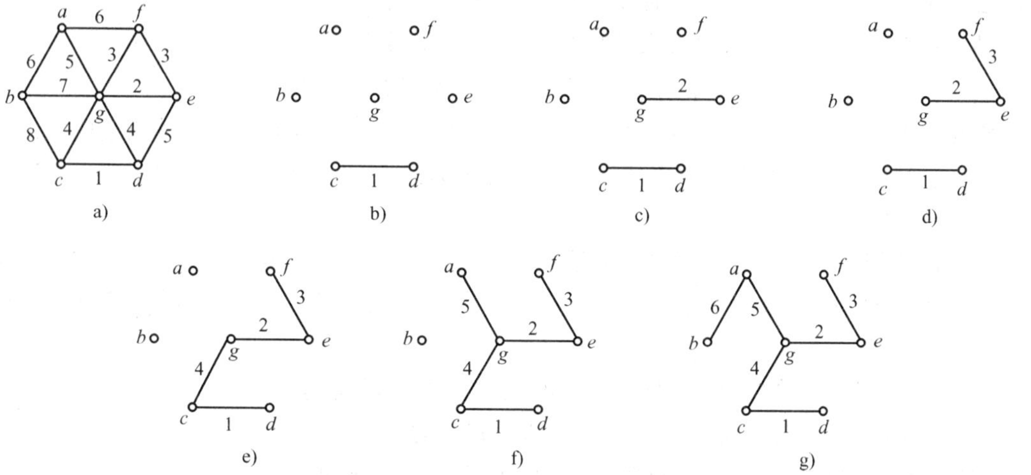

图 5-30

5.2.2 根树及其应用

1. 根树与二元树

若有向图在不考虑弧的方向时是一棵树，称该有向图为有向树. 显然有向树是弱连通的. 现在将讨论一类重要的有向树，即根树，定义如下.

定义 5-20 (1) 若一棵有向树恰有一个顶点的入度为 0，其余所有顶点的入度均为 1，则称该有向树为**根树**.

(2) 入度为 0 的顶点称为根树的**根**.

(3) 出度为 0 的顶点称为根树的**树叶**.

(4) 出度非零的顶点称为**分枝点**或**内点**.

在根树中，从根 v 到其余每个顶点有唯一的一条有向路. 根树中还有一些专门术语，现在介绍如下.

定义 5-21 (1) 设 u 是根树的分枝点，若从 u 到 w 有一条弧 (u, w)，则称 w 为 u 的**儿子**，或 u 为 w 的**父亲**.

(2) 若一个顶点有两个儿子，则称它们为**兄弟**.

(3) 若从 u 到 z 有一条有向路，则称 z 是 u 的**子孙**，或称 u 是 z 的**祖辈**.

(4) 从根到某一顶点 v 的路径长度称为顶点 v 的**层数**.

(5) 从根到树叶的最大层数，称为有根树的**高**.

图 5-31 所示是根树. 顶点 1 是根；顶点 5，8，9，10，11，12 都是树叶；顶点 1，2，3，4，6，7 都是分枝点. 顶点 1 的层数为 0；顶点 2，3 的层数为 1；顶点 4，5，6，7，8 的层数为 2；顶点 9，10，11，12 的层数为 3.

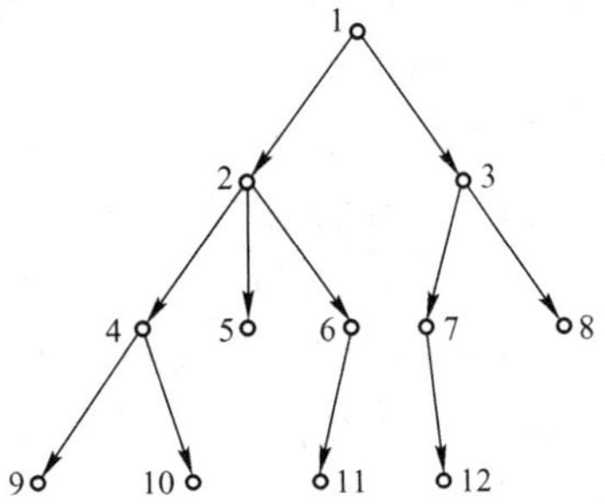

图 5-31

在画根树时，如果规定将分枝点的儿子放在它下面，因为箭头总是朝下的，那么弧的箭头就可以省略.

根树的概念非常重要，原因在于它描述了一个离散结构的层次关系，而层次结构是一种重要的数据结构，所以根树结构在相当广泛的领域中有它的应用. 有时只要考虑某一层次上某分枝点为根的局部层次关系，因此引入下面的概念.

定义 5-22 (1) 设 u 是根树 T 的任一顶点，以 u 为根，u 及其所有子孙所组成的顶点集记为 V'，u 到这些子孙的有向路上所有弧组成的弧集记为 E'，称 T 的子图 $T' = \langle V', E' \rangle$ 为以 u 为根的**子树**.

前面讨论根树时，没有考虑同一分枝点连出的弧的次序. 但是在计算机科学中的许多具体问题（如编码理论和程序语言等）一定要考虑这种弧的次序. 为此，现在引进有序树的概念.

定义 5-23 有根树的每个分枝点连出的弧（或者有根树的每一个顶点）从左到右用正整数 1，2，…，i，…标上标号，称该有根树为**有序树**.

在确定树或画树的方式中，这些标号如果清楚，则标号可以省略.

如图 5-32c、d 中的有序树是不同构的，例如图 c 可表示一个人的长子有 3 个孩子，次子没有孩子；图 d 可表示一个人的长子没有孩子，而次子有 3 个孩子．这就说明了引进有序树的用处．

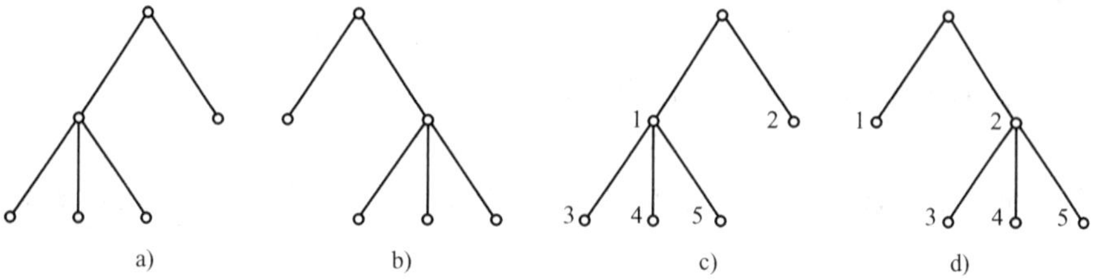

图 5-32

定义 5-24 （1）在有序树中，每个分枝点 v 至多有 m 个儿子，称该有序树为 **m 元树**．

（2）如果 m 元树中，每个分枝点恰有 m 个儿子，称该有序树为**正则 m 元树**．

（3）对于二元树，一个分枝点的左右两个儿子为根的子树分别称**左子树**和**右子树**．

例如，算术表达式 $a-(b+c/d+ef)$ 可以用二元有序正则树来表示如图 5-33 所示．所有运算对象都处于树叶的位置，所有运算符处于分枝点的位置．如果将分枝点连出的弧的次序改变一下，那么所得到的二元树对应的算术表达式也就改变了．

定理 5-7 在正则二元树中，它的分枝点数 i 和树叶数 t 满足：$i=t-1$．

证明 因为分枝点儿子的总数为 $2i$ 等于树的顶点数减 1（这是因为除了根外每个点都是儿子），而树的顶点可分成两类：分枝点和树叶，即顶点数 $=i+t$，因此有 $2i=i+t-1$，所以 $i=t-1$．

类似可证，在正则 m 元树中有 $(m-1)i=t-1$．

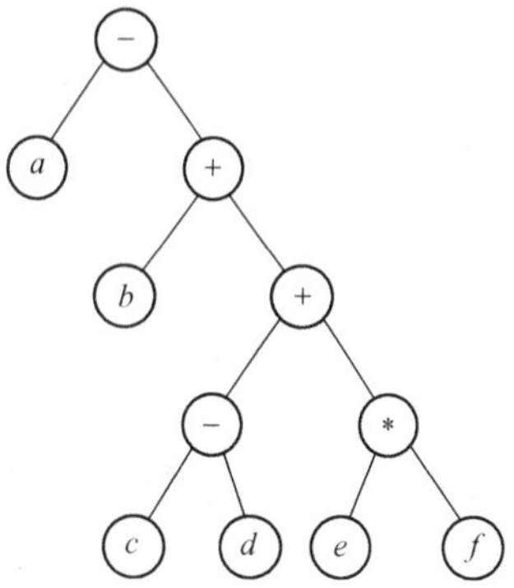

图 5-33

2. 最优树

在计算机及通信中常用二进制编码来表示字符．一篇由英文字母组成的短文如何从发送端发出信息，准确地传输送到较远的接收端，并且短文对应的信息串的总长度最短？

为了解决这个问题，首先要求将出现次数多的字母用较短的二进制序列表示，出现次数少的字母用较长的二进制序列表示；其次要求在接收端能明确地从一个二进制信息串中分辨出字母所对应的序列．

为便于讨论，假设电文只由字母 a，b，c，d，e 组成，这 5 个字母分别用下列 0 和 1 序列表示，对应关系见表 5-3．

表 5-3

a	b	c	d	e
00	110	010	10	01

把集合 {00，110，010，10，01} 叫作编码．

如果接收端收到的信息串是 010010，这时将分辨不清发送来的是 ead 还是 cc，这是因为 e 对应的序列 01 是 c 对应序列 010 的前缀.

定义 5-25 （1）设 $\beta=\alpha_1\alpha_2\cdots\alpha_n$ 为长度是 n 的符号串，称其子串 α_1，$\alpha_1\alpha_2$，…，$\alpha_1\alpha_2\cdots\alpha_{n-1}$ 分别为 β 的长度为 1，2，…，$n-1$ 的**前缀**.

例如，010010 有 5 个前缀，分别是 0，01，010，0100，01001.

（2）二进制有限序列组成的集合称为**编码**.

（3）编码中每个元素称为一个**码字**.

（4）在一个码中，任一码字都不是其他码字的前缀，称该码为**二元前缀码**，简称**前缀码**.

为了避免编码二义性的发生，只要将 c 对应的序列改为 111，就能确定送来的是 ead. 集合 {00，110，111，10，01} 就叫前缀码.

为了设计前缀码，先来看前缀码与二元树的关系.

定理 5-8 给定一棵二元树，则可确定一个前缀码；反之，对应于一个前缀码，存在一棵二元树.

证明略.

构造一棵二元树，分枝点的左侧用 0 标记，右侧用 1 标记. 任意一个叶子结点的标记串是从根结点走到该叶子结点的一个二进制序列，那么该标记串不会是其他叶子结点标记串的前缀. 将所有叶子结点的标记串取来就可以构成一个二元前缀码.

前缀码 {00，110，111，10，01} 对应的一棵二元树如图 5-34 所示. 若我们接收到二进制串序列为 000011001，那么可以从图的二元树树根出发，依序列的次序，当遇到 0 时，就沿着标记为 0 的边走；当遇到 1 时，就沿着标记为 1 的边走，一直走至树叶. 这样，前缀码中的一个码字就被找到. 然后再回到根，用同样的方法可以找出下一个码字. 这样的过程保证使二进制串序列总可分割成前缀码中的码字. 于是从信息串序列 000011001 可以得到对应的英文字母 aabe.

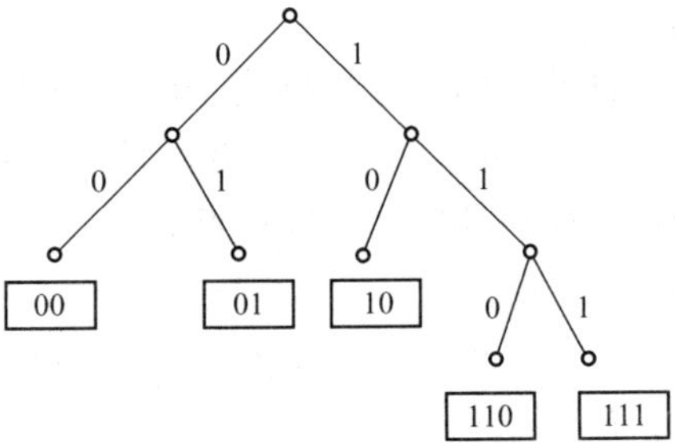

图 5-34

如何设计前缀码，使得同一短文字母串所对应的二进制串序列尽可能地短？也就是说，使 1000 个字母的短文中其二进制串长度 $\sum_{i=1}^{26} w_i l_i$ 最小，其中 w_i 表示第 i 个字母出现的频率；l_i 表示第 i 个字母对应的序列长度. 这一问题归结为如何构造一棵最优二元树的问题，下面介绍用霍夫曼方法求最优二元树. 为此下面首先给出最优二元树的定义.

定义 5-26 给定一组权 w_1，w_2，…，w_n 且 $w_1 \leqslant w_2 \leqslant \cdots \leqslant w_n$，如果一棵二元树的 n 个叶子结点权分别为 w_1，w_2，…，w_n，称这棵二元树为**叶子结点带权的二元树**，记为 T. **二元树 T 的权**记为 $W(T)$，$W(T)=\sum_{i=1}^{n} w_i l_i$，其中 l_i 是从根到带权 w_i 的树叶的路长度.

定义 5-27 带权 w_1，w_2，…，w_n 二元树 T 中，使 $W(T)$ 最小的二元树称为**最优二元树**，简称**最优树**.

例如，对于带权 3，5，7，9 的二元树，如图 5-35 所示.

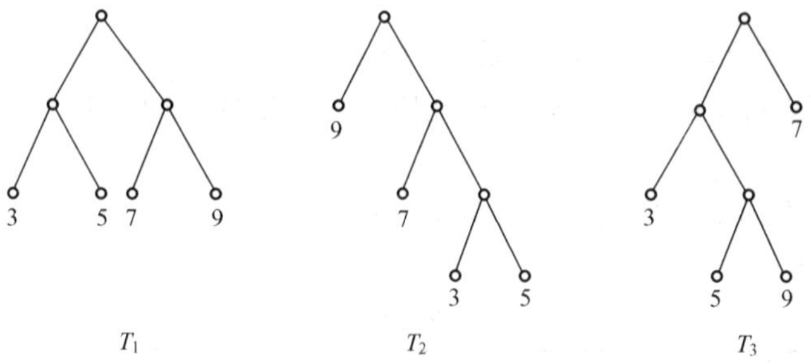

图 5-35

图中，T_1 的权 $W(T_1)=48$，T_2 的权 $W(T_2)=47$，T_3 的权 $W(T_3)=55$，但它们之中有无最优树还不知道.

求最优树的算法是由哈夫曼给出的，称为哈夫曼算法.

设 n 个权 w_1，w_2，…，w_n，且 $w_1 \leqslant w_2 \leqslant \cdots \leqslant w_n$.

（1）首先构造 n 棵树，每棵树是一个顶点（即根），分别带权 w_1，w_2，…，w_n；

（2）然后找出两个带最小权 w_1 和 w_2 的顶点作为树叶，构造一棵根带权 w_1+w_2 的二元树，于是得到 $n-1$ 棵树，它们的根分别带权 w_1+w_2，…，w_n（此时 $w_1+w_2 \leqslant w_3$ 不一定成立）；

（3）再在 $n-1$ 棵树中找出两棵根带权最小的树，合并为一棵新的二元树，使得这两棵树分别是它的左、右子树，新的二元树根带的权为原两棵树根带的权之和；

（4）重复步骤（3），每一步选择两棵根带权最小的树合并为一棵二元树，直到只有一棵二元树为止.

可以证明这棵树是带权 w_1，w_2，…，w_n的最优树.

例如，构造带权 2，4，7，8，10，12 的最优树. 构造过程如图 5-36 所示.

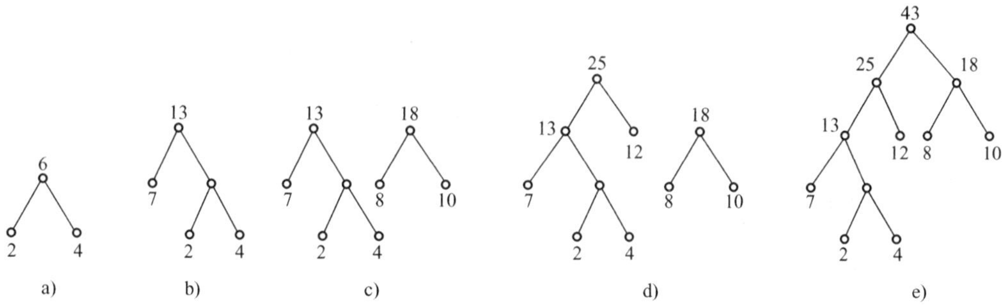

图 5-36

每步对应的权序列分别为

a）6，7，8，10，12

b）13，8，10，12

c）13，18，12

d）18，25

e）43

这棵最优树的权为 $2\times4+4\times4+7\times3+12\times2+8\times2+10\times2=105$.

一般来说，带权 w_1，w_2，…，w_n的最优树不一定是唯一的，但由哈夫曼算法得到的二元树一定是最优树.

【例 5-13】 设在通信中只用列 8 个英文字母 a，b，c，d，e，f，g，h，这 8 个英文字母出现的频率见表 5-4.

表 5-4

字母	a	b	c	d	e	f	g	h
频率	0.30	0.20	0.15	0.10	0.08	0.06	0.06	0.05

求传输它们的最佳前缀码.

解 取 $w_1=5$，$w_2=6$，$w_3=6$，$w_4=8$，$w_5=10$，$w_6=15$，$w_7=20$，$w_8=30$ 为 8 个权，用哈夫曼算法求最优树，如图 5-37a 所示. 这 8 个英文字母的等长前缀码如图 5-37b 所示.

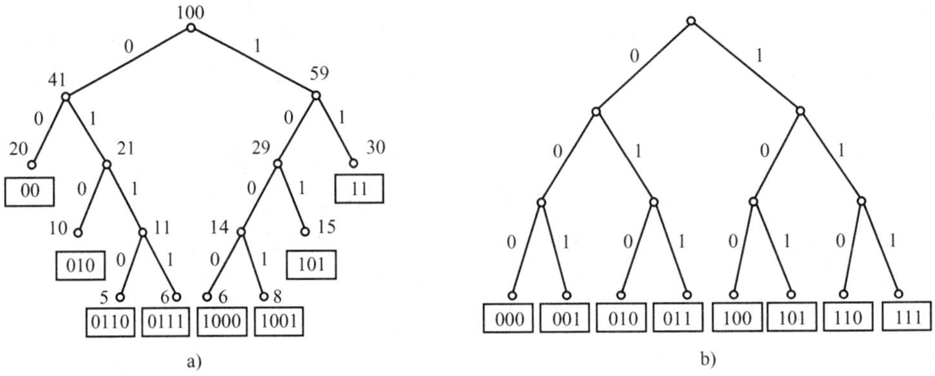

图 5-37

a）最佳前缀码 b）等长前缀码

{00，11，010，101，0110，0111，1000，1001} 为最佳前缀码.

{000，001，010，011，100，101，110，111} 为等长前缀码.

规定如表 5-5 所示.

表 5-5

字母	a	b	c	d	e	f	g	h
频率	0.30	0.20	0.15	0.10	0.08	0.06	0.06	0.05
最佳前缀码	11	00	101	010	1001	1000	0111	0110

传输 10000 个英文字母，则有

$$(30\times2+20\times2+15\times3+10\times3+8\times4+6\times4+6\times4+5\times4)\times1000=26700$$

用最佳前缀码要传输 26700 个 0 和 1，而用等长码要传输 30000 个 0 和 1（与频率无关)，用最佳前缀码比用等长码省 3300 个 0 和 1.

5.3 小结

本章的概念较多，学习时需要认真比较各概念的含义.

（1）图、子图、有向图、权图，树、生成树、二叉树、有向树、最优二元树，路、简单路、回路等，这些都是图的基本概念，今后将在数据结构、数据库、计算机网络等课程中用到.

（2）权图中的最短路径问题，严格执行迪克斯特拉算法步骤，从起点起，到每一点求出最短路径，然后进行仔细比较，最后到达终点，算出最小权和.

（3）权图中的最小生成树是图中所带权的和最小的生成树，使用克鲁斯卡尔算法，可求最小生成树.

（4）由哈夫曼算法得到的二元树一定是最优二元树，要注意最优二元树不唯一.

5.4 习题

一、单项选择题

1. 仅由孤立点组成的图称为（　　）.

A. 零图　　B. 平凡图　　C. 完全图　　D. 多重图

2. 在任何图 G 中必有偶数个（　　）.

A. 度数为偶数的结点　　B. 度数为奇数的结点

C. 入度为奇数的结点　　D. 出度为奇数的结点

3. 设 G 为有 n 个结点的无向完全图，则 G 的边数为（　　）.

A. $n(n-1)$　　B. $n(n+1)$　　C. $n(n-1)/2$　　D. $(n-1)/2$

4. 图 G 和 G' 的结点和边分别存在一一对应关系是 $G \cong G'$（同构）的（　　）.

A. 充分条件　　B. 必要条件

C. 充分必要条件　　D. 既不充分也不必要条件

5. 含 5 个结点，3 条边的简单图有（　　）个.

A. 2　　B. 3　　C. 4　　D. 5

6. 任何无向图 G 中结点间的连通关系是（　　）.

A. 偏序关系　　B. 等价关系

C. 既是偏序关系又是等价关系　　D. 既不是偏序关系又不是等价关系

7. 有向图 $G=\langle V,E\rangle$，其中 $V=\{a,b,c,d,e,f\}$，$E=\{\langle a,b\rangle,\langle b,c\rangle,\langle a,d\rangle,\langle d,e\rangle,\langle f,e\rangle\}$ 是（　　）.

A. 强连通图　　B. 单向连通图　　C. 弱连通图　　D. 不连通图

8. 无向图 G 中的边 e 是其割边的充分必要条件是（　　）.

A. 边 e 是重边　　B. 边 e 不是重边

C. 边 e 不包含在 G 的任一回路中　　D. 边 e 不包含在 G 的某一回路中

9. 已知无向图 G 的邻接矩阵为

$$\begin{pmatrix} 0 & 1 & 0 & 1 & 1 \\ 1 & 0 & 0 & 0 & 1 \\ 0 & 0 & 0 & 1 & 1 \\ 1 & 0 & 1 & 0 & 1 \\ 1 & 1 & 1 & 1 & 0 \end{pmatrix}$$，则 G 有（　　）.

A. 5 点，8 边　　B. 6 点，7 边　　C. 5 点，7 边　　D. 6 点，8 边

10. 邻接矩阵具有对称性的图一定是（　　）.

A. 有向图　　B. 无向图　　C. 混合图　　D. 简单图

11. 下面哪一种图不一定是树（　　）.

A. 无回路的连通图　　B. 有 n 个结点 $n-1$ 条边的连通图

C. 每对结点间都有路的图　　D. 连通但删去一条边则不连通的图

12. 设图 G 是有 6 个顶点的连通图，总度数为 20，则从 G 中删去（　　）边后使之变成树.

A . 10　　B. 5　　C. 3　　D. 2

13. 具有 4 个结点的非同构的无向树的数目为（　　）.

A. 2　　B. 3　　C. 4　　D. 5

14. 一棵树有 2 个 2 度结点，1 个 3 度结点，3 个 4 度结点，则其 1 度结点数为(　　).

A. 5　　B. 7　　C. 8　　D. 9

15. 5 个结点可构成的根树中，其叉树 m 最多为（　　）.

A. 2　　B. 3　　C. 5　　D. 4

16. 下面给出的符号串集合中，属于前缀码的是（　　）.

A. $\{1, 01, 001, 000\}$　　B. $\{1, 11, 101, 001, 0011\}$

C. $\{b, c, aa, bc, aba\}$　　D. $\{b, c, a, aa, ac, abb\}$

二、填空题

1. 仅由一个孤立点构成的图称为__________.

2. 设无向图 G 有 10 条边，3 度与 4 度顶点各 2 个，其余顶点的度数均小于 3，G 中至少有______顶点，在最少顶点的情况下，写出 G 的度数列为____________________.

3. 在一个图中，若两个结点________________，则称这两点为邻接点，若一个结点________________，则称该点为孤立点.

4. 设 $G=\langle V, E\rangle$ 和 $G'=\langle V', E'\rangle$，若________________，则 G' 为 G 的真子图，若________________，则 G' 为 G 的生成子图.

5. 设图 G 有 6 个结点，若各结点的度数分别为 1，2，4，3，5，5，则有________条边.

6. 设 G 是 (n, m) 简单图，v 是 G 中度数为 k 的结点，e 是 G 中一条边，则 $G-\{v\}$ 中有__________个结点，__________条边；$G-\{e\}$ 中有________结点，__________条边.

7. 3 个结点可构成________个不同构的简单无向图；________个不同构的简单有向图.

8. 在无向图 G 中，若__________，称结点 v 和 u 是连通的；若______________，称图是连通的.

9. $A(G)$ 为图 $G=\langle V, E\rangle$ 的邻接矩阵，结点 $v_i \in V$ 的出度为__________，入度为__________，$(A(G))^k$ 中的第 i 行第 j 列的元素 a_{ij}^k 为________________.

10. 若树 T 是____________，则称 T 为图 G 的生成树，树 T 中的边称为__________.

11. 连通图 G 是一个树，当且仅当每条边________________.

12. 无向图 G 具有生成树，当且仅当________________.

13. 无向图 G 是由 k（$k \geqslant 2$）棵树组成的森林，至少要添加____________条边能使 G 成为一棵树.

14. 设 T 为高度为 k 的二元树，则 T 的最大结点数为____________.

15. 如果根树 T 的每个点 v 最多有两棵子树，则称 T 为__________.

三、判断题

1. 设图 G 和图 G'，$G \cong G'$ 当且仅当 G 和 G' 的结点和边分别存在一一对应关系且保持关联关系. （　）

2. 在 n（$n \geqslant 2$）个结点的简单图 G 中，若 n 为奇数，则 G 与其补图 $\overline{G}$ 的奇度结点数不一定相同. （　）

3. 若图 G 是不连通的，则它的补图 $\overline{G}$ 必是连通图. （　）

4. 设 e 是图 G 的一条边，若 e 不包含在 G 的某回路 c 中，则 e 是 G 的桥. （　）

5. 在有向图 G 中，它的每一个结点恰位于一个单向连通图中. （　）

6. 有向图 G 的邻接矩阵 $A(G)$ 中第 i 行里值为 1 的元素之和等于结点 v_i 的入度. （　）

7. 设图 G 是有 n 个结点，$n-1$ 条边的无向图，则 G 为一棵树. （　）

8. 任何树都至少有两片叶子. （　）

9. 图 G 中的每条边都是桥，则 G 必是树. （　）

10. 任何图 $G=\langle V, E\rangle$ 都至少有一棵生成树. （　）

11. 设 $G=\langle V, E\rangle$ 是连通图，$e \in E$ 是 G 的桥，则 e 在 G 的每棵生成树中. （　）

12. $\{000, 001, 01, 10, 11\}$ 是一个前缀码. （　）

四、计算题

1. 设无向图 $G=\langle V, E\rangle$，$V=\{v_1, v_2, \cdots, v_6\}$，$E=\{\langle v_1, v_2\rangle, \langle v_2, v_2\rangle, \langle v_2, v_4\rangle, \langle v_4, v_5\rangle, \langle v_3, v_4\rangle, \langle v_1, v_3\rangle, \langle v_3, v_1\rangle\}$.

（1）画出 G 的图形；

（2）求出 G 中各顶点的度及奇数度顶点的个数.

2. 求图 5-38 中 A 到其余各顶点的最短路径，并写出它们的权.

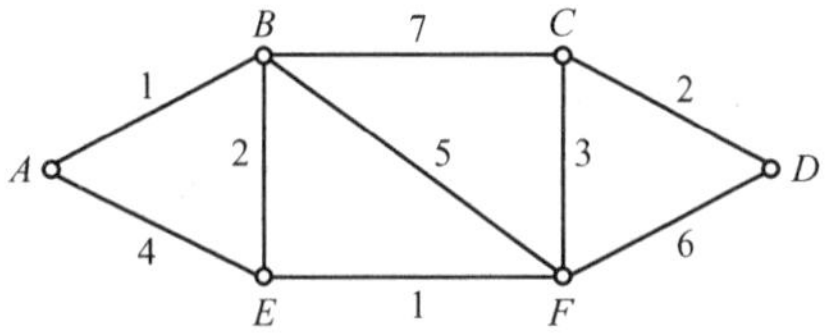

图　5-38

3. 设有 5 个城市 v_1，v_2，v_3，v_4，v_5，任意两城市之间铁路造价如下（以百万元为单位）：$w(v_1,v_2)=4$，$w(v_1,v_3)=7$，$w(v_1,v_4)=16$，$w(v_1,v_5)=10$，$w(v_2,v_3)=13$，$w(v_2,v_4)=8$，$w(v_2,v_5)=17$，$w(v_3,v_4)=3$，$w(v_3,v_5)=10$，$w(v_4,v_5)=12$. 试求出连接 5 个城市的且造价最低的铁路网.

4. 一棵树有 2 个结点度数为 2，1 个结点度数为 3，3 个结点度数为 4，问它有几个度数为 1 的节点.

五、证明题

1. 设图 G 有 n 个顶点，$n+1$ 条边，证明 G 中至少有一个顶点度数 ≥ 3.

2. 证明一个自补图的顶点数不是 $4k$ 就是 $4k+1$（k 是正整数）.

3. 若简单图 G 至多有 $2n$ 个顶点，每个顶点度数至少为 n，则 G 是连通图. 若简单图 G 至多有 $2n$ 个顶点，每个顶点度数至少为 $n-1$，则 G 是连通图吗？

4. 证明：对于任何简单图 G，或者 G 是连通的或者 $\overline{G}$ 是连通的.

5. 证明：在无向图中结点间的连通关系是等价关系.

第 6 章　数理逻辑初步

数理逻辑又称为符号逻辑、理论逻辑，是用数学方法研究逻辑或形式逻辑的学科. 所谓使用数学方法是指使用符号、公式和已有的数学成果及方法，特别是使用形式的公理方法. 数理逻辑的主要分支包括逻辑演算（包括命题演算和谓词演算）、模型论、证明论、递归论和公理化集合论. 数理逻辑是数学基础的一个不可缺少的组成部分，也是现代计算机技术的基础，在程序验证、程序变换、程序综合、软件形式说明、程序设计语言的形式语义学、人工智能等方面都有着广泛的应用.

命题逻辑是数理逻辑的最基础部分，是研究以命题为基本单位构成的前提和结论之间的可推导关系. 本章主要讲解命题逻辑的相关内容.

6.1　命题与连接词

6.1.1　命题和命题连接词的概念

命题是指非真必假的陈述句. 而疑问句、祈使句和感叹句等因其不能判断其真假，故都不是命题. 命题仅有两种可能的真值——真和假，且二者只能居其一. 真用 1 或 T 表示，假用 0 或 F 表示. 由于命题只有两种真值，所以称这种逻辑为二值逻辑. 命题的真值具有客观性，不是由人的主观决定的.

【例 6-1】 判断下列语句是否为命题.

（1）北京是中国的首都.

（2）所有的树木都是植物.

（3）雪是黑色的.

（4）请勿吸烟!

（5）明天开会吗?

解　（1）~（3）是命题，其中（1），（2）是真命题，（3）是假命题；（4）是祈使句，（5）是疑问句，它们都无真假可言，因此都不是命题.

一个语句本身是否能分辨真假与我们是否知道它的真假是两回事. 对于一个句子，有时我们可能无法判断它的真假，但它本身确实有真假，那么这个语句就是命题.

【例 6-2】 判断下列语句是否为命题.

（1）地球外的星球上也有人.

（2）小王是我的同学.

（3）$11+1=100$.

（4）我正在说谎.

解　（1）~（3）是命题. 对（1）目前我们还无法判断它的真假，但就事物本质而言，句子本身是可以分辨真假的. 随着科学技术的发展，其真值是会知道的.（2）的真假取决于“我”与“小王”的关系，若“我”与“小王”是同学，则（2）是真命题，否则为假. 但一般来说，这句话总是出现在某一具体情况下，总可以根据当时的情况来确定它的真假.（3）的真假取决于采用哪一种进制，若是二进制，则是真的，否则就是假的.（4）“我”是在说真话还是在说假话呢？如果是说谎，那么说的是假话；因为我承认他是说谎，所以他实际上是在说真话，我们得出结论：如果我是说谎，那么他是讲真话. 另一方面，如果我讲真话，那么我所说的是真话，也就是他在说谎. 于是我们得出结论：如果我讲真话，那么他是在说谎，因此我们不能辨别这个语句的真假，它不是命题. 这种产生自相矛盾的语句叫悖论.

如果一陈述句再也不能分解成更为简单的语句，则由它构成的命题称为原子命题. 原子命题是命题逻辑的基本单位.

命题分为两类. 第一类是原子命题，原子命题用大写英文字母 P，Q，R，…及其带下标的形式 P_i，Q_i，R_i，…表示；第二类是复合命题，它由原子命题、命题连接词和圆括号组成.

定义 6-1 设 P 表示一个命题，由命题连接词$\neg$和命题 P 连接成$\neg P$，称$\neg P$ 为 P 的**否定式复合命题**，$\neg P$ 读作“非 P”. 称$\neg$为**否定连接词**. $\neg P$ 是真，当且仅当 P 为假；$\neg P$ 是假，当且仅当 P 为真. 否定连接词“$\neg$”的定义见表 6-1.

表 6-1

P	$\neg P$
0	1
1	0

由于“否定”修改了命题，它是对单个命题进行操作，称它为一元连接词. 例如，若 P：猩猩是人，那么$\neg P$：猩猩不是人. 若 P：上海是中国最大的城市，则$\neg P$：上海不是中国最大的城市. P 与$\neg P$ 的真假是相互对立的，P 为真，则$\neg P$ 为假；反之，P 为假，则$\neg P$ 为真.

定义 6-2 设 P 和 Q 为两个命题，由命题连接词$\wedge$将 P 和 Q 连接成 $P\wedge Q$，称 $P\wedge Q$ 为命题 P 和 Q 的**合取式复合命题**，$P\wedge Q$ 读作“P 与 Q”或“P 且 Q”. 称$\wedge$为**合取连接词**. 当且仅当 P 和 Q 的真值同为真，命题 $P\wedge Q$ 的真值才为真；否则，$P\wedge Q$ 的真值为假. 合取连接词“$\wedge$”的定义见表 6-2.

表 6-2

P	Q	$P\wedge Q$
0	0	0
0	1	0
1	0	0
1	1	1

例如，丘玉学习很好，而且非常努力. 就可以符号化为：P：丘玉学习很好，Q：丘玉学习非常努力，记作 $P\wedge Q$.

定义 6-3 设 P 和 Q 为两个命题，由命题连接词$\vee$把 P 和 Q 连接成 $P\vee Q$，称 $P\vee Q$ 为命题 P 和 Q 的**析取式复合命题**，$P\vee Q$ 读作“P 或 Q”. 称$\vee$为**析取连接词**. 当且仅当 P 和 Q 的真值同为假，$P\vee Q$ 的真值为假；否则，$P\vee Q$ 的真值为真. 析取连接词$\vee$的定义见表 6-3.

例如赵志宏学习俄语或英语，记 P：赵志宏学习俄语，Q：赵志宏学习英语，P、Q 可以同时为真，命题符号化为“$P\vee Q$”，称$\vee$为相容或，$P\vee Q$ 取值为 1，只要 P、Q 之一取值为 1，只有 P、Q 均取值为 0 时，$P\vee Q$ 取值为 0.

表 6-3

P	Q	$P\vee Q$
0	0	0
0	1	1
1	0	1
1	1	1

又如李宏生于 1978 年或 1980 年，记 P：李宏生于 1978 年，Q：李宏生于 1980 年，P、Q 不能同时为真，这时“或”是排斥或，不可兼或，命题不能符号化为“$P\vee Q$”，引入连接词$\overline{\vee}$表示“不可兼或”，将命题符号化为 $P\overline{\vee}Q$. $P\overline{\vee}Q$ 取值为 1 当且仅当 P，

Q 取值不同；$P\bar{\vee}Q$ 取值为 0 当且仅当 P，Q 取值相同.

定义 6-4 设 P 和 Q 为两个命题，由命题连接词→把 P 和 Q 连接成 $P\to Q$，称 $P\to Q$ 为命题 P 和 Q 的**蕴涵式复合命题**，简称**蕴涵命题**. $P\to Q$ 读作"P 蕴涵 Q"或者"若 P 则 Q"，称→为**蕴涵连接词**. 当 P 的真值为真而 Q 的真值为假时，命题 $P\to Q$ 的真值为假；否则，$P\to Q$ 的真值为真. 蕴涵连接词→的定义见表 6-4.

表 6-4

P	Q	$P\to Q$
0	0	1
0	1	1
1	0	0
1	1	1

在蕴涵命题 $P\to Q$ 中，命题 P 称为 $P\to Q$ 的前件或前提，命题 Q 称为 $P\to Q$ 的后件或结论. 蕴涵命题 $P\to Q$ 有多种方式陈述："如果 P，那么 Q"；"P 仅当 Q"；"Q 每当 P"；"P 是 Q 的充分条件"；"Q 是 P 的必要条件" 等.

在日常生活中，用蕴涵式表示前提和结论之间的因果或实质关系. 例如，P：今晚开会，Q：今晚我到校. 有 $P\to Q$，如果今晚开会，我今晚到校（有因果关系）. 它的真值是 1. 然而在命题逻辑中，一个蕴涵式的前提并不要求与结论有任何关系，例如，A：雪是白的，B：太阳从东边出来. 有 $A\to B$，如果雪是白的，太阳从东边出来（没有因果关系），它的真值是 1.

定义 6-5 设 P、Q 是两个命题，由命题连接词↔把 P 和 Q 连接成 $P\leftrightarrow Q$，称 $P\leftrightarrow Q$ 为命题 P 和 Q 的等价式复合命题，简称等价命题，$P\leftrightarrow Q$ 读作"P 当且仅当 Q"或"P 等价 Q"，称↔为等价连接词. 当 P 和 Q 的真值相同时，$P\leftrightarrow Q$ 的真值为真；否则，$P\leftrightarrow Q$ 的真值为假. 等价连接词↔的定义见表 6-5.

表 6-5

P	Q	$P\leftrightarrow Q$
0	0	1
0	1	0
1	0	0
1	1	1

例如，P：长城是中国古代的伟大建筑，Q：长江是中国最长的河流. 有 $P\leftrightarrow Q$，可记作"长城是中国古代的伟大建筑当且仅当长江是中国最长的河流"，P、Q 的真值是相同的，故 $P\leftrightarrow Q$ 真值是 1. 又如，A：$3\times5=12$，B：石家庄是河北省会，有 $A\leftrightarrow B$ 真值是 0.

需要强调的是：复合命题的真值只取决于各原子命题的真值和连接词的种类，而与它们的内容、含义无关，即与原子命题之间是否有关系无关. 理解和掌握这一点是至关重要的，请读者认真去领会.

6.1.2 命题变元和命题公式

定义 6-6 在命题逻辑中，命题又有命题常元和命题变元之分. 一个确定的具体的命题，称为**命题常元**；一个不确定的泛指的任意命题，称为**命题变元**. 显然，命题变元不是命题，只有用一个特定的命题取代才能确定它的真值：真或假. 这时也说对该命题变元指派真值.

命题常元和命题变元均可用字母 P 等表示. 由于在命题逻辑中并不关心具体命题的涵义，只关心其真值，命题常元的真值要么为真，要么为假，而对命题变元真值可以指派为真，也可以指派为假.

通常把含有命题变元的断言称为命题公式. 但这没能指出命题公式的结构，因为不是所有由命题变元、连接词和括号所组成的字符串都能成为命题公式. 为此常使用归纳定义命题公式，以便构成的公式有规则可循. 由这种定义产生的公式称为**命题公式**.

定义 6-7 单个命题变元和命题常元称为原子命题公式，简称**原子公式**.

定义 6-8 **命题公式**是由下列规则生成的公式：

（1）单个原子公式是命题公式.

（2）若 A 是一个命题公式，则 $\neg A$ 也是一个命题公式.

（3）若 A、B 是命题公式，则 $A\wedge B$、$A\vee B$、$A\rightarrow B$ 和 $A\leftrightarrow B$ 都是命题公式.

（4）只有有限次使用（1）、（2）和（3）生成的公式才是命题公式.

当命题公式比较复杂时，常常使用很多圆括号，为了减少圆括号的使用量，可作以下约定：

① 规定连接词的优先级由高到低的次序为：$\neg$、$\wedge$、$\vee$、$\rightarrow$、$\leftrightarrow$.

② 相同的连接词按从左至右次序计算时，圆括号可省略.

③ 最外层的圆括号可以省略.

为了方便起见，命题公式也简称公式.

6.1.3 命题的符号化

把一个用文字叙述的命题相应地写成由命题标识符、连接词和圆括号表示的命题公式，称为命题的符号化. 符号化应该注意下列事项：

（1）确定给定句子是否为命题.

（2）句子中连词是否为命题连接词.

（3）要正确地表示原子命题和适当选择命题连接词.

【例 6-3】 将下列命题符号化.

（1）3 不是偶数.

（2）小李虽聪明，但不用功.

（3）派小王或小李出差.

（4）他钓了 20 或 30 条鱼.

（5）如果天下大雨，他就乘公共汽车上班.

（6）只有天下大雨，他才乘公共汽车上班.

（7）我既不看电视也不外出，我睡觉.

（8）n 是偶数当且仅当它能被 2 整除.

（9）我们不能既走路又划船.

（10）小王现在在宿舍或在图书馆里.

解 （1）令 P：3 是偶数，命题符号化为 $\neg P$.

（2）令 P：小李聪明；Q：小李用功. 命题符号化为 $P\wedge\neg Q$.

（3）令 P：派小王出差；Q：派小李出差. 命题符号化为 $P\vee Q$.

（4）命题中的“或”是“或许，大概”的意思，表示他大约钓了二三十条鱼. 此命题不能再分解，故可以表示为 P，其中 P：他钓了大约 20 或 30 条鱼.

（5）令 P：天下大雨；Q：他乘公共汽车上班. 命题符号化为 $P\rightarrow Q$.

（6）令 P：天下大雨；Q：他乘公共汽车上班. 他乘公共汽车上班的前提条件是天下大雨. 命题符号化为 $Q\rightarrow P$.

（7）令 P：我看电视；Q：我外出；R：我睡觉. 命题符号化为 $\neg P\wedge\neg Q\wedge R$.

（8）令 P：n 是偶数；Q：n 能被 2 整除. 命题符号化为 $P\leftrightarrow Q$.

(9) 令 P：我们走路；Q：我们划船. 命题符号化为$\neg(P\wedge Q)$.

(10) 令 P：小王在宿舍；Q：小王在图书馆. 由于小王不可能既在图书馆又在宿舍，所以这里的"或"是"不相容或"，于是命题符号化为$P\overline{\vee}Q$.

命题符号化是很重要的，一定要掌握好，在命题推理中常常最先遇到的就是符号化这个问题.

6.2 命题公式分类与关系

6.2.1 命题公式分类

定义 6-9 设 A 是公式，P_1，P_2，…，P_n是出现在 A 中的所有原子，若指定 P_1，P_2，…，P_n的一组真值，则这组真值称为 A 的一个**解释**或**赋值**，记作 I. 若指定的一组值使 A 的值为真，则称这组值为 A 的**成真赋值**；若使 A 的值为假，则称这组值为 A 的**成假赋值**.

定义 6-10 对于公式中命题变元的每一种可能的真值指派，以及由它们确定出的公式真值所列成的表，称为该公式的**真值表**.

如果 B 是公式 A 中的一部分，且 B 为公式，则称 B 是公式 A 的**子公式**.

用归纳法不难证明，对于含有 n 个命题变元的公式，有 2^n个真值指派，即在该公式的真值表中有 2^n行. 为方便构造真值表，特约定如下：

(1) 命题变元按字典序排列.

(2) 对每组赋值，以二进制数从小到大或从大到小的顺序列出.

(3) 若公式较复杂，可先列出各子公式的真值（若有括号，则应从里层向外层展开），最后列出所求公式的真值.

【例 6-4】 求下列命题公式的真值表.

(1) $P\wedge(Q\vee\neg R)$；

(2) $P\wedge(P\rightarrow Q)\rightarrow Q$；

(3) $\neg(P\rightarrow Q)\wedge Q$.

解

表 6-6 ~ 表 6-8 分别为（1）~（3）的真值表. 由表 6-6 可知，100，110，111 是（1）的成真赋值，其余都是成假赋值；由表 6-7 可知，（2）无成假赋值；由表 6-8 可知，（3）无成真赋值.

表 6-6

P	Q	R	$\neg R$	$Q\vee\neg R$	$P\wedge(Q\vee\neg R)$
0	0	0	1	1	0
0	0	1	0	0	0
0	1	0	1	1	0
0	1	1	0	1	0
1	0	0	1	1	1
1	0	1	0	0	0
1	1	0	1	1	1
1	1	1	0	1	1

表 6-7

P	Q	$P\to Q$	$P\wedge(P\to Q)$	$P\wedge(P\to Q)\to Q$
0	0	1	0	1
0	1	1	0	1
1	0	0	0	1
1	1	1	1	1

表 6-8

P	Q	$P\to Q$	$\neg(P\to Q)$	$\neg(P\to Q)\wedge Q$
0	0	1	0	0
0	1	1	0	0
1	0	0	1	0
1	1	1	0	0

定义 6-11 设 A 为任意公式，则

（1）对应每一组赋值，公式 A 的真值为真，称 A 为**重言式**或**永真式**；

（2）对应每一组赋值，公式 A 的真值为假，称 A 为**矛盾式**或**永假式**；

（3）至少存在一组赋值，使公式 A 的真值为真，称 A 为**可满足式**.

由定义可知，重言式必是可满足式，反之一般不真. 注意：

（1）重言式的否定是矛盾式，矛盾式的否定是重言式，这样只研究其一就可以了.

（2）两重言式的合取式、析取式、条件式和等价式等仍是重言式. 于是，由简单的重言式可构造出复杂的重言式.

（3）由重言式使用公认的规则可以产生许多有用等值式和重言蕴涵式.

判定给定公式是否为永真式、永假式或可满足式的问题，称为给定公式的判定问题.

在命题逻辑中，由于任何一个命题公式的指派数目总是有限的，所以命题逻辑的判定问题是可解的，其判定方法有真值表法和公式推演法.

定义 6-12 设 A 和 B 是两个命题公式，如果 A、B 在其任意一组赋值下，其真值都是相同的，则称 A 和 B **等值**，或**逻辑相等**，记作 $A\Leftrightarrow B$，读作"A 等值 B"，称 $A\Leftrightarrow B$ 为**等值式**.

显然，若公式 A 和 B 的真值表是相同的，则 A 和 B 等值. 因此，验证两公式是否等值，只需做出它们的真值表即可.

在这里，请读者注意$\leftrightarrow$和$\Leftrightarrow$的区别与联系.

（1）区别：$\leftrightarrow$是逻辑连接词，它出现在命题公式中；$\Leftrightarrow$不是逻辑连接词，是表示两个命题公式的一种关系，不属于这两个公式的任何一个公式中的符号.

（2）联系：可用下面定理表明之.

定理 6-1 $A\Leftrightarrow B$ 当且仅当 $A\leftrightarrow B$ 是永真式.

等值式有下列性质：

（1）自反性，即对任意公式 A，有 $A\Leftrightarrow A$.

（2）对称性，即对任意公式 A 和 B，若 $A \Leftrightarrow B$，则 $B \Leftrightarrow A$.

（3）传递性，即对任意公式 A、B 和 C，若 $A \Leftrightarrow B$、$B \Leftrightarrow C$，则 $A \Leftrightarrow C$.

【例 6-5】 利用真值表法，判断下列等值式是否成立.

（1）$(P \to Q) \Leftrightarrow (\neg P \to \neg Q)$；

（2）$P \to (Q \to R) \Leftrightarrow (P \wedge Q) \to R$.

解 （1）真值表见表 6-9.

表 6-9

P	Q	$P \to Q$	$\neg P \to \neg Q$	$(P \to Q) \Leftrightarrow (\neg P \to \neg Q)$
0	0	1	1	1
0	1	1	0	0
1	0	0	1	0
1	1	1	1	1

由表 6-9 知，$(P \to Q) \Leftrightarrow (\neg P \to \neg Q)$ 不是等值式.

（2）真值表见表 6-10.

表 6-10

P	Q	R	$Q \to R$	$P \wedge Q$	$P \to (Q \to R)$	$(P \wedge Q) \to R$	$P \to (Q \to R) \Leftrightarrow (P \wedge Q) \to R$
0	0	0	1	0	1	1	1
0	0	1	1	0	1	1	1
0	1	0	0	0	1	1	1
0	1	1	1	0	1	1	1
1	0	0	1	0	1	1	1
1	0	1	1	0	1	1	1
1	1	0	0	1	0	0	1
1	1	1	1	1	1	1	1

由表 6-10 知，$P \to (Q \to R)$ 与 $(P \wedge Q) \to R$ 是等值式.

6.2.2 基本等值式

在判定公式间是否等值时，有一些简单而又经常使用的等值式，称为基本等值式或命题定律. 牢固地记住它并能熟练运用，是学好数理逻辑的关键之一. 现将这些命题定律列出如下.

（1）双重否定律：$\neg\neg A \Leftrightarrow A$.

（2）交换律：$A \wedge B \Leftrightarrow B \wedge A$，$A \vee B \Leftrightarrow B \vee A$，$A \leftrightarrow B \Leftrightarrow B \leftrightarrow A$.

（3）结合律：$(A \wedge B) \wedge C \Leftrightarrow A \wedge (B \wedge C)$，

$(A \vee B) \vee C \Leftrightarrow A \vee (B \vee C)$，

$(A \leftrightarrow B) \leftrightarrow C \Leftrightarrow A \leftrightarrow (B \leftrightarrow C)$.

（4）分配律：$A \wedge (B \vee C) \Leftrightarrow (A \wedge B) \vee (A \wedge C)$，$A \vee (B \wedge C) \Leftrightarrow (A \vee B) \wedge (A \vee C)$.

（5）德·摩根律：$\neg(A\wedge B)\Leftrightarrow\neg A\vee\neg B$，$\neg(A\vee B)\Leftrightarrow\neg A\wedge\neg B$.

（6）等幂律：$A\wedge A\Leftrightarrow A$，$A\vee A\Leftrightarrow A$.

（7）同一律：$A\wedge 1\Leftrightarrow A$，$A\vee 0\Leftrightarrow A$.

（8）零律：$A\wedge 0\Leftrightarrow 0$，$A\vee 1\Leftrightarrow 1$.

（9）吸收律：$A\wedge(A\vee B)\Leftrightarrow A$，$A\vee(A\wedge B)\Leftrightarrow A$.

（10）互补律：$A\wedge\neg A\Leftrightarrow 0$，（矛盾律）

$A\vee\neg A\Leftrightarrow 1$.（排中律）

（11）蕴涵等值式：$A\to B\Leftrightarrow\neg A\vee B$，$A\to B\Leftrightarrow\neg B\to\neg A$.

（12）等价等值式：$A\leftrightarrow B\Leftrightarrow(A\to B)\wedge(B\to A)\Leftrightarrow(A\wedge B)\vee(\neg A\wedge\neg B)$

$\neg A\leftrightarrow B\Leftrightarrow\neg(A\leftrightarrow B)$

（13）输出律：$(A\wedge B)\to C\Leftrightarrow A\to(B\to C)$.

（14）归谬律：$(A\to B)\wedge(A\to\neg B)\Leftrightarrow\neg A$.

上面这些定律，它们的正确性利用真值表是不难给出证明的.

6.2.3 代入规则和替换规则

在定义命题公式时，已看到了逻辑连接词能够从已知公式形成新的公式，从这个意义上可把逻辑连接词看成运算. 除逻辑连接词外，还要介绍“代入”和“替换”，它们可以起到从已知公式得到新的公式的作用，因此有人也将它们看成运算.

定理 6-2 在一个永真式 A 中，任何一个原子命题变元 R 出现的每一处，用另一个公式代入，所得公式 B 仍是永真式. 本定理称为代入规则.

定理 6-3 设 A_1 是命题公式 A 的子公式，若 $A_1\Leftrightarrow B_1$，并且将 A 中的 A_1 用 B_1 替换得到公式 B，则 $A\Leftrightarrow B$，称该定理为替换规则. 满足替换规则的替换，称为等值替换.

代入和替换有两点区别：

（1）代入是对原子命题变元而言的，而替换可对命题公式实行.

（2）代入必须是处处代入，替换则可部分替换，亦可全部替换.

例如，已知命题公式为 $\neg(P\wedge Q)\vee R$，根据德·摩根律，可用 $\neg P\vee\neg Q$ 替换公式中的 $\neg(P\wedge Q)$，使其变成 $(\neg P\vee\neg Q)\vee R$，则有 $\neg(P\wedge Q)\vee R\Leftrightarrow(\neg P\vee\neg Q)\vee R$.

【例 6-6】 利用基本等值式，验证下列等值式.

（1）$P\Leftrightarrow(P\wedge Q)\vee(P\wedge\neg Q)$；

（2）$P\to(Q\to R)\Leftrightarrow(P\wedge Q)\to R$.

解 验证两个命题公式等值可以从其中任何一个开始演算.

（1） P

$\Leftrightarrow P\wedge 1$ （同一律）

$\Leftrightarrow P\wedge(Q\vee\neg Q)$ （排中律）

$\Leftrightarrow(P\wedge Q)\vee(P\wedge\neg Q)$. （分配律）

（2） $(P\wedge Q)\to R$

$\Leftrightarrow\neg(P\wedge Q)\vee R$ （蕴涵等值式）

$\Leftrightarrow(\neg P\vee\neg Q)\vee R$ （德·摩根定律）

$\Leftrightarrow\neg P\vee\neg Q\vee R$ （结合律）

$\Leftrightarrow \neg P \vee (Q \to R)$　　　　（蕴涵等值式）

$\Leftrightarrow P \to (Q \to R)$.　　　　（蕴涵等值式）

【例 6-7】 利用基本等值式证明下列命题公式为永真式.

（1）$((P \to Q) \wedge (Q \to R)) \to (P \to R)$

（2）$P \to (P \vee Q)$

证明　（1）　$((P \to Q) \wedge (Q \to R)) \to (P \to R)$

$\Leftrightarrow ((\neg P \vee Q) \wedge (\neg Q \vee R)) \to (\neg P \vee R)$

$\Leftrightarrow \neg((\neg P \vee Q) \wedge (\neg Q \vee R)) \vee (\neg P \vee R)$

$\Leftrightarrow (P \wedge \neg Q) \vee (Q \wedge \neg R) \vee \neg P \vee R$

$\Leftrightarrow ((P \wedge \neg Q) \vee \neg P) \vee ((Q \wedge \neg R) \vee R)$

$\Leftrightarrow (1 \wedge (\neg Q \vee \neg P)) \vee ((Q \vee R) \wedge 1)$

$\Leftrightarrow (\neg Q \vee \neg P) \vee (Q \vee R)$

$\Leftrightarrow (\neg Q \vee Q) \vee (\neg P \vee R)$

$\Leftrightarrow 1 \vee \neg(P \vee R)$

$\Leftrightarrow 1$

（2）　$P \to (P \vee Q)$

$\Leftrightarrow \neg P \vee (P \vee Q)$

$\Leftrightarrow (\neg(P \vee P)Q$

$\Leftrightarrow 1 \vee Q$

$\Leftrightarrow 1$

6.2.4　对偶式与重言蕴涵式

在上面介绍的命题定律中，多数是成对出现的，这些成对出现的定律就是对偶性质的反映，即对偶式．利用对偶式的命题定律，可以扩大等值式的个数，也可减少证明的次数.

定义 6-13　在给定的仅使用连接词$\neg$、$\wedge$和$\vee$的命题公式 A 中，若把$\wedge$和$\vee$互换，0 和 1 互换而得到一个命题公式 A^*，则称 A^* 为 A 的**对偶式**.

显然，A 也是 A^* 的对偶式，即 A 与 A^* 互为对偶式.

定理 6-4（对偶定理）　设 A 和 A^* 互为对偶式，P_1，P_2，…，P_n是出现在 A 和 A^* 中的原子命题变元，则

（1）$\neg A(P_1, P_2, \cdots, P_n) \Leftrightarrow A^*(\neg P_1, \neg P_2, \cdots, \neg P_n)$；

（2）$A(\neg P_1, \neg P_2, \cdots, \neg P_n) \Leftrightarrow \neg A^*(P_1, P_2, \cdots, P_n)$.

（1）式表明，公式 A 的否定式等价于其命题变元否定的对偶式；（2）式表明，命题变元否定的公式等价于对偶式之否定.

定理 6-5　设 A 和 B 为两个命题公式，若 $A \Leftrightarrow B$ 则 $A^* \Leftrightarrow B^*$.

有了基本等值式、代入规则、替换规则和对偶定理，便可以得到更多的永真式，证明更多的等值式，使化简命题公式更为方便.

定义 6-14　设 A 和 B 是两个命题公式，若 $A \to B$ 是永真式，则称 ***A* 推出 *B***，记作 $A \Rightarrow B$，并称 $A \Rightarrow B$ 为**重言蕴涵式**.

符号→和⇒的关系类似于↔和⇔的关系.

(1) 区别: →是逻辑连接词, 是公式中的符号; 而⇒不是连接词, 是表示两个公式之间的一种关系, 不是两公式中的符号.

(2) 联系: $A \Rightarrow B$ 成立, 其充要条件为 $A \rightarrow B$ 是永真式.

重言蕴涵式有下列性质.

(1) 自反性, 即对任意公式 A, 有 $A \Rightarrow A$.

(2) 传递性, 即对任意公式 A、B 和 C, 若 $A \Rightarrow B$, $B \Rightarrow C$, 则 $A \Rightarrow C$.

(3) 对任意公式 A、B 和 C, 若 $A \Rightarrow B$, $A \Rightarrow C$, 则 $A \Rightarrow (B \wedge C)$.

(4) 对任意公式 A、B 和 C, 若 $A \Rightarrow C$, $B \Rightarrow C$, 则 $A \vee B \Rightarrow C$.

这些性质的正确性, 请读者自己验证.

下面给出等值式与重言蕴涵式之间的关系.

定理 6-6 设 A 和 B 是两命题公式, $A \Leftrightarrow B$ 的充要条件是 $A \Rightarrow B$ 且 $B \Rightarrow A$.

重言蕴涵式证明方法除真值表外, 还有以下两种方法.

(1) 前件真导后件真方法:

设公式的前件为真, 若能推导出后件也为真, 则蕴涵式是永真式. 因为欲证 $A \Rightarrow B$, 即证 $A \rightarrow B$ 是永真式. 对于 $A \rightarrow B$, 除在 A 取真和 B 取假时, $A \rightarrow B$ 为假外, 余下 $A \rightarrow B$ 皆为真. 所以, 若 $A \rightarrow B$ 的前件 A 为真, 由此可推出 B 亦为真, 则 $A \rightarrow B$ 是永真式, 即 $A \Rightarrow B$.

(2) 后件假导前件假方法:

设条件式后件为假, 若能推导出前件也为假, 则条件式是永真式, 即蕴涵式是永真式. 因为若 $A \rightarrow B$ 的后件 B 取假, 由此可推出 A 取假, 即推证了 $\neg B \Rightarrow \neg A$. 又因 $A \rightarrow B \Leftrightarrow \neg B \rightarrow \neg A$, 故 $A \Rightarrow B$ 成立.

【例 6-8】 推证 $\neg P \wedge (P \vee Q) \Rightarrow Q$.

证明 方法 1: 假定 $\neg P \wedge (P \vee Q)$ 的真值为真, 则 $\neg P$ 和 $(P \vee Q)$ 的真值皆为真, 于是 P 的真值为假, 从而 Q 的真值为真, 因此 $\neg P \wedge (P \vee Q) \Rightarrow Q$.

方法 2: 假定 Q 的真值为假. 若 P 的真值为真, 则 $\neg P$ 的真值为假, 所以 $\neg P \wedge (P \vee Q)$ 的真值为假; 若 P 的真值为假, 则 $P \vee Q$ 的真值为假, 所以 $\neg P \wedge (P \vee Q)$ 的真值为假, 从而 $\neg P \wedge (P \vee Q) \Rightarrow Q$.

6.3 连接词的扩充与全功能连接词集

6.3.1 连接词的扩充

定义 6-15 设 P 和 Q 是任意两个原子命题.

(1) 由与非连接词↑将 P 和 Q 连接成 $P \uparrow Q$, 称它为 P 和 Q 的**与非式复合命题**, 读作 "P 与非 Q". $P \uparrow Q$ 的真值由命题 P 和 Q 的真值确定: 当且仅当 P 和 Q 均为真时, $P \uparrow Q$ 为假; 否则, $P \uparrow Q$ 为真.

(2) 由或非连接词↓将 P 和 Q 连接成 $P \downarrow Q$, 称它为 P 和 Q 的**或非式复合命题**, 读作 "P 或非 Q". $P \downarrow Q$ 的真值由 P 和 Q 的真值确定: 当且仅当 P 和 Q 均为假时, $P \downarrow Q$ 为真; 否则, $P \downarrow Q$ 为假.

上面两个连接词构成的复合命题，其真值表见表 6-11. 由表可知，(1) $P\uparrow Q \Leftrightarrow \neg(P\wedge Q)$；

(2) $P\downarrow Q \Leftrightarrow \neg(P\vee Q)$.

表 6-11

P	Q	$P\uparrow Q$	$P\downarrow Q$
0	0	1	1
0	1	1	0
1	0	1	0
1	1	0	0

与非、或非在计算机科学中是经常使用的两个连接词. 令 P、Q 是原子命题变元.

与非的性质：

（1） $P\uparrow Q \Leftrightarrow Q\uparrow P$；

（2） $P\uparrow P \Leftrightarrow \neg P$；

（3） $(P\uparrow Q)\uparrow(P\uparrow Q) \Leftrightarrow P\wedge Q$；

（4） $(P\uparrow P)\uparrow(Q\uparrow Q) \Leftrightarrow P\vee Q$.

或非的性质：

（1） $P\downarrow Q \Leftrightarrow Q\downarrow P$；

（2） $P\downarrow P \Leftrightarrow \neg P$；

（3） $(P\downarrow Q)\downarrow(P\downarrow Q) \Leftrightarrow P\vee Q$；

（4） $(P\downarrow P)\downarrow(Q\downarrow Q) \Leftrightarrow P\wedge Q$.

从上述的性质可知，连接词$\neg$、$\wedge$和$\vee$可分别用连接词$\uparrow$或者$\downarrow$取代，读者可以自行验证，$\uparrow$和$\downarrow$都不满足结合律.

以上所有性质，用真值表或命题定律都是不难证明的.

我们现在来讨论：如果有 n 个不同的命题变元，与连接词一起可构成多少个不等值的命题公式. 设有两个命题变元 P 和 Q，则有 4 组不同的赋值，根据真值表，一共可构成 2^4 个不等值的命题公式，见表 6-12.

表 6-12

P	0	0	1	1	P	0	0	1	1
Q	0	1	0	1	Q	0	1	0	1
F_1	0	0	0	0	F_9	1	0	0	1
F_2	1	1	1	1	F_{10}	0	1	1	0
F_3	0	0	0	1	F_{11}	1	0	1	0
F_4	0	0	1	0	F_{12}	1	1	0	0
F_5	0	1	0	0	F_{13}	1	1	1	0
F_6	1	0	0	0	F_{14}	1	1	0	1
F_7	0	0	1	1	F_{15}	1	0	1	1
F_8	0	1	0	1	F_{16}	0	1	1	1

显然，如果有 n 个命题变元，与连接词一起可构成 2^{2^n} 个不等值的命题公式，即由有限个命题变元和连接词一起构成的不等值的命题公式是有限的.

6.3.2　全功能连接词集

已知有 7 个连接词了，连接词之间有没有关系呢？有些连接词的逻辑功能可由其他连接词替代吗？答案是肯定的，因为有下列等值式：

$$P\uparrow Q \Leftrightarrow \neg(P\wedge Q)$$

$$P\downarrow Q\Leftrightarrow\neg(P\vee Q)$$

可见，扩充的两个连接词↑，↓能由原有连接词¬，∧，∨分别替代之.

又由命题定律：

$$P\leftrightarrow Q\Leftrightarrow(\neg P\vee Q)\wedge(\neg Q\vee P)$$

$$P\rightarrow Q\Leftrightarrow\neg P\vee Q$$

可知，连接词→和↔又能由连接词组¬，∧，∨取代. 那么，究竟用几个连接词就能等值表示所有的命题公式？或者说，用最少的几个连接词就能替代所有连接词的功能？这便是所要讨论的全功能连接词集.

定义 6-16 如果 G 满足下列两条件：

（1）由 G 中连接词构成的公式能等值表示任意命题公式；

（2）G 中的任一连接词不能用其余的连接词等值表示，称 G 为**全功能连接词集**.

可以证明，$\{\neg,\vee\}$，$\{\neg,\wedge\}$，$\{\neg,\rightarrow\}$，$\{\uparrow\}$，$\{\downarrow\}$ 都是全功能连接词集；而 $\{\neg,\leftrightarrow\}$，$\{\neg\}$，$\{\wedge\}$，$\{\vee\}$，$\{\wedge,\vee\}$ 都不是全功能连接词集，为了表示方便，仍经常使用连接词组 $\{\neg,\wedge,\vee\}$.

【例 6-9】 证明 $\{\uparrow\}$ 是最小联结词集.

证明 因为

$\neg P\Leftrightarrow\neg(P\wedge P)\Leftrightarrow P\uparrow P$

$P\wedge Q\Leftrightarrow\neg\neg(P\wedge Q)\Leftrightarrow\neg(P\uparrow Q)\Leftrightarrow(P\uparrow Q)\uparrow(P\uparrow Q)$

$P\vee Q\Leftrightarrow\neg\neg(P\vee Q)\Leftrightarrow\neg(\neg P\wedge\neg Q)\Leftrightarrow(\neg P)\uparrow(\neg Q)\Leftrightarrow(P\uparrow P)\uparrow(Q\uparrow Q)$

$P\rightarrow Q\Leftrightarrow\neg P\vee Q\Leftrightarrow\neg(P\wedge\neg Q)\Leftrightarrow P\uparrow(\neg Q)\Leftrightarrow P\uparrow(Q\uparrow Q)$

$P\leftrightarrow Q\Leftrightarrow(P\rightarrow Q)\wedge(Q\rightarrow P)\Leftrightarrow((P\rightarrow Q)\uparrow(Q\rightarrow P))\uparrow((P\rightarrow Q)\uparrow(Q\rightarrow P))$

$\quad\Leftrightarrow((P\uparrow(Q\uparrow Q))\uparrow(Q\uparrow(P\uparrow P)))\uparrow((P\uparrow(Q\uparrow Q))\uparrow(Q\uparrow(P\uparrow P)))$

所以，$\{\uparrow\}$ 能表示所有的命题公式. 又 $\{\uparrow\}$ 的真子集为空集，不能表示任何命题公式，由以上两点可得 $\{\uparrow\}$ 是最小联结词集.

【例 6-10】 将下面公式化成仅含 $\{\neg,\wedge\}$ 中的连接词并与之等值的公式.

（1）$P\wedge(Q\vee R)$；

（2）$(P\leftrightarrow Q)\vee R$.

解 （1） $P\wedge(Q\vee R)$

$\Leftrightarrow P\wedge\neg(\neg Q\wedge\neg R)$ （德·摩根律）

（2） $(P\leftrightarrow Q)\vee R$

$\Leftrightarrow(P\wedge Q)\vee(\neg P\wedge\neg Q)\vee R$ （等值公式）

$\Leftrightarrow(\neg(\neg(P\wedge Q)\wedge\neg(\neg P\wedge\neg Q)))\vee R$ （德·摩根律）

$\Leftrightarrow\neg(\neg(\neg(P\wedge Q)\wedge\neg(\neg P\wedge\neg Q)))\wedge\neg R$

6.4 公式标准型——范式

对众多的命题公式，可依它们之间的逻辑等值关系进行分类，使相互等值的公式为一类. 现在的问题是，是否可以在各类公式中分别选出一个公式作为各类的“代表”，而且使它们具有统一的规范形式呢？回答是肯定的.

6.4.1 简单合取式与简单析取式

定义 6-17 在一公式中，仅由命题变元及其否定构成的合取式称为**简单合取式**，其中每个命题变元或其否定，称为**合取项**.

定义 6-18 在一公式中，仅由命题变元及其否定构成的析取式称为**简单析取式**，其中每个命题变元或其否定，称为**析取项**.

例如，公式 P、$\neg Q$、$P\wedge Q$ 和 $\neg P\wedge Q\wedge P$ 等都是简单合取式，其中 P、Q 和 $\neg P$ 为相应的简单合取式的合取项；而 $\neg(P\wedge Q)$ 不是简单合取式，又公式 P、$\neg Q$、$P\vee Q$、$\neg P\vee Q\vee P$ 等都是简单析取式，而 P、Q 和 $\neg P$ 为相应简单析取式的析取项.

注意，一个命题变元或其否定既可以是简单合取式，也可是简单析取式，如 P 和 $\neg Q$ 等；如果简单合取式同时含有某个命题变元及其否定，则它必为永假式. 同理，如果简单析取式同时含有某个命题变元及其否定，则它必为永真式.

6.4.2 析取范式与合取范式

定义 6-19 一个命题公式 A 称为**析取范式**，当且仅当 A 可表为简单合取式的析取.

定义 6-20 一个命题公式 A 称为**合取范式**，当且仅当 A 可表为简单析取式的合取.

对于任何命题公式，都存在与其等值的析取范式和合取范式，求范式的算法如下.

（1）使用命题定律，消去公式中除 $\wedge$、$\vee$ 和 $\neg$ 以外公式中出现的所有连接词；

（2）使用 $\neg(\neg P)\Leftrightarrow P$ 和德 · 摩根律，将公式中出现的连接词 $\neg$ 都移到命题变元之前；

（3）利用结合律、分配律等将公式化成析取范式或合取范式.

【例 6-11】 求命题公式 $((P\vee Q)\rightarrow R)\rightarrow P$ 的合取范式和析取范式.

解 （1）求合取范式：

$$((P\vee Q)\rightarrow R)\rightarrow P$$
$$\Leftrightarrow(\neg(P\vee Q)\vee R)\rightarrow P$$
$$\Leftrightarrow\neg(\neg(P\vee Q)\vee R)\vee P$$
$$\Leftrightarrow((P\vee Q)\wedge\neg R)\vee P$$
$$\Leftrightarrow(P\vee Q\vee P)\wedge(\neg R\vee P) \quad (*)$$
$$\Leftrightarrow(P\vee Q)\wedge(\neg R\vee P) \quad (**)$$

到（*）为此，就求出了原公式的合取范式；再利用交换律和等幂律可得（**）. 可见，（*）、（**）都是原式的合取范式. 这说明与某个命题公式等值的合取范式是不唯一的.

（2）求析取范式：

由于求析取范式和求合取范式的步骤是一样的，故由（1）有

$$((P\vee Q)\rightarrow R)\rightarrow P$$
$$\Leftrightarrow\neg((P\vee Q)\rightarrow R)\vee P$$
$$\Leftrightarrow((P\vee Q)\wedge\neg R)\vee P$$
$$\Leftrightarrow(P\wedge\neg R)\vee(Q\wedge\neg R)\vee P$$

最后的结果为原公式的析取范式，利用交换律和吸收律得 $P \vee (Q \wedge \neg R)$，也是原公式的析取范式. 由此可见，与原命题公式等值的析取范式也不唯一.

由于与某一命题公式等值的析取范式和合取范式不唯一，因此析取范式和合取范式不能作为同一类等值的命题公式的标准形式. 所以引入主析取范式和主合取范式的概念.

6.4.3 公式的主析取范式和主合取范式

范式基本解决了公式的判定问题. 但由于范式的不唯一性，对识别公式间是否等值带来一定困难，而公式的主范式解决了这个问题. 下面将分别讨论主析取范式和主合取范式.

首先讨论主析取范式的概念和性质.

1. 极小项的概念和性质

定义 6-21 在含有 n 个命题变元的简单合取式中，若每个命题变元与其否定不同时存在，而二者之一出现一次且仅出现一次，则称该简单合取式为**极小项**.

例如，2 个命题变元 P 和 Q，其构成的极小项有 $P \wedge Q$，$P \wedge \neg Q$，$\neg P \wedge Q$ 和 $\neg P \wedge \neg Q$；而 3 个命题变元 P、Q 和 R，其构成的极小项有 $P \wedge Q \wedge R$，$P \wedge Q \wedge \neg R$，$P \wedge \neg Q \wedge R$，$P \wedge \neg Q \wedge \neg R$，$\neg P \wedge Q \wedge R$，$\neg P \wedge Q \wedge \neg R$，$\neg P \wedge \neg Q \wedge R$，$\neg P \wedge \neg Q \wedge \neg R$. 依此类推，$n$ 个命题变元共形成 2^n 个极小项.

如果将命题变元按字典序排列，并且把命题变元与 1 对应，命题变元的否定与 0 对应，则可对 2^n 个极小项依二进制数编码，记为 m_i，其下标 i 是由二进制数转化的十进制数. 用这种编码所求得的 2^n 个极小项的真值表，可明显地反映出极小项的性质.

表 6-13 给出了 2 个命题变元 P 和 Q 的极小项真值表，请读者自己给出 3 个命题变元的极小项真值表.

表 6-13 2 个命题变元的极小项真值表

m_i		m_0	m_1	m_2	m_3
		m_{00}	m_{01}	m_{10}	m_{11}
P	Q	$\neg P \wedge \neg Q$	$\neg P \wedge Q$	$P \wedge \neg Q$	$P \wedge Q$
0	0	1	0	0	0
0	1	0	1	0	0
1	0	0	0	1	0
1	1	0	0	0	1

从表 6-13 可看出，极小项有如下性质.

（1）没有两个极小项是等价的，即是说各极小项的真值表都是不同的.

（2）任意两个不同的极小项的合取式是永假的：$m_i \wedge m_j \Leftrightarrow 0$ $(i \neq j)$.

（3）所有极小项之析取为永真式：$m_0 \vee m_1 \vee \cdots \vee m_{2^n-1} \Leftrightarrow 1$.

（4）每个极小项只有一个解释为真，且其真值 1 位于主对角线上.

2. 主析取范式定义与存在定理

定义 6-22 在给定公式的析取范式中，若其简单合取式都是极小项，则称该范式为**主析取范式**.

定理 6-7 任意含 n 个命题变元的非永假命题公式 A 都存在与其等值的主析取范式.

3. 主析取范式的求法

主析取范式的求法有两种：真值表法和公式化归法.

【例 6-12】 试由 $(\neg P \to Q) \to (\neg Q \lor P)$ 的真值表求它的主析取范式.

解 （1）真值表法：求解过程见表 6-14.

表 6-14

P	Q	$\neg P$	$\neg P \to Q$	$\neg Q \lor P$	$(\neg P \to Q) \to (\neg Q \lor P)$	m_0	m_2	m_3
0	0	1	0	1	1	1	0	0
0	1	1	1	0	0	0	0	0
1	0	0	1	1	1	0	1	0
1	1	0	1	1	1	0	0	1

由表 6-14 可知，

$$(\neg P \to Q) \to (\neg Q \lor P)$$
$$\Leftrightarrow m_0 \lor m_2 \lor m_3$$
$$\Leftrightarrow (\neg P \land \neg Q) \lor (P \land \neg Q) \lor (P \land Q)$$

即 00，10，11 是原公式的成真赋值.

（2）公式化归法：

① 把给定公式化成析取范式.

② 删除析取范式中所有为永假的简单合取式.

③ 用等幂律化简简单合取式中同一命题变元的重复出现为一次出现，如 $P \land P \Leftrightarrow P$.

④ 用同一律补进简单合取式中未出现的所有命题变元，如 Q，则 $P \Leftrightarrow P \land (\neg Q \lor Q)$，并用分配律展开之，将相同的简单合取式的多次出现化为一次出现，这样得到了给定公式的主析取范式.

【例 6-13】 求命题公式 $((P \lor Q) \to R) \to P$ 的主析取范式.

解 由例 6-10 可知，$P \lor (Q \land \neg R)$ 为上命题公式的析取范式，含两个简单的合取式 P 和 $(Q \land \neg R)$，在 P 中无 Q 或 $\neg Q$，R 或 $\neg R$ 出现，因而应该用 $P \land (Q \lor \neg Q) \land (R \lor \neg R)$ 取代 P. 在 $(Q \land \neg R)$ 中无 P 或 $\neg P$，因而应该用 $(\neg P \lor P) \land (Q \land \neg R)$ 取代 $(Q \land \neg R)$，然后展开得极小项，于是

$$((P \lor Q) \to R) \to P$$
$$\Leftrightarrow P \lor (Q \land \neg R)$$
$$\Leftrightarrow P \land (Q \lor \neg Q) \land (R \lor \neg R) \lor (\neg P \lor P) \land (Q \land \neg R)$$
$$\Leftrightarrow (P \land \neg Q \land \neg R) \lor (P \land Q \land \neg R) \lor (P \land \neg Q \land R) \lor (P \land Q \land R)$$
$$\lor (\neg P \land Q \land \neg R) \lor (P \land Q \land \neg R)$$
$$\Leftrightarrow m_4 \lor m_6 \lor m_5 \lor m_7 \lor m_2 \lor m_6$$
$$\Leftrightarrow m_2 \lor m_4 \lor m_5 \lor m_6 \lor m_7$$

由以上分析知，任意含 n 个命题变元的非永假命题公式，其主析取范式是唯一的.

我们再来讨论主合取范式的概念和性质.

4. 极大项的概念和性质

定义 6-23 在 n 个命题变元的简单析取式中，若每个命题变元与其否定不同时存在，而二者之一必出现且仅出现一次，则称该简单析取式为**极大项**.

例如，由 2 个命题变元 P 和 Q，构成极大项有 $P\vee Q$，$P\vee\neg Q$，$\neg P\vee Q$，$\neg P\vee\neg Q$；3 个命题变元 P，Q 和 R 构成 $P\vee Q\vee R$，$P\vee Q\vee\neg R$，$P\vee\neg Q\vee R$，$P\vee\neg Q\vee\neg R$，$\neg P\vee Q\vee R$，$\neg P\vee Q\vee\neg R$，$\neg P\vee\neg Q\vee R$，$\neg P\vee\neg Q\vee\neg R$ 8 个极大项. 同样，n 个命题变元共有 2^n 个极大项.

如果将 n 个命题变元排序，并且把命题变元与 0 对应，命题变元的否定与 1 对应，则可对 2^n 个极大项按二进制数编码，记为 M_i，其下标 i 是由二进制数化成的十进制数. 用这种编码所求的 2^n 个极大项的真值表，能直接反映出极大项的性质.

表 6-15 给出了 2 个命题变元 P 和 Q 构成的所有极大项的真值表.

表 6-15 2 个命题变元的极大项真值表

M_i		M_0	M_1	M_2	M_3
		M_{00}	M_{01}	M_{10}	M_{00}
P	Q	$P\vee Q$	$P\vee\neg Q$	$\neg P\vee Q$	$\neg P\vee\neg Q$
0	0	0	1	1	1
0	1	1	0	1	1
1	0	1	1	0	1
1	1	1	1	1	0

类似可给出 3 个命题变元 P、Q 和 R 的所有极大项的真值表，留给读者完成.

从表 6-15 可看出，极大项有如下性质.

（1）没有两个极大项是等值的.

（2）任何两个不同极大项之析取是永真的，即 $M_i\vee M_j\Leftrightarrow 1$，$i\neq j$.

（3）所有极大项之合取为永假，即 $M_0\wedge M_1\wedge\cdots\wedge M_{2^n-1}\Leftrightarrow 0$.

（4）每个极大项只有一个解释为假，且其真值 0 位于主对角线上.

5. 主合取范式的定义与其存在定理

定义 6-24 在给定公式的合取范式中，若其所有简单析取式都是极大项，称该范式为**主合取范式**.

定理 6-8 任意含有 n 个命题变元的非永真命题公式 A，都存在与其等值的主合取范式.

定理 6-9 任意含 n 个命题变元的非永真命题公式 A，其主合取范式是唯一的.

【例 6-14】 求命题公式 $((P\vee Q)\rightarrow R)\rightarrow P$ 的主合取范式.

解 由例 6-10 可知，$(P\vee Q)\wedge(\neg R\vee P)$ 为该命题公式的合取范式，于是

$$((P\vee Q)\rightarrow R)\rightarrow P$$

$$\Leftrightarrow(P\vee Q)\wedge(\neg R\vee P) \qquad \text{（合取范式）}$$

$\Leftrightarrow((P\vee Q)\vee(R\wedge\neg R))\wedge((P\vee\neg R)\vee(Q\wedge\neg Q))$

$\Leftrightarrow(P\vee Q\vee R)\wedge(P\vee Q\vee\neg R)\wedge(P\vee Q\vee\neg R)\wedge(P\vee\neg Q\vee\neg R)$

$\Leftrightarrow M_0\vee M_1\vee M_1\vee M_3$

$\Leftrightarrow M_0\vee M_1\vee M_3$

6. 主析取范式与主合取范式之间的关系

由于主范式是由极小项或极大项构成的，从极小项和极大项的定义，可知两者有下列关系：

$$\neg m_i\Leftrightarrow M_i,\ \neg M_i\Leftrightarrow m_i$$

因此，主析取范式和主合取范式有着“互补”关系，即是由给定公式的主析取范式可以求出其主命取范式.

设命题公式 A 中含有 n 个命题变元，且 A 的主析取范式中含有 k 个小项 m_{i_1}，m_{i_2}，…，m_{i_k}，则$\neg A$ 的主析取范式中必含有 2^n-k 个极小项，不妨含为 m_{j_1}，m_{j_2}，…，$m_{j_{2^n-k}}$，即

$$\neg A\Leftrightarrow m_{j_1}\vee m_{j_2}\vee\cdots\vee m_{j_{2n-k}}.$$

于是，

$$A\Leftrightarrow\neg\neg A\Leftrightarrow\neg(m_{j_1}\vee m_{j_2}\vee\cdots\vee m_{j_{2n-k}})$$

$$\Leftrightarrow\neg m_{j_1}\wedge\neg m_{j_2}\wedge\cdots\wedge\neg m_{j_{2n-k}}$$

$$\Leftrightarrow M_{j_1}\wedge M_{j_2}\wedge\cdots\wedge M_{j_{2n-k}}$$

由此可知，从 A 的主析取范式求其主合取范式的步骤为：

① 求出 A 的主析取范式中没有包含的极小项；

② 求出与①中小项的下标相同的极大项；

③ 做②中极大项之合取，即为 A 的主合取范式.

例如，$(P\to Q)\wedge Q\Leftrightarrow m_1\vee m_3$，则$(P\to Q)\wedge Q\Leftrightarrow M_0\wedge M_2$.

只要熟练地掌握求主析取范式的方法，就可以既求主析取范式，又求主合取范式了.

【例 6-15】 求公式 $(P\to Q)\wedge Q$ 的主析取范式，再用主析取范式求合取范式.

解 $(P\to Q)\wedge Q$

$\Leftrightarrow(\neg P\vee Q)\wedge Q$

$\Leftrightarrow(P\wedge Q)\vee(Q\wedge Q)$

$\Leftrightarrow(\neg P\wedge Q)\vee Q$

$\Leftrightarrow(\neg P\wedge Q)\vee(P\wedge Q)$

$\Leftrightarrow m_1\vee m_3$

$\Leftrightarrow M_0\wedge M_2$

7. 主范式的应用

利用主范式可以判定命题公式的类型或者证明等值式成立.

(1) 判定命题公式的类型

根据主范式的定义和定理，也可以判定含 n 个命题变元的公式的类型，其关键是先求出给定公式的主范式 A；其次按下列条件判定之：

① 若 $A\Leftrightarrow 1$，或 A 可化为与其等值的、含 2^n 个极小项的主析取范式，则 A 为永真式；

② 若 $A\Leftrightarrow 0$，或 A 可化为与其等值的、含 2^n 个极大项的主合取范式，则 A 为永假式；

③ 若 A 不与 0 或者 1 等值，且又不含 2^n 个极小项或者极大项，则 A 为可满足的.

【例 6-16】 判断命题公式的类型.

(1) $(\neg P \to Q) \wedge Q$;

(2) $((P \to Q) \wedge P) \to Q$;

(3) $\neg(P \to Q) \wedge Q$.

解 (1)

$$
\begin{aligned}
& (\neg P \to Q) \wedge Q \\
\Leftrightarrow & (P \vee Q) \wedge Q \\
\Leftrightarrow & (P \wedge Q) \vee (Q \wedge Q) \\
\Leftrightarrow & (P \wedge Q) \vee Q \\
\Leftrightarrow & (P \wedge Q) \vee (\neg P \wedge Q) \vee (P \wedge Q) \\
\Leftrightarrow & m_1 \vee m_3
\end{aligned}
$$

(2)

$$
\begin{aligned}
& ((P \to Q) \wedge P) \to Q \\
\Leftrightarrow & \neg((\neg P \vee Q) \wedge P) \vee Q \\
\Leftrightarrow & \neg(\neg P \vee Q) \vee \neg P \vee Q \\
\Leftrightarrow & (P \wedge \neg Q) \vee \neg P \vee Q \\
\Leftrightarrow & (P \wedge \neg Q) \vee \neg P \wedge (\neg Q \vee Q) \vee (\neg P \vee P) \wedge Q \\
\Leftrightarrow & (\neg P \wedge \neg Q) \vee (\neg P \wedge Q) \vee (P \wedge \neg Q) \vee (P \wedge Q) \\
\Leftrightarrow & m_0 \vee m_1 \vee m_2 \vee m_3 \\
\Leftrightarrow & 1
\end{aligned}
$$

(3)

$$
\begin{aligned}
& \neg(P \to Q) \wedge Q \\
\Leftrightarrow & \neg(\neg P \vee Q) \wedge Q \\
\Leftrightarrow & P \wedge \neg Q \wedge Q \\
\Leftrightarrow & 0
\end{aligned}
$$

由以上推导可知，(1) 为可满足式；(2) 为重言式；(3) 为矛盾式.

(2) 判断两命题公式是否等值

由于任一公式的主范式是唯一的，所以将给定的公式求出其主范式，若主范式相同，则给定两公式是等值的.

【例 6-17】 用主析取范式判断下列公式是否等值.

(1) $(P \to Q) \to R$ 与 $Q \to (P \to R)$;

(2) $\neg(P \wedge Q)$与$\neg(P \vee Q)$.

解 (1) $(P \to Q) \to R \Leftrightarrow m_1 \vee m_3 \vee m_4 \vee m_5 \vee m_7$

$Q \to (P \to R) \Leftrightarrow m_0 \vee m_1 \vee m_2 \vee m_3 \vee m_4 \vee m_5 \vee m_7$

所以 公式 $(P \to Q) \to R$ 与公式 $Q \to (P \to R)$ 不等值.

(2) $\neg(P \wedge Q) \Leftrightarrow m_0 \vee m_1 \vee m_2$

$\neg(P \vee Q) \Leftrightarrow m_0$

所以 公式$\neg(P \wedge Q)$ 与公式$\neg(P \vee Q)$ 不等值.

6.5 命题逻辑的推理理论

推理也称论证，它是指由已知命题得到新的命题的思维过程. 其中，已知命题称为推理的前提或假设，推得的新命题称为推理的结论.

在逻辑学中，把从前提（又叫公理或假设）出发，依据公认的推理规则，推导出一个结论，这一过程称为有效推理或形式证明，所得结论叫作有效结论. 这里最关心的不是结论的真实性而是推理的有效性. 前提的实际真值不作为确定推理有效性的依据. 但是，如果前提全是真，则有效结论也应该真而绝非假.

在数理逻辑中，主要研究和提供用来从前提导出结论的推理规则和论证原理，与这些规则有关的理论称为推理理论.

注意：必须把推理的有效性和结论的真实性区别开. 有效的推理不一定产生真实的结论，产生真实结论的推理过程未必一定是有效的. 另外，有效的推理中可能包含假的前提；而无效的推理却可能包含真的前提.

因此，所谓推理有效，指它的结论是它的前提的合乎逻辑的结果，即如果它的前提都为真，那么所得结论也必然为真，但这并不是要求前提一定为真. 如果推理有效，那么不可能出现它的前提都为真时而它的结论为假的情况.

6.5.1 推理的基本概念和推理形式

在数理逻辑中，前提 H 是一个或者 n 个命题公式 H_1，H_2，…，H_n，结论是一个命题公式 C. 由前提到结论的推理形式可表示为 H_1，H_2，…，$H_n \Rightarrow C$，其中符号⇒表示推出. 可见，推理形式是命题公式的一个有限序列，它的最后一个公式是结论，余下的为前提或假设.

定义 6-25 如果命题公式 $(H_1 \wedge H_2 \wedge \cdots \wedge H_n) \rightarrow C$ 是永真式，则称从前提 H_1，H_2，…，H_n 推出结论 C 的推理正确，称 C 是 H_1，H_2，…，H_n 的**有效结论**，亦即推理形式 H_1，H_2，…，$H_n \Rightarrow C$ 是有效的，也记为 $(H_1 \wedge H_2 \wedge \cdots \wedge H_n) \Rightarrow C$.

在数理逻辑中，从前提推导出结论，要依据事先提供的公认的推理规则，规则如下.

（1）P 规则（也称前提引入规则）：在推导过程中，前提可视需要引入使用.

（2）T 规则（也称结论引入规则）：在推导过程中，前面已导出的有效结论都可作为后续推导的前提引入.

此外，在从前提推出的结论为条件式时，还需要如下规则.

（3）CP 规则：若推出有效结论为蕴涵式 $R \rightarrow C$ 时，只需将其前件 R 加入到前提中作为附加前提且再去推出后件 C 即可.

CP 规则的正确性可由下面定理得到保证.

定理 6-10 若 H_1，H_2，…，H_n，$R \Rightarrow C$，则 H_1，H_2，…，$H_n \Rightarrow R \rightarrow C$.

证明 $(H_1 \wedge H_2 \wedge \cdots \wedge H_n \wedge R) \rightarrow C$ （＊）

$\Leftrightarrow \neg(H_1 \wedge H_2 \wedge \cdots \wedge H_n \wedge R) \vee C$

$\Leftrightarrow \neg(H_1 \wedge H_2 \wedge \cdots \wedge H_n) \vee \neg R \vee C$

$\Leftrightarrow \neg(H_1 \wedge H_2 \wedge \cdots \wedge H_n) \vee (R \rightarrow C)$

$\Leftrightarrow (H_1 \wedge H_2 \wedge \cdots \wedge H_n) \rightarrow (R \rightarrow C)$ （＊＊）

（＊）式和（＊＊）式是等值式，如果能证明（＊）式是永真式，则（＊＊）也为永真式.

6.5.2 推理定律

在推理过程中，除使用推理规则后，还需要使用许多条推理定律，这些定律可由以前讲过的命题定律、重言蕴涵式得到. 下面只给出了由重言蕴涵式得出的推理定律.

（1）化简规则：$P,\ Q \Rightarrow P$.

（2）附加规则：$P \Rightarrow P \vee Q$.

（3）假言推理规则：$P,\ (P \to Q) \Rightarrow Q$.

（4）拒取式规则：$\neg Q,\ (P \to Q) \Rightarrow \neg P$.

（5）析取三段论规则：$\neg P,\ (P \vee Q) \Rightarrow Q$.

（6）假言三段论规则：$(P \to Q),\ (Q \to R) \Rightarrow P \to R$.

（7）构造性二难规则：$(P \to Q),\ (R \to S),\ (P \vee R) \Rightarrow Q \vee S$.

（8）合取引入规则：$P,\ Q \Rightarrow P \wedge Q$.

此外，每个命题定律也可相应得出两个推理定律，这些请读者补全.

由于推理定律是确定有效结论的不可缺少的重要根据，因此要牢记并熟练运用它们.

6.5.3 判断有效结论的常用方法

判断有效结论的常用方法有真值表法、演绎法和反证法.

1. 真值表法

根据给定前提 H_1，H_2，…，H_n 和结论 C，构造条件式 $(H_1 \wedge H_2 \wedge \cdots \wedge H_n) \to C$ 的真值表，若它为永真式，则结论 C 是有效的.

为了简便，根据条件式 D：$(H_1 \wedge H_2 \wedge \cdots \wedge H_n) \to C$ 的真值定义，只需列出待证命题公式 D 的前件和后件的真值表，就可判断结论 C 的有效性. 方法有二：

① 在真值表中，先找出前提 H_1，H_2，…，H_n 的真值均为真的行，若相应行中结论 C 的真值也都为真，则 D 为真，即 C 为有效结论.

② 在真值表中，先找出结论 C 的真值为假的所有行，若这些行中，前提 H_1，H_2，…，H_n 的真值都至少有一个为假，则 D 为真，即 C 为有效结论.

2. 演绎法

列出待证推理形式中前提和结论的真值表，原则上可以解决推理的有效性问题. 但当出现在公式中的命题变元数目很大时，真值表法又显得不切实用，而使用演绎法却能比较好地解决这个问题.

定义 6-26 从前提 H 推出结论 C 的一个演绎是构造命题公式的一个有限序列：

$$A_1,\ A_2,\ \cdots,\ A_n$$

其中，A_1 是前提 H 中的某个前提 H_i；A_i（$i \geqslant 2$）或者是 H 中某个前提 H_i，或者是某些 A_j（$j < i$）的有效结论，并且 A_n 就是 C，则称公式 C 为该**演绎的有效结论**，或者称**从 H 演绎出 C**.

通过下面例子来说明演绎具体是如何进行.

【例 6-18】 求证 D 是前提 A，$A \to \neg B$，$\neg B \to C$ 和 $C \to D$ 的有效结论.

证明

（1）$A \to \neg B$　　　　P 规则

(2) $\neg B \to C$　　P 规则

(3) $A \to C$　　(1)(2)假言三段论规则

(4) A　　P 规则

(5) C　　T 规则，(3)(4)假言推理规则

(6) $C \to D$　　P 规则

(7) D　　T 规则，(5)(6)假言推理规则

演绎法的具体操作可用 3 列若干行构成的一张表来表示．第 1 列是圆括号序列，圆括号中数字是对推导行按增序列统一编号；第 2 列是推导行即命题公式序列，表明是前提或从部分前提推出的中间逻辑结论或最终所求的有效结论；第 3 列是注释行序列，表示所引用推理规则和该推导行是由哪些公式和运用怎样推理定律得来的．

3. 反证法

把结论的否定作为附加前提，与给定前提一起推证，若能引出矛盾，则说明结论是有效的．

定义 6-27　设 H_1，H_2，…，H_n 为公式，如果有 $H_1 \wedge H_2 \wedge \cdots \wedge H_n$ 是可满足式，则称公式 H_1，H_2，…，H_n 是**相容的**；如果 $H_1 \wedge H_2 \wedge \cdots \wedge H_n$ 是永假式，则称为 H_1，H_2，…，H_n 是**不相容的**．

由于 $H_1 \wedge H_2 \wedge \cdots \wedge H_n \to C \Leftrightarrow \neg(H_1 \wedge H_2 \wedge \cdots \wedge H_n) \vee C \Leftrightarrow \neg(H_1 \wedge H_2 \wedge \cdots \wedge H_n \wedge \neg C)$，因而，若 $(H_1 \wedge H_2 \wedge \cdots \wedge H_n \wedge \neg C)$ 是永假式，即 H_1，H_2，…，H_n，$\neg C$ 是不相容的，则有 $H_1 \wedge H_2 \wedge \cdots \wedge H_n \to C$ 是永真式．也就是说，公式 C 是 H_1，H_2，…，H_n 的有效结论．

【例 6-19】　判断下述推理是否正确．

一个侦探在调查了某珠宝商店的钻石盗窃案后，根据以下事实：

(1) 营业员 A 或 B 盗窃了钻石项链；

(2) 若 A 作案，则作案不在营业时间；

(3) 若 B 提供的证词正确，则货柜未上锁；

(4) 若 B 提供的证词不正确，则作案发生在营业时间；

(5) 货柜上了锁．

推断是 B 盗了项链．

解　将推理过程符号化，令 P：营业员 A 盗了钻石项链；Q：营业员 B 盗窃了钻石项链；R：作案发生在营业时间；S：B 提供的证词正确；T：货柜上了锁．

前提：$P \vee Q$；$P \to \neg R$；$S \to \neg T$；$\neg S \to R$；T

结论：Q

(1) $S \to \neg T$　　P 规则

(2) T　　P 规则

(3) $\neg S$　　(1)(2)拒取式规则

(4) $\neg S \to R$;　　P 规则

(5) R　　T 规则，(3)(4)假言推理规则

(6) $P \vee Q$　　P 规则

(7) $\neg Q$　　否定结论引入

(8) P　　(5)(6)析取三段论 P 规则

(9) $P\rightarrow\neg R$ P 规则

(10) $\neg R$ (8) (9) 假言推理规则

(11) $R\wedge\neg R$ (5) (10) 合取规则

由 (11) 得出了矛盾，根据反证法说明推理正确.

在命题逻辑中，把命题分解到原子命题为止，认为原子命题是不能再分解的，仅仅研究以原子命题为基本单位的复合命题之间的逻辑关系和推理. 这样，有些推理用命题逻辑就难以确切地表示出来. 例如，著名的“苏格拉底三段论”推理：

所有的人都是要死的，

苏格拉底是人，

所以苏格拉底是要死的.

根据常识，认为这个推理是正确的. 但是，若用命题逻辑来表示，设 P、Q 和 R 分别表示这 3 个原子命题，则有

$$P, Q\Rightarrow R$$

然而，$(P\wedge Q)\rightarrow R$ 并不是永真式，故上述推理形式又是错误的. 问题出在哪里呢？问题就在于这类推理中，各命题之间的逻辑关系不是体现在原子命题之间，而是体现在构成原子命题的内部成分之间，即体现在命题结构的更深层次上. 对此，命题逻辑是无能为力的. 所以，在研究某些推理时，有必要对原子命题作进一步分析，研究它们的形式结构的逻辑关系、正确的推理形式和规则，这些正是谓词逻辑的基本内容，有兴趣的读者可以去查阅相关的资料，进行更深入的学习.

6.6 小结

在本章的学习中要注意以下几点：理解命题的概念；理解用连接词产生复合命题的方法；掌握求给定公式真值表的方法，用基本等值式化简其他公式. 求范式的方法，可用基本等值式或真值表将公式化为主析取（合取）范式的方法，其关键有两点：一是准确理解掌握定义；二是巧妙使用基本等值式中的分配律、同一律和互补律，在求出结果的前一步适当使用等幂律，使相同的短语（或子句）只保留一个. 用形式演绎法进行逻辑推理时，一是要理解并掌握基本蕴涵式，二是会使用 3 个规则：规则 P、规则 T 和规则 CP，同时需要进行一定数量的练习.

6.7 习题

一、单项选择题

1. 下列语句中，(　　) 是命题.

A. 下午有会吗？　B. 这朵花多好看呀！　C. 2 是常数.　D. 请把门关上.

2. 下面语句是真命题的为 (　　).

A. 我正在说谎　B. 如果 $1+1=2$，则雪是黑色的

C. 如果 $1+1=3$，则雪是黑色的　D. 吃饭了吗？

3. 下面连接词不具有交换律的是 (　　).

A. $\rightarrow$　　B. $\wedge$　　C. $\vee$　　D. $\leftrightarrow$

4. 下列命题公式中，(　　) 是重言式.

A. $(P\rightarrow Q)\wedge(Q\rightarrow P)$　　B. $(P\wedge Q)\rightarrow P$

C. $\neg(P\vee Q)$　　D. $(\neg P\vee Q)\wedge(\neg P\vee\neg Q)$

5. 下列命题公式中，(　　) 不是重言式.

A. $Q\rightarrow(P\vee Q)$　　B. $(P\wedge Q)\rightarrow P$

C. $\neg(P\wedge\neg Q)\wedge(\neg P\vee Q)$　　D. $(\neg P\vee Q)\leftrightarrow(P\rightarrow Q)$

6. 已知命题 $G=\neg(P\rightarrow(Q\wedge R))$，则所有使 G 取真值 1 的赋值是 (　　).

A. (0, 0, 0), (0, 0, 1), (1, 0, 0)

B. (1, 0, 0), (1, 0, 1), (1, 1, 0)

C. (0, 1, 0), (1, 0, 1), (0, 0, 1)

D. (0, 0, 1), (1, 0, 1), (1, 1, 1)

7. 重言式的否定为 (　　).

A. 重言式　　B. 矛盾式　　C. 可满足式　　D. 蕴涵式

8. 一个公式在等值意义下，下面哪个写法是唯一的 (　　).

A. 析取范式　　B. 合取范式　　C. 主析取范式　　D. 以上答案都不对

9. 设命题公式 $G\Leftrightarrow\neg(P\rightarrow Q)$，$H\Leftrightarrow P\rightarrow(Q\rightarrow\neg P)$，则 G 与 H 的关系是 (　　).

A. $G\Rightarrow H$　　B. $H\Rightarrow G$　　C. $G\Leftrightarrow H$　　D. 以上都不是

10. 前提 $p\vee q$，$\neg q\vee r$，$\neg r$ 的结论是 (　　).

A. q　　B. p　　C. $p\vee q$　　D. $\neg p\rightarrow r$

二、填空题

1. 将几个命题连接起来，形成一个复合命题的逻辑连接词主要有否定、__________、__________、__________和等价连接词.

2. P、Q 为两个命题，当且仅当__________时，$P\wedge Q$ 的真值为 1；当且仅当__________时，$P\vee Q$ 的值为 0.

3. P、Q 为两个命题，当且仅当__________时，$P\rightarrow Q$ 的真值为 0.

4. 命题公式 $G\Leftrightarrow(P\wedge Q)\rightarrow R$，则 G 共有__________个不同的解释；把 G 在其所有解释下所取真值列成一个表，称为 G 的__________；解释 (0, 1, 0) 使 G 的真值为__________.

5. 两个重言式的析取为__________，一个重言式与一个矛盾式的析取为__________.

6. 设 p：1+1=5，q：明天是阴天，则命题“只要 1+1=5，那么明天是阴天”可符号化为__________，其真值是__________.

7. 给定命题公式 $(P\vee Q)\rightarrow R$，该公式在连接词集合 $\{\neg, \rightarrow\}$ 中的形式为______________，在连接词集合 $\{\neg, \wedge\}$ 中的形式为______________.

8. 已知命题公式 $G\Leftrightarrow(\neg P\wedge Q)\rightarrow R$，则 G 的析取范式是______________.

9. 公式 $(P\wedge Q)\vee(\neg P\wedge R)$ 的主析取范式是______________.

10. 设命题公式 $G\Leftrightarrow P\rightarrow\neg(Q\rightarrow R)$，则使公式 G 为假的解释是__________、__________和__________.

三、判断题

1. “王兰和王英是姐妹”是复合命题，因为该命题中出现了连接词“和”.（　）

2. 若 A：张英和王平都是运动员，则 $\neg A$：张英和王平都不是运动员.（　）

3. 重言式的否定式是可满足式.（　）

4. “学习有如逆水行舟，不进则退”. 设 P：学习如逆水行舟，Q：学习进步，R：学习退步. 则命题符号化为 $P\to(\neg Q\to R)$.（　）

5. 在命题演算中，每个最小连接词组至少有两个连接词.（　）

6. 命题连接词集 $\{\neg、\wedge、\vee\}$ 是最小连接词集.（　）

7. A 是命题公式，$A\Leftrightarrow(A^*)^*$.（　）

8. 任一命题公式的主析取范式和它的主合取范式互为对偶式.（　）

9. 设 P、Q 是两个命题，当且仅当 P、Q 的真值均为 T 时，$P\leftrightarrow Q$ 的值为 T.（　）

10. 任一命题公式都可以表示成与其等值的若干极小项的析取式.（　）

四、计算题

1. 求命题公式 $\neg(P\vee Q)\leftrightarrow(P\wedge Q)$ 的析取范式与合取范式.

2. 通过求主析取范式判断下列命题公式是否等值.

(1) $(P\wedge Q)\vee(\neg P\wedge Q\wedge R)$；

(2) $(P\vee(Q\wedge R))\wedge(Q\vee(\neg P\wedge R))$.

3. 用真值表判断下列公式是恒真，恒假，还是可满足.

(1) $(P\wedge\neg P)\leftrightarrow Q$；

(2) $\neg(P\to Q)\wedge Q$；

(3) $((P\to Q)\wedge(Q\to R))\to(P\to R)$.

五、证明题

1. 利用基本等值式证明下列命题公式为恒真公式.

(1) $((P\to Q)\wedge(Q\to R))\to(P\to R)$；

(2) $((P\vee Q)\wedge\neg(\neg P\wedge(\neg Q\vee\neg R)))\vee(\neg P\wedge\neg Q)\vee(\neg P\wedge\neg R)$.

2. 证明等值式 $(\neg P\wedge(\neg Q\wedge R))\vee(Q\wedge R)\vee(P\wedge R)\Leftrightarrow R$.

3. 利用形式演绎法证明：$\{P\to Q,\ R\to S,\ P\vee R\}$ 蕴涵 $Q\vee S$.

4. 判断下面推理是否正确，并证明你的结论.

如果小王是理科生，他的数学成绩必好. 如果小王不是文科生，他必为理科生. 小王没学好数学（即数学成绩不好），所以小王是文科生.（提示：先将命题符号化，再用形式演绎法推出正确与否.）

附录　习题参考答案

第 1 章

一、单项选择题

1 ~ 5　A C C C D　　6 ~ 10　B C C B A　　11 ~ 15　C B B D D

二、填空题

1. 3，6　2. $n(n-1)$　3. $-a_{11}a_{23}a_{34}a_{42}$，$-a_{11}a_{23}a_{32}a_{44}$　4. 0　5. -12　6. ±1，±2　7. 4，-1

三、判断题

1. √　2. √　3. ×　4. ×　5. ×　6. √　7. ×　8. ×　9. √　10. √

四、计算题

1. 解　因为行标为 $i3215$，故 i 必须为4. 列标为 $2j4k5$，故 $j=3$，$k=1$ 或者 $j=1$，$k=3$. 当 $i=4$，$j=3$，$k=1$ 时，$N(43215)+N(23415)=6+3=9$，该项前取负号；当 $i=4$，$j=1$，$k=3$ 时，$N(43521)+N(21435)=8+2=10$，该项前取正号.

2. 解　(1)

$$\begin{vmatrix} 1 & 1 & 1 & 1 \\ a_1 & a & a_2 & a_2 \\ a_2 & a_2 & a & a_3 \\ a_3 & a_3 & a_3 & a \end{vmatrix} = \begin{vmatrix} 1 & 1 & 1 & 1 \\ 0 & a-a_1 & a_2-a_1 & a_2-a_1 \\ 0 & 0 & a-a_2 & a_3-a_2 \\ 0 & 0 & 0 & a-a_3 \end{vmatrix} = (a-a_1)(a-a_2)(a-a_3)$$

(2) 主要思路仍是化三角形行列式计算. 在具体计算过程中，第 1 列与第 2 列互换，然后第 2 列与第 3 列互换，…，第 $n-1$ 列与第 n 列互换，共互换 $n-1$ 次，由行列式性质，两行（列）互换，行列式的值反号，因此共出现 $n-1$ 个 (-1) 相乘，即$(-1)^{n-1}$.

$$\begin{vmatrix} 0 & 1 & 0 & \cdots & 0 \\ 0 & 0 & 2 & \cdots & 0 \\ \vdots & \vdots & \vdots & & \vdots \\ 0 & 0 & 0 & \cdots & n-1 \\ n & 0 & 0 & \cdots & 0 \end{vmatrix} = (-1)^{n-1} \begin{vmatrix} 1 & 0 & 0 & \cdots & 0 & 0 \\ 0 & 2 & 0 & \cdots & 0 & 0 \\ \vdots & \vdots & \vdots & & \vdots & \vdots \\ 0 & 0 & 0 & \cdots & n-1 & 0 \\ 0 & 0 & 0 & \cdots & 0 & n \end{vmatrix}$$

$$= (-1)^{n-1} 1 \times 2 \times \cdots \times (n-1) \times n = (-1)^{n-1} n!$$

(3) 该行列式从第 1 行到第 n 行每行有两个互为相反数的元素，其余元素都为 0，第 $n+1$行的元素都是 1，把第 2，3，…，$n+1$ 列加到第 1 列，可使行列式的第 1 列除最后一个元素外都为 0.

$$\begin{vmatrix} -a_1 & a_1 & 0 & \cdots & 0 & 0 \\ 0 & -a_2 & a_2 & \cdots & 0 & 0 \\ \vdots & \vdots & \vdots & & \vdots & \vdots \\ 0 & 0 & 0 & \cdots & -a_n & a_n \\ 1 & 1 & 1 & \cdots & 1 & 1 \end{vmatrix} = \begin{vmatrix} 0 & a_1 & 0 & \cdots & 0 & 0 \\ 0 & -a_2 & a_2 & \cdots & 0 & 0 \\ \vdots & \vdots & \vdots & & \vdots & \vdots \\ 0 & 0 & 0 & \cdots & -a_n & a_n \\ n & 1 & 1 & \cdots & 1 & 1 \end{vmatrix}$$

$$= (-1)^{n+1+1} \times n \times \begin{vmatrix} a_1 & 0 & \cdots & 0 & 0 \\ -a_2 & a_2 & \cdots & 0 & 0 \\ \vdots & \vdots & & \vdots & \vdots \\ 0 & 0 & \cdots & -a_n & a_n \end{vmatrix} = (-1)^n n a_1 a_2 \cdots a_n$$

（4）该行列式计算的困难在于第 2、3 列的数较大，可用行列式的性质将其分解成几个较简单的行列式之和.

$$\begin{vmatrix} 4 & 427 & 327 \\ 5 & 543 & 443 \\ 7 & 721 & 621 \end{vmatrix} = \begin{vmatrix} 4 & 400+27 & 300+27 \\ 5 & 500+43 & 400+43 \\ 7 & 700+21 & 600+21 \end{vmatrix} = \begin{vmatrix} 4 & 400 & 300+27 \\ 5 & 500 & 400+43 \\ 7 & 700 & 600+21 \end{vmatrix} + \begin{vmatrix} 4 & 27 & 300+27 \\ 5 & 43 & 400+43 \\ 7 & 21 & 600+21 \end{vmatrix}$$

$$= \begin{vmatrix} 4 & 400 & 300 \\ 5 & 500 & 400 \\ 7 & 700 & 600 \end{vmatrix} + \begin{vmatrix} 4 & 400 & 27 \\ 5 & 500 & 43 \\ 7 & 700 & 21 \end{vmatrix} + \begin{vmatrix} 4 & 27 & 300 \\ 5 & 43 & 400 \\ 7 & 21 & 600 \end{vmatrix} + \begin{vmatrix} 4 & 27 & 27 \\ 5 & 43 & 43 \\ 7 & 21 & 21 \end{vmatrix} \qquad (*)$$

$$= 0 + 0 + 100 \begin{vmatrix} 4 & 27 & 3 \\ 5 & 43 & 4 \\ 7 & 21 & 6 \end{vmatrix} + 0 = 100 \begin{vmatrix} 1 & 27 & 3 \\ 1 & 43 & 4 \\ 1 & 21 & 6 \end{vmatrix} = 100 \begin{vmatrix} 1 & 27 & 3 \\ 0 & 16 & 1 \\ 0 & -6 & 3 \end{vmatrix} = 100 \begin{vmatrix} 16 & 1 \\ -6 & 3 \end{vmatrix}$$

$$= 100 \times (48 + 6) = 5400$$

注意：在（$*$）式的 4 个行列式中，第 1 个和第 2 个行列式中的第 1 列与第 2 列对应元素成比例，比例系数是 100；第 4 个行列式中第 2 列与第 3 列对应元素相同，根据行列式性质，这 3 个行列式的值为 0.

（5）
$$\begin{vmatrix} 1 & 4 & -1 & 4 \\ 2 & 1 & 4 & 3 \\ 4 & 2 & 3 & 11 \\ 3 & 0 & 9 & 2 \end{vmatrix} \xlongequal[r_3 - 2r_2]{r_1 - 4r_2} \begin{vmatrix} -7 & 0 & -17 & -8 \\ 2 & 1 & 4 & 3 \\ 0 & 0 & -5 & 5 \\ 3 & 0 & 9 & 2 \end{vmatrix} = 1 \times (-1)^{2+2} \begin{vmatrix} -7 & -17 & -8 \\ 0 & -5 & 5 \\ 3 & 9 & 2 \end{vmatrix}$$

$$= \begin{vmatrix} -7 & -25 & -8 \\ 0 & 0 & 5 \\ 3 & 11 & 2 \end{vmatrix} = 5 \times (-1)^{2+3} \begin{vmatrix} -7 & -25 \\ 3 & 11 \end{vmatrix} = 5(77 - 75) = 10$$

3. 解　这是用克莱姆法则求解非齐次线性方程组的常规训练题.

$$D = \begin{vmatrix} 2 & 3 & 5 \\ 1 & 2 & 0 \\ 0 & 3 & 5 \end{vmatrix} = \begin{vmatrix} 2 & 0 & 0 \\ 1 & 2 & 0 \\ 0 & 3 & 5 \end{vmatrix} = 2 \times \begin{vmatrix} 2 & 0 \\ 3 & 5 \end{vmatrix} = 2 \times 10 = 20$$

$$D_1 = \begin{vmatrix} 2 & 3 & 5 \\ 5 & 2 & 0 \\ 4 & 3 & 5 \end{vmatrix} = \begin{vmatrix} 2 & 3 & 5 \\ 5 & 2 & 0 \\ 2 & 0 & 0 \end{vmatrix} = 2 \times \begin{vmatrix} 3 & 5 \\ 2 & 0 \end{vmatrix} = 2 \times (-10) = -20$$

$$D_2=\begin{vmatrix}2&2&5\\1&5&0\\0&4&5\end{vmatrix}=\begin{vmatrix}2&-2&0\\1&5&0\\0&4&5\end{vmatrix}=5\times(10+2)=60$$

$$D_3=\begin{vmatrix}2&3&2\\1&2&5\\0&3&4\end{vmatrix}=\begin{vmatrix}0&-1&-8\\1&2&5\\0&3&4\end{vmatrix}=(-1)\times\begin{vmatrix}-1&-8\\3&4\end{vmatrix}=-(-4+24)=-20$$

由克莱姆法则可得

$$x_1=\frac{D_1}{D}=-1\quad x_2=\frac{D_2}{D}=3\quad x_3=\frac{D_3}{D}=-1$$

4. 解　根据克莱姆法则，系数行列式不为 0 时，线性方程组只有零解.

$$\begin{aligned}D&=\begin{vmatrix}3a+1&5a-2\\9-a&2a+4\end{vmatrix}=(3a+1)(2a+4)-(5a-2)(9-a)\\&=(6a^2+14a+4)-(-5a^2+47a-18)=11a^2-33a+22\\&=11(a^2-3a+2)=11(a-1)(a-2)\end{aligned}$$

当 $D\neq0$，即 $a\neq1$ 且 $a\neq2$ 时，线性方程组有唯一零解.

五、证明题

1. 证明　根据拉普拉斯定理，将行列式按第 1，2 行展开，得

$$\begin{aligned}D&=\begin{vmatrix}a&b&c&d\\-b&a&-d&c\\-c&d&a&-b\\-d&-c&b&a\end{vmatrix}\\&=\begin{vmatrix}a&b\\-b&a\end{vmatrix}(-1)^{1+2+1+2}\begin{vmatrix}a&-b\\b&a\end{vmatrix}+\begin{vmatrix}a&c\\-b&-d\end{vmatrix}(-1)^{1+2+1+3}\begin{vmatrix}d&-b\\-c&a\end{vmatrix}+\\&\quad\begin{vmatrix}a&d\\-b&c\end{vmatrix}(-1)^{1+2+1+4}\begin{vmatrix}d&a\\-c&b\end{vmatrix}+\begin{vmatrix}b&c\\a&-d\end{vmatrix}(-1)^{1+2+2+3}\begin{vmatrix}-c&-b\\-d&a\end{vmatrix}+\\&\quad\begin{vmatrix}b&d\\a&c\end{vmatrix}(-1)^{1+2+2+4}\begin{vmatrix}-c&a\\-d&b\end{vmatrix}+\begin{vmatrix}c&d\\-d&c\end{vmatrix}(-1)^{1+2+3+4}\begin{vmatrix}-c&d\\-d&-c\end{vmatrix}\\&=(a^2+b^2)^2+(ad-bc)^2+(ac+bd)^2+(ac+bd)^2+(ad-bc)^2+(c^2+d^2)^2\\&=(a^2+b^2)^2+2(a^2d^2+b^2c^2+a^2c^2+b^2d^2)+(c^2+d^2)^2\\&=(a^2+b^2)^2+2(a^2+b^2)(c^2+d^2)+(c^2+d^2)^2\\&=(a^2+b^2+c^2+d^2)^2\end{aligned}$$

2. 证明　由行列式的性质可知，将 D 的第 1 列的 100 倍与第 2 列的 10 倍加到第 3 列，D 的值不变. 而此时，行列式第 3 列每个元素都是 19 的倍数，由行列式的性质，可写成 19 乘以一个元素为整数的行列式. 因此该行列式是 19 的倍数. 本题不需要具体求出行列式的值.

$$D=\begin{vmatrix}1&5&2\\2&0&9\\3&9&9\end{vmatrix}=\begin{vmatrix}152&5&2\\209&0&9\\399&9&9\end{vmatrix}=19\begin{vmatrix}8&5&2\\11&0&9\\21&9&9\end{vmatrix}$$

故该行列式是 19 的倍数.

第 2 章

一、单项选择题

1～5 C A B C D　6～10 C A B B C　11～16 B C A C C A

二、填空题

1. $\begin{pmatrix}8 & 6\\ 9 & 17\end{pmatrix}$　2. a_{ji}　3. $\begin{pmatrix}1 & 0\\ k\lambda & 1\end{pmatrix}$　4. $\begin{pmatrix}1 & n & n-1\\ 0 & 1 & 1\\ 0 & 0 & 0\end{pmatrix}$　5. $|\boldsymbol{ABC}|\neq 0$，$\boldsymbol{C}^{-1}\boldsymbol{B}^{-1}\boldsymbol{A}^{-1}$

6. $\begin{pmatrix}\frac{7}{3} & -\frac{5}{3} & 0\\ -\frac{5}{3} & \frac{4}{3} & 0\\ 0 & 0 & \frac{1}{8}\end{pmatrix}$　7. 3^k　8. $\frac{1}{5^{n-1}}$　9. $\begin{pmatrix}2 & 0 & 1\\ 0 & 3 & 0\\ 1 & 0 & 2\end{pmatrix}$　10. 将矩阵 $\boldsymbol{A}$ 第二行乘以 2

三、判断题

1. ×　2. ×　3. ×　4. √　5. √　6. ×　7. ×　8. √　9. ×　10. √

四、计算题

1. 解　设 $\boldsymbol{A}=\begin{pmatrix}2 & 1 & -1\\ 2 & 1 & 0\\ 1 & -1 & 1\end{pmatrix}$，$\boldsymbol{B}=\begin{pmatrix}1 & 2 & 3\\ 4 & -1 & 2\end{pmatrix}$，则 $\boldsymbol{XA}=\boldsymbol{B}$，先求 $\boldsymbol{A}^{-1}$.

$$(\boldsymbol{A}\,\vdots\,\boldsymbol{E})=\begin{pmatrix}2 & 1 & -1 & 1 & 0 & 0\\ 2 & 1 & 0 & 0 & 1 & 0\\ 1 & -1 & 1 & 0 & 0 & 1\end{pmatrix}\to\begin{pmatrix}1 & -1 & 1 & 0 & 0 & 1\\ 2 & 1 & 0 & 0 & 1 & 0\\ 2 & 1 & -1 & 1 & 0 & 0\end{pmatrix}\to\begin{pmatrix}1 & -1 & 1 & 0 & 0 & 1\\ 0 & 3 & -2 & 0 & 1 & -2\\ 0 & 3 & -3 & 1 & 0 & -2\end{pmatrix}$$

$$\to\begin{pmatrix}1 & -1 & 1 & 0 & 0 & 1\\ 0 & 3 & -2 & 0 & 1 & -2\\ 0 & 0 & -1 & 1 & -1 & 0\end{pmatrix}\to\begin{pmatrix}1 & 0 & \frac{1}{3} & 0 & \frac{1}{3} & \frac{1}{3}\\ 0 & 3 & -2 & 0 & 1 & -2\\ 0 & 0 & -1 & 1 & -1 & 0\end{pmatrix}\to\begin{pmatrix}1 & 0 & 0 & \frac{1}{3} & 0 & \frac{1}{3}\\ 0 & 3 & 0 & -2 & 3 & -2\\ 0 & 0 & -1 & 1 & -1 & 0\end{pmatrix}$$

$$\to\begin{pmatrix}1 & 0 & 0 & \frac{1}{3} & 0 & \frac{1}{3}\\ 0 & 1 & 0 & -\frac{2}{3} & 1 & -\frac{2}{3}\\ 0 & 0 & 1 & 1 & -1 & 0\end{pmatrix}$$

经计算得

$$A^{-1}=\begin{pmatrix}\frac{1}{3} & 0 & \frac{1}{3}\\ -\frac{2}{3} & 1 & -\frac{2}{3}\\ -1 & 1 & 0\end{pmatrix}$$

所以 $X = BA^{-1} = \begin{pmatrix} 1 & 2 & 3 \\ 4 & -1 & 2 \end{pmatrix} \begin{pmatrix} \frac{1}{3} & 0 & \frac{1}{3} \\ -\frac{2}{3} & 1 & -\frac{2}{3} \\ -1 & 1 & 0 \end{pmatrix} = \begin{pmatrix} -4 & 5 & -1 \\ 0 & 1 & 2 \end{pmatrix}$

2. 解 由 $A + B = AB$，得 $B = A(B - E)$，即 $A = B(B - E)^{-1}$

$$A = B(B-E)^{-1} = \begin{pmatrix} 3 & 0 & 0 \\ 0 & 1 & -2 \\ 0 & 1 & 1 \end{pmatrix} \begin{pmatrix} 2 & 0 & 0 \\ 0 & 0 & -2 \\ 0 & 1 & 0 \end{pmatrix}^{-1} = \begin{pmatrix} 3 & 0 & 0 \\ 0 & 1 & -2 \\ 0 & 1 & 1 \end{pmatrix} \begin{pmatrix} \frac{1}{2} & 0 & 0 \\ 0 & 0 & 1 \\ 0 & -\frac{1}{2} & 0 \end{pmatrix} = \begin{pmatrix} \frac{3}{2} & 0 & 0 \\ 0 & 1 & 1 \\ 0 & -\frac{1}{2} & 1 \end{pmatrix}$$

3. 解 令 $A = \begin{pmatrix} B & O & O \\ O & C & O \\ O & O & D \end{pmatrix}$，其中 $B = \begin{pmatrix} 1 & 2 \\ 3 & 4 \end{pmatrix}$，$C = (3)$，$D = \begin{pmatrix} 3 & 2 \\ 8 & 5 \end{pmatrix}$

又有 $B^{-1} = \begin{pmatrix} -2 & 1 \\ \frac{3}{2} & -\frac{1}{2} \end{pmatrix}$，$C^{-1} = \left(\frac{1}{3}\right)$，$D^{-1} = \begin{pmatrix} -5 & 2 \\ 8 & -3 \end{pmatrix}$

$$A^{-1} = \begin{pmatrix} B^{-1} & O & O \\ O & C^{-1} & O \\ O & O & D^{-1} \end{pmatrix} = \begin{pmatrix} -2 & 1 & 0 & 0 & 0 \\ \frac{3}{2} & -\frac{1}{2} & 0 & 0 & 0 \\ 0 & 0 & -\frac{1}{3} & 0 & 0 \\ 0 & 0 & 0 & -5 & 2 \\ 0 & 0 & 0 & 8 & -3 \end{pmatrix}$$

4. 解 用初等变换的方法求矩阵的逆，对分块矩阵（A ¦ E）只允许进行行的初等变换，而不能进行列的初等变换，这是一个原则，作 4×8 矩阵（A ¦ E_4）.

$$(A \mid E_4) = \begin{pmatrix} 1 & 0 & 0 & 0 & 1 & 0 & 0 & 0 \\ 1 & 2 & 0 & 0 & 0 & 1 & 0 & 0 \\ 2 & 4 & 3 & 0 & 0 & 0 & 1 & 0 \\ 1 & -2 & 6 & 4 & 0 & 0 & 0 & 1 \end{pmatrix} \xrightarrow[\substack{r_3 - 2r_1 \\ r_4 - r_1}]{r_2 - r_1} \begin{pmatrix} 1 & 0 & 0 & 0 & 1 & 0 & 0 & 0 \\ 0 & 2 & 0 & 0 & -1 & 1 & 0 & 0 \\ 0 & 4 & 3 & 0 & -2 & 0 & 1 & 0 \\ 0 & -2 & 6 & 4 & -1 & 0 & 0 & 1 \end{pmatrix}$$

$$\xrightarrow[r_4 - r_2]{r_3 - 2r_2} \begin{pmatrix} 1 & 0 & 0 & 0 & 1 & 0 & 0 & 0 \\ 0 & 2 & 0 & 0 & -1 & 1 & 0 & 0 \\ 0 & 0 & 3 & 0 & 0 & -2 & 1 & 0 \\ 0 & 0 & 6 & 4 & -2 & 1 & 0 & 1 \end{pmatrix} \xrightarrow{r_2 - 2r_3} \begin{pmatrix} 1 & 0 & 0 & 0 & 1 & 0 & 0 & 0 \\ 0 & 2 & 0 & 0 & -1 & 1 & 0 & 0 \\ 0 & 0 & 3 & 0 & 0 & -2 & 1 & 0 \\ 0 & 0 & 0 & 4 & -2 & 5 & -2 & 1 \end{pmatrix}$$

$$\xrightarrow[\substack{r_3 \div 3 \\ r_4 \div 4}]{r_2 \div 2} \begin{pmatrix} 1 & 0 & 0 & 0 & 1 & 0 & 0 & 0 \\ 0 & 1 & 0 & 0 & -\frac{1}{2} & \frac{1}{2} & 0 & 0 \\ 0 & 0 & 1 & 0 & 0 & -\frac{2}{3} & \frac{1}{3} & 0 \\ 0 & 0 & 0 & 1 & -\frac{1}{2} & \frac{5}{4} & -\frac{1}{2} & \frac{1}{4} \end{pmatrix}$$

故 $A^{-1} = \begin{pmatrix} 1 & 0 & 0 & 0 \\ -\frac{1}{2} & \frac{1}{2} & 0 & 0 \\ 0 & -\frac{2}{3} & \frac{1}{3} & 0 \\ -\frac{1}{2} & \frac{5}{4} & -\frac{1}{2} & \frac{1}{4} \end{pmatrix}$

五、证明题

1. 证明 $\begin{pmatrix} A & O \\ C & B \end{pmatrix}\begin{pmatrix} A^{-1} & O \\ -B^{-1}CA^{-1} & B^{-1} \end{pmatrix} = \begin{pmatrix} AA^{-1} & O \\ CA^{-1}+B(-B^{-1}CA^{-1}) & BB^{-1} \end{pmatrix} = \begin{pmatrix} E & O \\ O & E \end{pmatrix} = E$

又有

$$\begin{pmatrix} A^{-1} & O \\ -B^{-1}CA^{-1} & B^{-1} \end{pmatrix}\begin{pmatrix} A & O \\ C & B \end{pmatrix} = \begin{pmatrix} A^{-1}A & O \\ -B^{-1}CA^{-1}A+B^{-1}C & B^{-1}B \end{pmatrix} = \begin{pmatrix} E & O \\ O & E \end{pmatrix} = E$$

所以 $\begin{pmatrix} A & O \\ C & B \end{pmatrix}$的逆矩阵等于$\begin{pmatrix} A^{-1} & O \\ -B^{-1}CA^{-1} & B^{-1} \end{pmatrix}$.

2. 证明　方阵可逆的充要条件，即 A 可逆$\Leftrightarrow |A| \neq 0$，且 $A^{-1} = \frac{1}{|A|}A^*$.

因为A，B 为同阶可逆矩阵，所以 $|AB| = |A| \cdot |B| \neq 0$，即 AB 可逆，从而 $(AB)^{-1} = \frac{1}{|AB|}(AB)^*$.

于是$(AB)^* = |AB|(AB)^{-1} = |A||B|B^{-1}A^{-1} = |B|B^{-1}|A|A^{-1} = B^*A^*$.

第 3 章

一、单项选择题

1 ~ 5　B C C D D　　6 ~ 10　C C C C C　　11 ~ 14　C D C C

二、填空题

1. $\neq -1$；$= -1$　2. n　3. 零；相等　4. 1　5. $Ax = b$；$Ax = O$；$Ax = O$　6. 无穷

三、判断题

1. ×　2. ×　3. ×　4. √　5. ×　6. √　7. √　8. ×　9. ×　10. ×　11. ×　12. ×

四、计算题

1. 解 $\begin{pmatrix} 1 & 1 & 1 & 2 \\ 2 & 3 & -1 & 3 \\ 2 & 5 & -7 & 1 \end{pmatrix}$经线性变换为$\begin{pmatrix} 1 & 0 & 4 & 3 \\ 0 & 1 & -3 & -1 \\ 0 & 0 & 0 & 0 \end{pmatrix}$，其秩 = 2，$\begin{cases} x_1 = -4x_3 - 3x_4 \\ x_2 - 3x_3 + x_4 \end{cases}$

故方程组的通解为 $k_1\begin{pmatrix} -4 \\ 3 \\ 1 \\ 0 \end{pmatrix} + k_2\begin{pmatrix} -3 \\ 1 \\ 0 \\ 1 \end{pmatrix}$，其中 k_1，k_2为任意常数.

2. 解 $\left(\begin{array}{cccc|c} 1 & -1 & 2 & 1 & 1 \\ 2 & -1 & 1 & 2 & 3 \\ 1 & 0 & -1 & 1 & 2 \\ 3 & -1 & 0 & 3 & 5 \end{array}\right)$经线性变换为$\left(\begin{array}{cccc|c} 1 & 0 & -1 & 1 & 2 \\ 0 & 1 & -3 & 0 & 1 \\ 0 & 0 & 0 & 0 & 0 \\ 0 & 0 & 0 & 0 & 0 \end{array}\right)$，其秩 $r = 2$，

$\begin{cases} x_1 - x_3 + x_4 = 2 \\ x_2 - x_3 = 1 \end{cases}$，取（$x_3$，$x_4$）为自由未知量，令（$x_3$，$x_4$）为（0，0），得一个特解为

$\gamma_0 =$ （2，1，0，0），对应的导出组$\begin{cases} x_1 - x_3 + x_4 = 0 \\ x_2 - x_3 = 0 \end{cases}$的两个解为 $\boldsymbol{\eta}_1 = \begin{pmatrix} 1 \\ 1 \\ 1 \\ 0 \end{pmatrix}$，$\boldsymbol{\eta}_2 = \begin{pmatrix} -1 \\ 0 \\ 0 \\ 1 \end{pmatrix}$.

所以通解为 $x = k_1\boldsymbol{\eta}_1 + k_2\boldsymbol{\eta}_2 + \boldsymbol{\gamma}_0$，其中 k_1，k_2 为任意常数.

3. 解　对方程组的增广矩阵做初等变换：

$$\overline{A} = \begin{pmatrix} 1 & 1 & 2 & 3 & 1 \\ 1 & 3 & 6 & 1 & 3 \\ 3 & -1 & -k_1 & 15 & 3 \\ 1 & -5 & -10 & 12 & k_2 \end{pmatrix} \xrightarrow[r_4 - r_1]{\substack{r_2 - r_1 \\ r_3 - 3r_1}} \begin{pmatrix} 1 & 1 & 2 & 3 & 1 \\ 0 & 2 & 4 & -2 & 2 \\ 0 & -4 & -6-k_1 & 6 & 0 \\ 0 & -6 & -12 & 9 & k_2 - 1 \end{pmatrix}$$

$$\xrightarrow{r_2 \times \frac{1}{2}} \begin{pmatrix} 1 & 1 & 2 & 3 & 1 \\ 0 & 1 & 2 & -1 & 1 \\ 0 & -4 & -6-k_1 & 6 & 0 \\ 0 & -6 & -12 & 9 & k_2 - 1 \end{pmatrix} \xrightarrow[r_4 + 6r_1]{r_3 + 4r_2} \begin{pmatrix} 1 & 1 & 2 & 3 & 1 \\ 0 & 1 & 2 & -1 & 1 \\ 0 & 0 & 2-k_1 & 2 & 4 \\ 0 & 0 & 0 & 3 & k_2 + 5 \end{pmatrix}$$

所以，当$\begin{cases} 2 - k_1 = 0 \\ k_2 + 5 \neq 6 \end{cases}$，即$\begin{cases} k_1 = 2 \\ k_2 \neq 1 \end{cases}$时，$R(\boldsymbol{A}) = 3$，$R(\overline{\boldsymbol{A}}) = 4$，方程组无解.

当 $2 - k_1 \neq 0$，即 $k_1 \neq 2$ 时，$R(\boldsymbol{A}) = R(\overline{\boldsymbol{A}}) = 4$，方程组有唯一解.

当$\begin{cases} 2 - k_1 = 0 \\ k_2 + 5 = 6 \end{cases}$，即$\begin{cases} k_1 = 2 \\ k_2 = 1 \end{cases}$时，$R(\boldsymbol{A}) = R(\overline{\boldsymbol{A}}) = 3$，方程组有无穷解.

此时

$$\begin{pmatrix} 1 & 1 & 2 & 3 & 1 \\ 0 & 1 & 2 & -1 & 1 \\ 0 & 0 & 0 & 2 & 4 \\ 0 & 0 & 0 & 3 & 6 \end{pmatrix} \xrightarrow{r_4 - \frac{3}{2}r_3} \begin{pmatrix} 1 & 1 & 2 & 3 & 1 \\ 0 & 1 & 2 & -1 & 1 \\ 0 & 0 & 0 & 1 & 2 \\ 0 & 0 & 0 & 0 & 0 \end{pmatrix} \xrightarrow[r_1 - 3r_3]{r_2 + r_3} \begin{pmatrix} 1 & 1 & 2 & 0 & -5 \\ 0 & 1 & 2 & 0 & 3 \\ 0 & 0 & 0 & 1 & 2 \\ 0 & 0 & 0 & 0 & 0 \end{pmatrix}$$

$$\xrightarrow{r_1 - r_2} \begin{pmatrix} 1 & 0 & 0 & 0 & -8 \\ 0 & 1 & 2 & 0 & 3 \\ 0 & 0 & 0 & 1 & 2 \\ 0 & 0 & 0 & 0 & 0 \end{pmatrix}$$，其秩 $r = 3$，$\begin{cases} x_1 = -8 \\ x_2 + 2x_3 = 3 \\ x_4 = 2 \end{cases}$，得一个特解为 $\gamma_0 = \begin{pmatrix} -8 \\ 1 \\ 1 \\ 2 \end{pmatrix}$.

所以，其通解为 $k_1\boldsymbol{\eta} + \gamma_0 = k_1 \begin{pmatrix} 0 \\ -2 \\ 1 \\ 0 \end{pmatrix} + \begin{pmatrix} -8 \\ 1 \\ 1 \\ 2 \end{pmatrix}$，其中 k_1 为任意常数.

第 4 章

一、单项选择题

1 ~ 5　A C B C B　　　6 ~ 8　C B C

二、填空题

1. {12, 24, 48, 36, 60, 72, 84, 96}; 8　2. {∅, {a}}　3. 反对称; 传递性　4. 自反性; 传递性　5. 自反性; 对称性; 传递性　6. 自反性; 反对称性; 传递性　7. {⟨a, c⟩, ⟨b, c⟩, ⟨c, c⟩}; {⟨a, a⟩, ⟨b, b⟩, ⟨c, c⟩}; {⟨a, c⟩, ⟨b, c⟩, ⟨c, c⟩}　8. f_0 = {⟨a, 1⟩, ⟨b, 1⟩}; f_1 = {⟨a, 1⟩, ⟨b, 2⟩}; f_2 = {⟨a, 2⟩, ⟨b, 1⟩}; f_3 = {⟨a, 2⟩, ⟨b, 2⟩}　9. 45; 1　10. I_A; I_B

三、判断题

1. ×　2. ×　3. ×　4. ×　5. √　6. √　7. ×　8. √　9. √

四、计算题

1. 解　$R = \{\langle x, y\rangle \mid x,y \in \boldsymbol{A}$ 且 $x \geqslant y\}$

$= \{\langle 1,1\rangle,\langle 2,1\rangle,\langle 3,1\rangle,\langle 4,1\rangle,\langle 2,2\rangle,\langle 3,2\rangle,\langle 4,2\rangle,\langle 3,3\rangle,\langle 4,3\rangle,\langle 4,4\rangle\}$

R 的关系图如附图 1 所示.

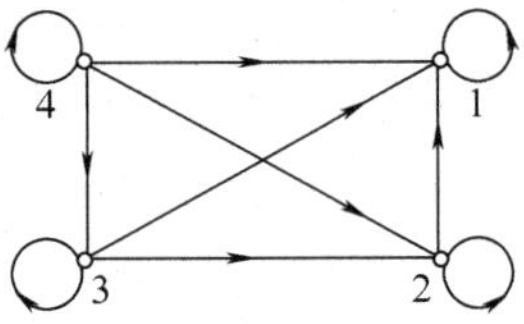

附图　1

R 的关系矩阵为

$$M_R = \begin{pmatrix} 1 & 0 & 0 & 0 \\ 1 & 1 & 0 & 0 \\ 1 & 1 & 1 & 0 \\ 1 & 1 & 1 & 1 \end{pmatrix}$$

2. 解　(1) R_1 和 R_2 的关系图如附图 2 所示.

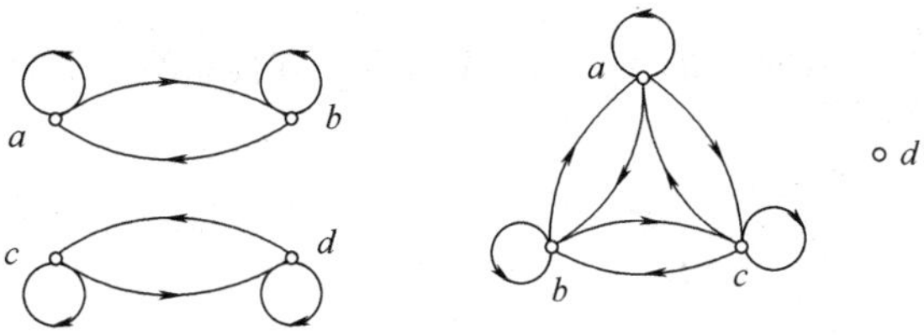

R_1　　R_2

附图　2

(2) 由关系图可知, R_1 是等价关系. R_1 的不同等价类有 2 个, 即 {a, b} 和 {c, d}. 由于 R_2 不是自反的, 所以 R_2 不是等价关系.

3. 解　$r(R) = \{\langle a, a\rangle,\langle b, b\rangle,\langle c, c\rangle,\langle a, b\rangle,\langle b, a\rangle,\langle b, c\rangle\}$

$s(R) = \{\langle a, b\rangle,\langle b, a\rangle,\langle b, c\rangle,\langle c, b\rangle\}$

$t(R) = \{\langle a, a\rangle,\langle a, b\rangle,\langle b, a\rangle,\langle a, c\rangle,\langle b, b\rangle,\langle b, c\rangle\}$

关系图如附图 3 所示.

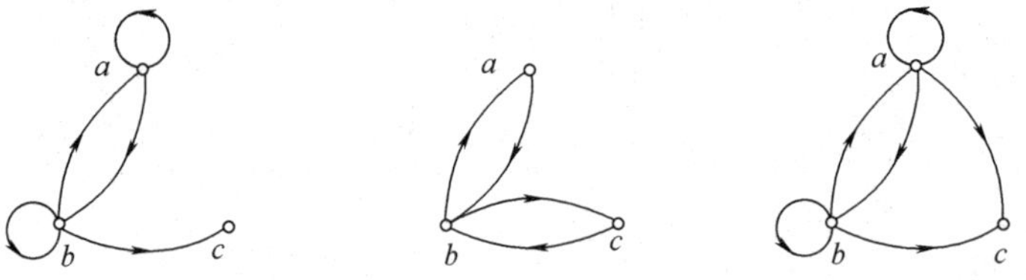

$r(R)$　　$s(R)$　　$t(R)$

附图　3

4. 解 （1）偏序集 $\langle A, R\rangle$ 的哈斯图如附图4所示.

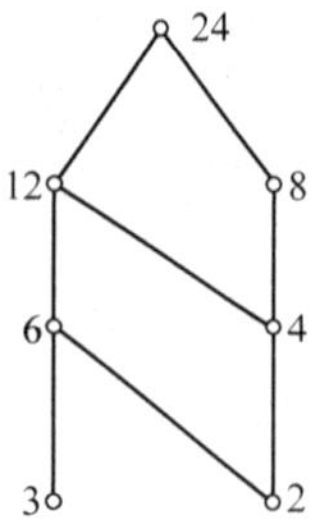

附图 4

（2）集合 A 中的最大元是24，无最小元，极大元是24，极小元是2与3.

（3）集合 B 的上界是12与24，无下界，最小上界是12，无最大下界.

5. 解 （1）不能，因为当 $x_1 = 10$，就不存在自然数与它对应.

（2）是函数.

（3）不是函数. 因为 $\langle 4, 2\rangle$ 和 $\langle 4, -2\rangle$ 都属于该集合.

（4）是函数. 对每个自然数，小于它的质数个数都是唯一确定的.

五、证明题

1. 证明 对任意 $\langle a, b\rangle \in (R\cup S)^{-1}$，有 $\langle b, a\rangle \in R\cup S$，所以 $\langle b, a\rangle \in R$ 或者 $\langle b, a\rangle \in S$，即 $\langle a, b\rangle \in R^{-1}$ 或者 $\langle a, b\rangle \in S^{-1}$，所以 $\langle a, b\rangle \in R^{-1}\cup S^{-1}$，因此 $(R\cup S)^{-1}\subseteq R^{-1}\cup S^{-1}$.

类似可以证明 $R^{-1}\cup S^{-1}\subseteq (R\cup S)^{-1}$，所以有 $(R\cup S)^{-1} = R^{-1}\cup S^{-1}$.

2. 证明 设 R 是传递的，则对任意 $a, c\in A$，若 $\langle a, c\rangle \in R\circ R$，根据复合关系的定义，则存在 $b\in A$，使 $\langle a, b\rangle \in R$，$\langle b, c\rangle \in R$，又因为 R 是传递的，所以 $\langle a, c\rangle \in R$，因此 $R\circ R\subseteq R$.

反之，设 $R\circ R\subseteq R$，若对于任意 $\langle a, b\rangle \in R$，$\langle b, c\rangle \in R$，则 $\langle a, c\rangle \in R\circ R$. 而 $R\circ R\subseteq R$，因此 $\langle a, c\rangle \in R$，故 R 是传递的.

第5章

一、单项选择题

1~5 A B C B C　　6~10 B C C A A　　11~16 B B A D D A

二、填空题

1. 平凡图　2. 7；（2，2，2，3，3，4，4）　3. 是某条边的两个端点；无边关联　4. $G'\subseteq G$ 且 $G'\neq G$；$G'\subseteq G$ 且 $V'=V$　5. 10　6. $n-1$；$m-k$；n；$m-1$　7. 4；16　8. v 到 u 存在通路；G 中任意两点都是连通　9. $\sum_{i=1}^{n} a_{ij}$；$\sum_{j=1}^{n} a_{ij}$；v_i 到 v_j 长度为 k 的通路数　10. G 的生成树；树枝　11. 均为割边　12. G 是连通图　13. $k-1$　14. 2^k-1　15. 二叉树

三、判断题

1. ×　2. √　3. √　4. ×　5. ×　6. ×　7. ×　8. ×　9. √　10. ×　11. √　12. √

四、计算题

1. 解 （1）G 的图形如附图5所示.

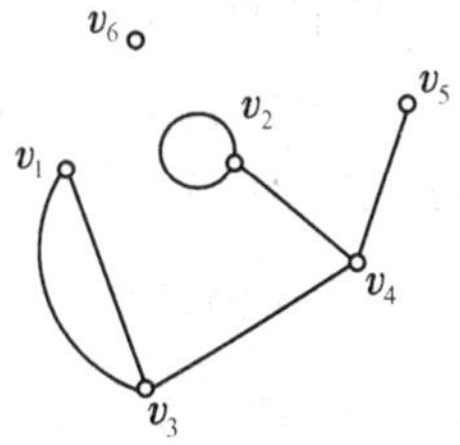

附图 5

（2）G 中各点的度如下：$d(v_1)=3$，$d(v_2)=4$，$d(v_3)=3$，$d(v_4)=3$，$d(v_5)=1$，$d(v_6)=0$. 奇数度顶点的个数为4.

2. 解 A 到 B 的最短路径为 AB，权为1；A 到 E 的最短路径为 ABE，权为3；A 到 F 的最短路径为 $ABEF$，权为4；A 到 C 的最短路径为 $ABEFC$，权为7；A 到 D 的最短路径为 $ABEFCD$，权为9.

3. 解 首先将本题用带权图来描述，如附图6a所示，于是求解此题便成为求权图中的最小生成树问题，按克鲁斯卡尔算法，可得如附图6b，c所示的最小生成树.

$$W(T)=3+4+7+10=24.$$

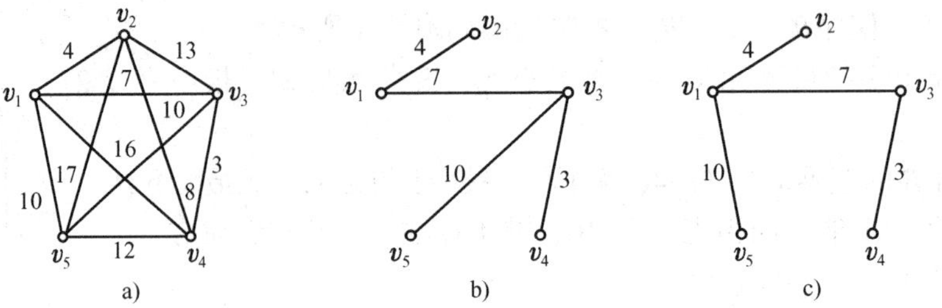

附图 6

4. 解　在一个有限图中，各点的度数总和是边数的 2 倍；而树中的边数为点数减 1.

根据这两点，可知树中各点的度数总和 = 2 × (树中点数 - 1)，设树叶有 x 个，

于是 $2\times2+3+3\times4+x=2\times(2+1+3+x-1)$，

得 $x=9$.

上题可推广为“一棵树有 n_2 个节点度数为 2，n_3 个节点度数为 3，…，n_k 个节点度数为 k，问它有几个度数为 1 的节点.”请读者思考.

五、证明题

1. 证明　假设不成立. 则 G 中所有顶点度数 ≤2，则 G 中所有顶点度数相加为 $2e\leqslant2n$，即 $2(n+1)\leqslant2n$，该式不成立.

因此，G 中至少有一个顶点度数 ≥3.

2. 证明　设图的顶点数为 n，则 n 个顶点的自补图边数为 $n(n-1)/4$. 而 n 与 $n-1$ 一奇一偶，要使得它们能被 4 整除，则或者 n 被 4 整除，或者 $n-1$ 被 4 整除，所以，自补图的顶点数不是 $4k$ 就是 $4k+1$.

3. 证明　反证法. 若 G 不是连通图，则至少存在两个顶点 a 和 b，他们之间没有路. 又因为，每个顶点度数至少为 n，设与 a 相邻的顶点为 x_1，x_2，…，x_n，与 b 相邻的顶点为 y_1，y_2，…，y_n，则 $\{x_1, x_2\cdots, x_n\}\cap\{y_1, y_2\cdots, y_n\}=\varnothing$，否则，若 $x_i=y_j$，则有通路 $(a, x_i=y_j, b)$，与假设矛盾，因为 $\{x_1, x_2\cdots, x_n\}\cap\{y_1, y_2\cdots, y_n\}=\varnothing$，所以 $|V|\geqslant|\{x_1, x_2\cdots, x_n\}|+|\{y_1, y_2\cdots, y_n\}|+|\{a, b\}|=2n+2$，与 G 至多有 $2n$ 个顶点矛盾.

若简单图 G 至多有 $2n$ 个顶点，每个顶点度数至少为 $n-1$，则 G 不一定是连通图，如附图 7 所示，图中有 6 个顶点（即 $n=3$），每个顶点度数为 2，但不连通.

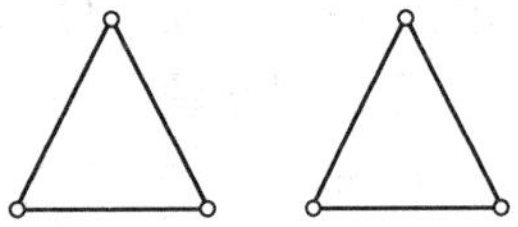

附图　7

4. 证明　若 G 连通，则已经成立.

若 G 不连通，关键证明 $\overline{G}$ 是连通的. 因为 G 不连通，所以 G 有若干个连通分支.

对于 $\overline{G}$ 中任意两点 x，y，若 x，y 在 G 的不同分支中，则边 $(x, y)\in E(G)$，所以 $(x, y)\in E(\overline{G})$，所以在 $\overline{G}$ 中有路 (x, y)，即 x，y 连通.

若 x，y 在 G 的同一分支中，则因为 G 不连通，所以必有点 w 与 x，y 不在同一分支中. 故边 (x, w)，$(y, w)\notin E(G)$，所以 (x, w)，$(y, w)\in E(\overline{G})$.

所以在 $\overline{G}$ 中有路 (x, w, y)，即 x，y 连通.

所以 $\overline{G}$ 是连通图.

5. 证明　即证 $G=<V,E>$ 是无向图，$V=\{v_1,v_2,\cdots,v_n\}$ 上的关系 $R=\{<v_i,v_j>|v_i,v_j\in V$ 且 v_i,v_j 连通$\}$ 是等价关系.

(1) 对任意 $v_i\in V$，$<v_i,v_i>\in R$，R 自反；

(2) 对任意 v_i，$v_j\in V$，$<v_i,v_j>\in R$ 即 v_i，v_j 间有路. 由于 G 是无向图，因此 v_j，v_i 间也有路. 故 $<v_j,v_i>\in R$. 因此 R 对称.

(3) 对任意 v_i，v_j，$v_k\in V$，若 $<v_i,v_j>\in R$，$<v_j,v_k>\in R$，即 v_i，v_j 间有路，v_j，v_k 间也有路，那么 v_i，v_k 间也有路，得 $<v_i,v_k>\in R$，因此 R 可传递.

由 (1)，(2)，(3) 知，R 是等价关系.

第 6 章

一、单项选择题

1~5　C C A B C　　　6~10　B B C A B

二、填空题

1. 析取；合取；蕴含　2. P、Q 的真值都为 T；P、Q 的真值都为 F　3. P 为 T；Q 为 F　4. 8；真值表；1　5. 重言式；重言式　6. $p\to q$；真　7. $(\neg P\to Q)\to R$；$\neg(\neg(\neg P\wedge\neg Q)\wedge\neg R)$　8. $P\vee\neg Q\vee R$　9. $(\neg P\wedge\neg Q\wedge R)\vee(\neg P\wedge Q\wedge R)\vee(P\wedge Q\wedge\neg R)\vee(P\wedge Q\wedge R)$　10. (1, 0, 1)；(1, 1, 1)；(1, 0, 0)

三、判断题

1. ×　2. ×　3. ×　4. √　5. ×　6. ×　7. √　8. ×　9. ×　10. ×

四、计算题

1. 解　$\neg(P\vee Q)\leftrightarrow(P\wedge Q)$

$\Leftrightarrow(\neg P\vee Q)\to(P\wedge Q))\wedge((P\wedge Q)\to\neg(P\vee Q))$

$\Leftrightarrow((P\vee Q)\vee(P\wedge Q))\wedge((\neg P\vee\neg Q)\vee(\neg P\wedge\neg Q))$

$\Leftrightarrow(P\vee Q)\wedge(\neg P\vee\neg Q)$

上面结果为合取范式.

利用 $\wedge$ 对 $\vee$ 分配得：$(P\vee Q)\wedge(\neg P\vee\neg Q)$

$\Leftrightarrow\quad(P\wedge\neg P)\vee(P\wedge\neg Q)\vee(Q\wedge\neg P)\vee(Q\wedge\neg Q)$

$\Leftrightarrow\quad(P\wedge\neg Q)\vee(Q\wedge\neg P)$

上面结果为析取范式.

2. 解　$(P\wedge Q)\vee(\neg P\wedge Q\wedge R)$

$\Leftrightarrow\quad(P\wedge Q\wedge(\neg R\vee R))\vee(\neg P\wedge Q\wedge R)$

$\Leftrightarrow\quad(P\wedge Q\wedge\neg R)\vee(P\wedge Q\wedge R)\vee(\neg P\wedge Q\wedge R)$

$\Leftrightarrow\quad m_6\vee m_7\vee m_3\Leftrightarrow m_3\vee m_6\vee m_7$

$(P\vee(Q\wedge R))\wedge(Q\vee(\neg P\wedge R))$

$\Leftrightarrow\quad(P\wedge Q)\vee(Q\wedge R)\vee(P\wedge\neg P\wedge R)\vee(\neg P\wedge Q\wedge R)$

$\Leftrightarrow\quad(P\wedge Q\wedge(\neg R\vee R))\vee((\neg P\vee P)\wedge Q\wedge R)\vee(\neg P\wedge Q\wedge R)$

$\Leftrightarrow \quad (P\wedge Q\wedge \neg R)\vee(P\wedge Q\wedge R)\vee(\neg P\wedge Q\wedge R)\vee(P\wedge Q\wedge R)\vee(\neg P\wedge Q\wedge R)$

$\Leftrightarrow \quad m_6\vee m_7\vee m_3\vee m_7\vee m_3\Leftrightarrow m_3\vee m_6\vee m_7$

由此可见，$(P\wedge Q)\vee(\neg P\wedge Q\wedge R)\Leftrightarrow(P\vee(Q\wedge R))\wedge(Q\vee(\neg P\wedge R))$

3．解

（1）真值表见附表 1.

附表 1

P	Q	$\neg P$	$P\wedge\neg P$	$(P\wedge\neg P)\leftrightarrow Q$
0	0	1	0	1
0	1	1	0	0
1	0	0	0	1
1	1	0	0	0

因此公式（1）为可满足.

（2）真值表见附表 2.

附表 2

P	Q	$P\to Q$	$\neg(P\to Q)$	$\neg(P\to Q)\wedge Q$
0	0	1	0	0
0	1	1	0	0
1	0	0	1	0
1	1	1	0	0

因此公式（2）为恒假.

（3）真值表见附表 3.

附表 3

P	Q	R	$P\to Q$	$Q\to R$	$P\to R$	$((P\to Q)\wedge(Q\to R))\to(P\to R)$
0	0	0	1	1	1	1
0	0	1	1	1	1	1
0	1	0	1	0	1	1
0	1	1	1	1	1	1
1	0	0	0	1	0	1
1	0	1	0	1	1	1
1	1	0	1	0	0	1
1	1	1	1	1	1	1

因此公式（3）为恒真.

五、证明题

1．证明

（1）$\quad ((P\to Q)\wedge(Q\to R))\to(P\to R)$

$\Leftrightarrow((\neg P\vee Q)\wedge(\neg Q\vee R))\to(\neg P\vee R)$

$\Leftrightarrow\neg((\neg P\vee Q)\wedge(\neg Q\vee R))\vee(\neg P\vee R)$

$\Leftrightarrow(P\wedge\neg Q)\vee(Q\wedge\neg R)\vee\neg P\vee R$

$\Leftrightarrow((P\wedge\neg Q)\vee\neg P)\vee((Q\wedge\neg R)\vee R)$

$\Leftrightarrow (1 \land (\neg Q \lor \neg P)) \lor ((Q \lor R) \land 1)$

$\Leftrightarrow \neg Q \lor \neg P \lor Q \lor R$

$\Leftrightarrow (\neg Q \lor Q) \lor \neg P \lor R$

$\Leftrightarrow 1 \lor \neg P \lor R$

$\Leftrightarrow 1$

(2) $((P \lor Q) \land \neg(\neg P \land (\neg Q \lor \neg R))) \lor (\neg P \land \neg Q) \lor (\neg P \land \neg R)$

$\Leftrightarrow ((P \lor Q) \land (P \lor (Q \land R))) \lor (\neg P \land (\neg Q \lor \neg R))$

$\Leftrightarrow (P \lor (Q \land Q \land R)) \lor (\neg P \land (\neg Q \lor \neg R))$

$\Leftrightarrow (P \lor (Q \land R)) \lor \neg(P \lor (Q \land R))$

$\Leftrightarrow 1$

2. 证明

$(\neg P \land (\neg Q \land R)) \lor (Q \land R) \lor (P \land R)$

$\Leftrightarrow ((\neg P \land \neg Q) \land R) \lor ((Q \lor P) \land R)$

$\Leftrightarrow ((\neg P \land \neg Q) \lor (P \lor Q)) \land R$

$\Leftrightarrow (\neg P \land Q) \lor (P \lor Q)) \land R$

$\Leftrightarrow | \land R$

$\Leftrightarrow R$

3. 证明

(1) $P \lor R$　　规则 P

(2) $\neg R \to P$　　规则 T，等值演算

(3) $P \to Q$　　规则 P

(4) $\neg R \to Q$　　根据（2）（3）假言三段论规则

(5) $\neg Q \to R$　　规则 T，根据（4）

(6) $R \to \mathrm{S}$　　规则 P

(7) $\neg Q \to \mathrm{S}$　　规则 T，根据（5）（6）

(8) $Q \lor \mathrm{S}$　　规则 T，根据（7）构造性二难规则

4. 解　先将命题符号化，设 P：小王是理科生．Q：小王是文科生．R：小王数学成绩好.

前提：$P \to R$，$\neg Q \to P$，$\neg R$

结论：Q

证明：

(1) $P \to R$　　规则 P

(2) $\neg R$　　规则 P

(3) $\neg P$　　规则 T，根据（1）、（2）拒取式规则

(4) $\neg Q \to P$　　规则 P

(5) $\neg(\neg Q)$　　规则 T，根据（3）、（4）拒取式规则

(6) Q

由此可见推理正确.

参考文献

[1] 王信峰. 计算机数学基础 [M]. 北京：高等教育出版社，2010.
[2] 田文成. 计算机数学基础 [M]. 天津：天津大学出版社，2010.
[3] 高世贵. 计算机数学基础（高职类）[M]. 北京：机械工业出版社，2011.
[4] 王元元，李清. 计算机数学基础 [M]. 北京：机械工业出版社，2008.
[5] 耿素云，屈婉玲、张立昂. 离散数学 [M]. 北京：清华大学出版社，2001.
[6] 刘贵龙. 离散数学 [M]. 北京：人民邮电出版社，2002.
[7] 绍学才. 离散数学自学辅导 [M]. 北京：清华大学出版社，2002.
[8] 王捍贫. 数理逻辑. 离散数学第一分册 [M]. 北京：北京大学出版社，1997.
[9] 谢国瑞. 线性代数及应用 [M]. 北京：高等教育出版社，2000.
[10] 夏恩德，等. 线性代数 [M]. 武汉：华中科技大学出版社，2002.
[11] 唐玉范，等. 线性代数 [M]. 成都：电子科技大学出版社，1995.
[12] 黎国良，等. 线性代数 [M]. 北京：高等教育出版社，1987.
[13] 毛纲源. 线性代数解题方法技巧归纳 [M]. 武汉：华中科技大学出版社，1993.